国家科技支撑计划项目(2012BAD29B01)
国家科技基础性工作专项(2015FY111200)

中国市售茶叶农药残留报告 2019

（华南卷）

庞国芳　徐建中　主编

科学出版社
北京

内 容 简 介

《中国市售茶叶农药残留报告》共分 8 卷：华北卷(北京市、天津市、石家庄市、太原市、呼和浩特市)，东北卷-电商平台卷(沈阳市、长春市、哈尔滨市和电商平台)，华东卷一(上海市、南京市、杭州市、合肥市)，华东卷二(福州市、南昌市、济南市)，华中卷(郑州市、武汉市、长沙市)，华南卷(广州市、南宁市、海口市)，西南卷(重庆市、成都市、贵阳市、昆明市、拉萨市及林芝地区)和西北卷(西安市、兰州市、西宁市、银川市、乌鲁木齐市)。

每卷包括 2019 年市售 7 种茶叶农药残留侦测报告和膳食暴露风险与预警风险评估报告。分别介绍了市售茶叶样品采集情况，液相色谱-四极杆飞行时间质谱(LC-Q-TOF/MS)和气相色谱-四极杆飞行时间质谱(GC-Q-TOF/MS)农药残留检测结果，农药残留分布情况，农药残留检出水平与最大残留限量(MRL)标准对比分析，以及农药残留膳食暴露风险评估与预警风险评估结果。

本书对从事农产品安全生产、农药科学管理与施用、食品安全研究与管理的相关人员具有重要参考价值，同时可供高等院校食品安全与质量检测等相关专业的师生参考，广大消费者也可从中获取健康饮食的裨益。

图书在版编目(CIP)数据

中国市售茶叶农药残留报告. 2019. 华南卷 / 庞国芳，徐建中主编.
—北京：科学出版社，2020.2

ISBN 978-7-03-063874-8

Ⅰ. ①中… Ⅱ. ①庞… ②徐… Ⅲ. ①茶叶－农药残留物－研究报告－华南地区－2019 Ⅳ. ①S481

中国版本图书馆 CIP 数据核字(2019)第 288153 号

责任编辑：杨 震 刘 冉 杨新改/责任校对：杨 赛
责任印制：肖 兴/封面设计：北京图阅盛世

科学出版社 出版
北京东黄城根北街 16 号
邮政编码：100717
http://www.sciencep.com

北京九天鸿程印刷有限责任公司 印刷
科学出版社发行 各地新华书店经销

*

2020 年 2 月第 一 版 开本：787×1092 1/16
2020 年 2 月第一次印刷 印张：16 3/4
字数：400 000
定价：168.00 元
(如有印装质量问题，我社负责调换)

中国市售茶叶农药残留报告
2019
（华南卷）
编 委 会

序

据世界卫生组织统计，全世界每年至少发生 50 万例农药中毒事件，死亡 11.5 万人，数十种疾病与农药残留有关。为此，世界各国均制定了严格的食品标准，对不同农产品设置了农药最大残留限量(MRL)标准。我国将于 2020 年 2 月实施《食品安全国家标准　食品中农药最大残留限量》(GB 2763—2019)，规定食品中 483 种农药的 7107 项最大残留限量标准；欧盟、美国和日本等发达国家和地区分别制定了 162248 项、39147 项和 51600 项农药最大残留限量标准。作为农业大国，我国是世界上农药生产和使用最多的国家。据中国统计年鉴数据统计，2000~2015 年我国化学农药原药产量从 60 万吨/年增加到 374 万吨/年，农药化学污染物已经是当前食品安全源头污染的主要来源之一。

因此，深受广大消费者及政府相关部门关注的各种问题也随之而来：我国市售茶叶农药残留污染状况和风险水平到底如何？我国农产品农药残留水平是否影响我国农产品走向国际市场？这些看似简单实则难度相当大的问题，涉及农药的科学管理与施用，食品农产品的安全监管，农药残留检测技术标准以及资源保障等多方面因素。

可喜的是，此次由庞国芳院士科研团队承担完成的国家科技支撑计划项目(2012BAD29B01)和国家科技基础性工作专项(2015FY111200)研究成果之一《中国市售茶叶农药残留报告》(以下简称《报告》)，对上述问题给出了全面、深入、直观的答案，为形成我国农药残留监控体系提供了海量的科学数据支撑。

该《报告》包括茶叶农药残留侦测报告和茶叶农药残留膳食暴露风险与预警风险评估报告两大重点内容。其中，"茶叶农药残留侦测报告"是庞国芳院士科研团队利用他们所取得的具有国际领先水平的多元融合技术，包括高通量非靶向农药残留侦测技术、农药残留侦测数据智能分析及残留侦测结果可视化等研究成果，对我国 32 个城市 363 个采样点的 4944 例 7 种市售茶叶进行非靶向农药残留侦测的结果汇总；同时，解决了数据维度多、数据关系复杂、数据分析要求高等技术难题，运用自主研发的海量数据智能分析软件，深入比较分析了农药残留侦测数据结果，初步普查了我国主要城市茶叶农药残留的"家底"。而"茶叶农药残留膳食暴露风险与预警风险评估报告"是在上述农药残留侦测数据的基础上，利用食品安全指数模型和风险系数模型，结合农药残留水平、特性、致害效应，进行系统的农药残留风险评价，最终给出了我国主要城市市售茶叶农药残留的膳食暴露风险和预警风险结论。

该《报告》包含了海量的农药残留侦测结果和相关信息，数据准确、真实可靠，具有以下几个特点：

一、样品采集具有代表性。侦测地域范围覆盖全国除港澳台以外省级行政区的 32 个城市(包括 4 个直辖市，27 个省会城市，1 个地级市)的 363 个采样点。随机从超市、茶叶专营店或电商平台采集样品 4944 批。样品采集地覆盖全国 25%人口的生活区域，具有代表性。

二、检测过程遵循统一性和科学性原则。所有侦测数据来源于 10 个网络联盟实验室,按"五统一"规范操作(统一采样标准、统一制样技术、统一检测方法、统一格式数据上传、统一模式统计分析报告)全封闭运行,保障数据的准确性、统一性、完整性、安全性和可靠性。

三、农残数据分析与评价的自动化。充分运用互联网的智能化技术,实现从农产品、农药残留、地域、农药残留最高限量标准等多维度的自动统计和综合评价与预警。

总之,该《报告》数据庞大,信息丰富,内容翔实,图文并茂,直观易懂。它的出版,将有助于广大读者全面了解我国主要城市市售茶叶农药残留的现状、动态变化及风险水平。这对于全面认识我国茶叶食用安全水平、掌握各种农药残留对人体健康的影响,具有十分重要的理论价值和实用意义。

该书适合政府监管部门、食品安全专家、茶叶生产和经营者以及广大消费者等各类人员阅读参考,其受众之广、影响之大是该领域内前所未有的,值得大家高度关注。

2019 年 12 月

前　言

　　食品是人类生存和发展的基本物质基础，食品安全是全球的重大民生问题，也是世界各国目前所面临的共同难题，而食品中农药残留问题是引发食品安全事件的重要因素，尤其受到关注。目前，世界上常用的农药种类超过 1000 种，而且不断地有新的农药被研发和应用，在关注农药残留对人类身体健康和生存环境造成新的潜在危害的同时，也对农药残留的检测技术、监控手段和风险评估能力提出了更高的要求和全新的挑战。

　　为解决上述难题，作者团队此前一直围绕世界常用的 1200 多种农药和化学污染物展开多学科合作研究，例如，采用高分辨质谱技术开展无需实物标准品作参比的高通量非靶向农药残留检测技术研究；运用互联网技术与数据科学理论对海量农药残留检测数据的自动采集和智能分析研究；引入网络地理信息系统(Web-GIS)技术用于农药残留检测结果的空间可视化研究等等。与此同时，对这些前沿及主流技术进行多元融合研究，在农药残留检测技术、农药残留数据智能分析及结果可视化等多个方面取得了原创性突破，实现了农药残留检测技术信息化、检测结果大数据处理智能化、风险溯源可视化。这些创新研究成果已整理成《食用农产品农药残留监测与风险评估溯源技术研究》一书另行出版。

　　《中国市售茶叶农药残留报告》(以下简称《报告》)是上述多项研究成果综合应用于我国农产品农药残留检测与风险评估的科学报告。为了真实反映我国市售茶叶中农药残留污染状况以及残留农药的相关风险，2019 年作者团队采用液相色谱-四极杆飞行时间质谱(LC-Q-TOF/MS)及气相色谱-四极杆飞行时间质谱(GC-Q-TOF/MS)两种高分辨质谱技术，从全国 32 个城市(包括 27 个省会、4 个直辖市、1 个地级市)363 个采样点(包括超市、茶叶专营店、电商平台等)随机采集了 7 种市售茶叶 4944 例样品进行了非靶向农药残留筛查，初步摸清了这些城市市售茶叶农药残留的"家底"，形成了 2019 年全国重点城市市售茶叶农药残留检测报告。在这基础上，运用食品安全指数模型和风险系数模型，开发了风险评价应用程序，对上述茶叶农药残留分别开展膳食暴露风险评估和预警风险评估，形成了 2019 年全国重点城市市售茶叶农药残留膳食暴露风险与预警风险评估报告。现将这两大报告整理成书，以飨读者。

　　为了便于查阅，本次出版的《报告》按我国自然地理区域共分为八卷：华北卷(北京市、天津市、石家庄市、太原市、呼和浩特市)，东北卷-电商平台卷(沈阳市、长春市、哈尔滨市和电商平台)，华东卷一(上海市、南京市、杭州市、合肥市)，华东卷二(福州市、南昌市、济南市)，华中卷(郑州市、武汉市、长沙市)，华南卷(广州市、南宁市、海口市)，西南卷(重庆市、成都市、贵阳市、昆明市、拉萨市及林芝地区)和西北卷(西安市、兰州市、西宁市、银川市、乌鲁木齐市)。

　　《报告》的每一卷内容均采用统一的结构和方式进行叙述，对每个城市的市售茶叶农药残留状况和风险评估结果均按照 LC-Q-TOF/MS 及 GC-Q-TOF/MS 两种技术分别阐述。主要包括以下几方面内容：①每个城市的样品采集情况与农药残留检测结果；②每个城市的农药残留检出水平与最大残留限量（MRL）标准对比分析；③每个城市的茶叶中农药残留分布情况；④每个城市茶叶农药残留报告的初步结论；⑤农药残留风险评估方法及风险评价应用程序的开发；⑥每个城市的茶叶农药残留膳食暴露风险评估；⑦每个城市的茶叶农药残留预警风险评估；⑧每个城市茶叶农药残留风险评估结论与建议。

　　本《报告》是我国"十二五"国家科技支撑计划项目（2012BAD29B01）和"十三五"国家科技基础性工作专项（2015FY111200）的研究成果之一。该项研究成果紧扣国家"十三五"规划纲要"增强农产品安全保障能力"和"推进健康中国建设"的主题，可在这些领域的发展中，发挥重要的技术支撑作用。本《报告》的出版得到河北大学高层次人才科研启动经费项目（521000981273）的支持。

　　由于作者水平有限，书中不妥之处在所难免，恳请广大读者批评指正。

2019 年 11 月

缩 略 语 表

ADI	allowable daily intake	每日允许最大摄入量
CAC	Codex Alimentarius Commission	国际食品法典委员会
CCPR	Codex Committee on Pesticide Residues	农药残留法典委员会
FAO	Food and Agriculture Organization	联合国粮食及农业组织
GAP	Good Agricultural Practices	农业良好管理规范
GC-Q-TOF/MS	gas chromatograph/quadrupole time-of-flight mass spectrometry	气相色谱-四极杆飞行时间质谱
GEMS	Global Environmental Monitoring System	全球环境监测系统
IFS	index of food safety	食品安全指数
JECFA	Joint FAO/WHO Expert Committee on Food and Additives	FAO、WHO 食品添加剂联合专家委员会
JMPR	Joint FAO/WHO Meeting on Pesticide Residues	FAO、WHO 农药残留联合会议
LC-Q-TOF/MS	liquid chromatograph/quadrupole time-of-flight mass spectrometry	液相色谱-四极杆飞行时间质谱
MRL	maximum residue limit	最大残留限量
R	risk index	风险系数
WHO	World Health Organization	世界卫生组织

凡　例

- 采样城市包括 31 个直辖市及省会城市（未含台北市、香港特别行政区和澳门特别行政区）、1 个地级市及电商平台，分成华北卷（北京市、天津市、石家庄市、太原市、呼和浩特市）、东北卷-电商平台卷（沈阳市、长春市、哈尔滨市、电商平台）、华东卷一（上海市、南京市、杭州市、合肥市）、华东卷二（福州市、南昌市、济南市）、华中卷（郑州市、武汉市、长沙市）、华南卷（广州市、南宁市、海口市）、西南卷（重庆市、成都市、贵阳市、昆明市、拉萨市及林芝地区）、西北卷（西安市、兰州市、西宁市、银川市、乌鲁木齐市）共 8 卷。

- 表中标注*表示剧毒农药；标注◊表示高毒农药；标注▲表示禁用农药；标注 a 表示超标。

- 书中提及的附表（侦测原始数据），请扫描封底二维码，按对应城市获取。

目　录

广　州　市

海　口　市

南 宁 市

广　州　市

第1章 LC-Q-TOF/MS 侦测广州市 453 例市售茶叶样品农药残留报告

从广州市所属 3 个区，随机采集了 453 例茶叶样品，使用液相色谱-四极杆飞行时间质谱(LC-Q-TOF/MS)对 825 种农药化学污染物示范侦测(7 种负离子模式 ESI 未涉及)。

1.1 样品种类、数量与来源

1.1.1 样品采集与检测

为了真实反映百姓日常饮用的茶叶中农药残留污染状况，本次所有检测样品均由检验人员于 2018 年 12 月至 2019 年 1 月期间，从广州市所属 11 个采样点，包括 9 个茶叶专营店 2 个超市，以随机购买方式采集，总计 11 批 453 例样品，从中检出农药 209 种，2520 频次。采样及监测概况见图 1-1 及表 1-1，样品及采样点明细见表 1-2 及表 1-3(侦测原始数据见附表 1)。

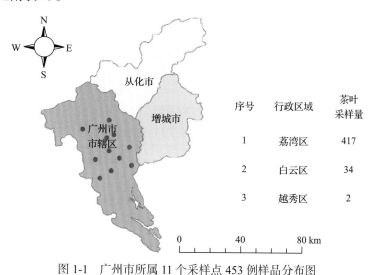

序号	行政区域	茶叶采样量
1	荔湾区	417
2	白云区	34
3	越秀区	2

图 1-1 广州市所属 11 个采样点 453 例样品分布图

表 1-1 农药残留监测总体概况

采样地区	广州市所属 3 个区
采样点(茶叶专营店+超市)	11
样本总数	453
检出农药品种/频次	209/2520
各采样点样本农药残留检出率范围	93.9% ~ 100.0%

表 1-2　样品分类及数量

样品分类	样品名称(数量)	数量小计
1. 茶叶		453
1)发酵类茶叶	白茶(11),黑茶(179),红茶(60),乌龙茶(100)	350
2)未发酵类茶叶	绿茶(103)	103
合计	茶叶 5 种	453

表 1-3　广州市采样点信息

采样点序号	行政区域	采样点
茶叶专营店(9)		
1	白云区	广州***公司
2	荔湾区	广东芳村茶叶城(***店)
3	荔湾区	***茶行
4	荔湾区	启秀茶城(***店)
5	荔湾区	启秀茶城(***店)
6	荔湾区	启秀茶城(***店)
7	荔湾区	启秀茶城(***店)
8	荔湾区	启秀茶城(***店)
9	荔湾区	启秀茶城(***店)
超市(2)		
1	白云区	***超市(三元里店)
2	越秀区	***超市(环市东路店)

1.1.2　检测结果

　　这次使用的检测方法是庞国芳院士团队最新研发的不需使用标准品对照,而以高分辨精确质量数(0.0001 m/z)为基准的 LC-Q-TOF/MS 检测技术,对于 453 例样品,每个样品均侦测了 825 种农药化学污染物的残留现状。通过本次侦测,在 453 例样品中共计检出农药化学污染物 209 种,检出 2520 频次。

1.1.2.1　各采样点样品检出情况

　　统计分析发现 11 个采样点中,被测样品的农药检出率范围为 93.9% ~ 100.0%。其中,有 7 个采样点样品的检出率最高,达到了 100.0%,分别是:***超市(三元里店)、广州***公司、启秀茶城(***店)、启秀茶城(***店)、启秀茶城(***店)、启秀茶城(***店)和***超市(环市东路店)。启秀茶城(***店)的检出率最低,为 93.9%,见图 1-2。

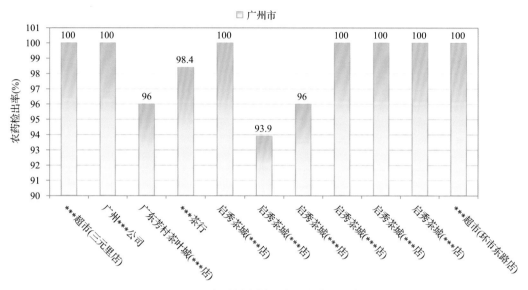

图 1-2　各采样点样品中的农药检出率

1.1.2.2　检出农药的品种总数与频次

统计分析发现，对于 453 例样品中 825 种农药化学污染物的侦测，共检出农药 2520 频次，涉及农药 209 种，结果如图 1-3 所示。其中唑虫酰胺检出频次最高，共检出 260 次。检出频次排名前 10 的农药如下：①唑虫酰胺(260)，②噻嗪酮(208)，③啶虫脒(199)，④哒螨灵(148)，⑤烯丙菊酯(124)，⑥抑芽丹(113)，⑦三环唑(112)，⑧吡虫啉(85)，⑨茚虫威(76)，⑩苯醚甲环唑(75)。

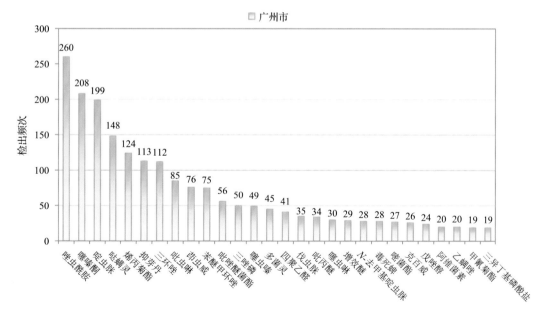

图 1-3　检出农药品种及频次(仅列出 19 频次及以上的数据)

由图 1-4 可见，红茶、黑茶、绿茶、乌龙茶和白茶这 5 种茶叶样品中检出的农药品种数较高，均超过 30 种，其中，红茶检出农药品种最多，为 102 种。由图 1-5 可见，绿茶、乌龙茶、黑茶、红茶和白茶这 5 种茶叶样品中的农药检出频次较高，均超过 100 次，其中，绿茶检出农药频次最高，为 824 次。

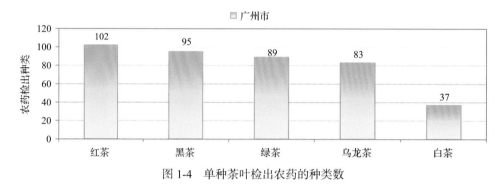

图 1-4　单种茶叶检出农药的种类数

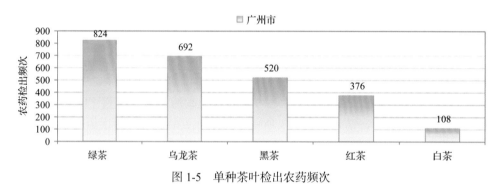

图 1-5　单种茶叶检出农药频次

1.1.2.3　单例样品农药检出种类与占比

对单例样品检出农药种类和频次进行统计发现，未检出农药的样品占总样品数的 3.1%，检出 1 种农药的样品占总样品数的 14.8%，检出 2-5 种农药的样品占总样品数的 45.0%，检出 6-10 种农药的样品占总样品数的 23.6%，检出大于 10 种农药的样品占总样品数的 13.5%。每例样品中平均检出农药为 5.6 种，数据见表 1-4 及图 1-6。

表 1-4　单例样品检出农药品种占比

检出农药品种数	样品数量/占比(%)
未检出	14/3.1
1 种	67/14.8
2～5 种	204/45.0
6～10 种	107/23.6
大于 10 种	61/13.5
单例样品平均检出农药品种	**5.6 种**

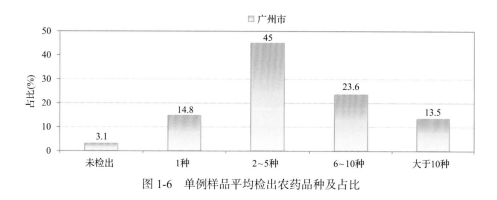

图 1-6　单例样品平均检出农药品种及占比

1.1.2.4　检出农药类别与占比

所有检出农药按功能分类，包括杀虫剂、杀菌剂、除草剂、杀螨剂、植物生长调节剂、灭鼠剂、驱避剂、增效剂和其他共 9 类。其中杀虫剂与杀菌剂为主要检出的农药类别，分别占总数的 38.3% 和 25.4%，见表 1-5 及图 1-7。

表 1-5　检出农药所属类别/占比

农药类别	数量/占比(%)
杀虫剂	80/38.3
杀菌剂	53/25.4
除草剂	48/23.0
杀螨剂	13/6.2
植物生长调节剂	10/4.8
灭鼠剂	2/1.0
驱避剂	1/0.5
增效剂	1/0.5
其他	1/0.5

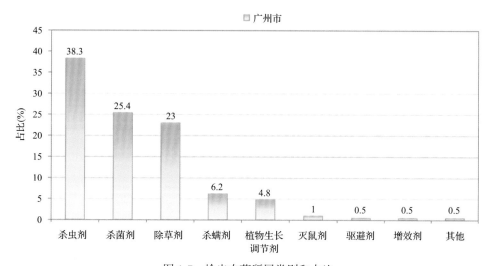

图 1-7　检出农药所属类别和占比

1.1.2.5　检出农药的残留水平

按检出农药残留水平进行统计，残留水平在 1~5 μg/kg（含）的农药占总数的 46.9%，在 5~10 μg/kg（含）的农药占总数的 20.5%，在 10~100 μg/kg（含）的农药占总数的 28.4%，在 100~1000 μg/kg 的农药占总数的 4.2%。

由此可见，这次检测的 11 批 453 例茶叶样品中农药多数处于较低残留水平。结果见表 1-6 及图 1-8，数据见附表 2。

表 1-6　农药残留水平/占比

残留水平（μg/kg）	检出频次数/占比（%）
1~5（含）	1182/46.9
5~10（含）	517/20.5
10~100（含）	716/28.4
100~1000	105/4.2

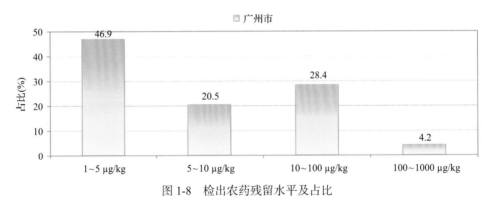

图 1-8　检出农药残留水平及占比

1.1.2.6　检出农药的毒性类别、检出频次和超标频次及占比

对这次检出的 209 种 2520 频次的农药，按剧毒、高毒、中毒、低毒和微毒这五个毒性类别进行分类，从中可以看出，广州市目前普遍使用的农药为中毒、低毒、微毒农药，品种占 84.7%，频次占 92.7%。结果见表 1-7 及图 1-9。

表 1-7　检出农药毒性类别/占比

毒性分类	农药品种/占比（%）	检出频次/占比（%）	超标频次/超标率（%）
剧毒农药	8/3.8	12/0.5	0/0.0
高毒农药	24/11.5	172/6.8	1/0.6
中毒农药	72/34.4	1523/60.4	0/0.0
低毒农药	69/33.0	463/18.4	0/0.0
微毒农药	36/17.2	350/13.9	0/0.0

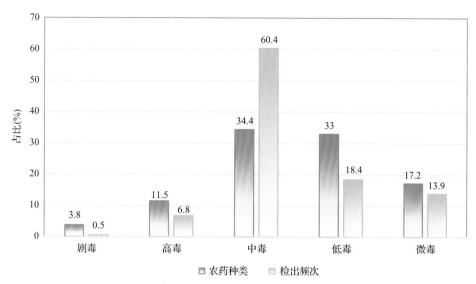

图 1-9　检出农药的毒性分类和占比

1.1.2.7　检出剧毒/高毒类农药的品种和频次

值得特别关注的是，在此次侦测的 453 例样品中有 5 种茶叶的 131 例样品检出了 32 种 184 频次的剧毒和高毒农药，占样品总量的 28.9%，详见图 1-10、表 1-8 及表 1-9。

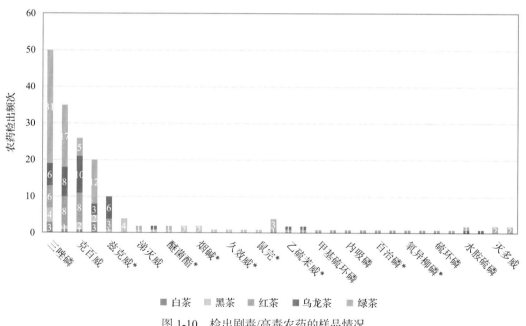

图 1-10　检出剧毒/高毒农药的样品情况

*表示允许在茶叶上使用的农药

表 1-8　剧毒农药检出情况

序号	农药名称	检出频次	超标频次	超标率
从 3 种茶叶中检出 8 种剧毒农药，共计检出 12 次				
1	甲拌磷*	4	0	0.0%
2	涕灭威*	2	0	0.0%
3	地胺磷*	1	0	0.0%
4	放线菌酮*	1	0	0.0%
5	丰索磷*	1	0	0.0%
6	硫环磷*	1	0	0.0%
7	鼠立死*	1	0	0.0%
8	特丁硫磷*	1	0	0.0%
	合计	12	0	超标率：0.0%

表 1-9　高毒农药检出情况

序号	农药名称	检出频次	超标频次	超标率
从 5 种茶叶中检出 24 种高毒农药，共计检出 172 次				
1	三唑磷	50	0	0.0%
2	伐虫脒	35	0	0.0%
3	克百威	26	0	0.0%
4	阿维菌素	20	0	0.0%
5	兹克威	10	0	0.0%
6	杀线威	4	0	0.0%
7	久效磷	2	0	0.0%
8	醚菌酯	2	0	0.0%
9	嘧啶磷	2	0	0.0%
10	灭多威	2	0	0.0%
11	灭瘟素	2	0	0.0%
12	水胺硫磷	2	1	50.0%
13	烟碱	2	0	0.0%
14	氧乐果	2	0	0.0%
15	乙硫苯威	2	0	0.0%
16	百治磷	1	0	0.0%
17	呋线威	1	0	0.0%
18	甲基硫环磷	1	0	0.0%
19	久效威	1	0	0.0%
20	内吸磷	1	0	0.0%
21	鼠完	1	0	0.0%
22	脱叶磷	1	0	0.0%
23	亚砜磷	1	0	0.0%
24	氧异柳磷	1	0	0.0%
	合计	172	1	超标率：0.6%

在检出的剧毒和高毒农药中，有 12 种是我国早已禁止在茶叶上使用的，分别是：灭多威、克百威、氧乐果、三唑磷、甲基硫环磷、特丁硫磷、水胺硫磷、硫环磷、涕灭威、内吸磷、久效磷和甲拌磷。禁用农药的检出情况见表 1-10。

表 1-10　禁用农药检出情况

序号	农药名称	检出频次	超标频次	超标率
从 5 种茶叶中检出 17 种禁用农药，共计检出 131 次				
1	三唑磷	50	0	0.0%
2	毒死蜱	28	0	0.0%
3	克百威	26	0	0.0%
4	甲拌磷*	4	0	0.0%
5	丁硫克百威	3	0	0.0%
6	氟苯虫酰胺	3	0	0.0%
7	久效磷	2	0	0.0%
8	乐果	2	0	0.0%
9	灭多威	2	0	0.0%
10	水胺硫磷	2	1	50.0%
11	涕灭威*	2	0	0.0%
12	氧乐果	2	0	0.0%
13	甲基硫环磷	1	0	0.0%
14	硫环磷*	1	0	0.0%
15	内吸磷	1	0	0.0%
16	氰戊菊酯	1	0	0.0%
17	特丁硫磷*	1	0	0.0%
合计		131	1	超标率：0.8%

注：表中*为剧毒农药；超标结果参考 MRL 中国国家标准计算

此次抽检的茶叶样品中，有 3 种茶叶检出了剧毒农药，分别是：黑茶中检出放线菌酮 1 次，检出鼠立死 1 次，检出涕灭威 1 次；红茶中检出地胺磷 1 次，检出丰索磷 1 次，检出甲拌磷 1 次，检出硫环磷 1 次，检出特丁硫磷 1 次；绿茶中检出涕灭威 1 次，检出甲拌磷 3 次。

样品中检出剧毒和高毒农药残留水平超过 MRL 中国国家标准的频次为 1 次，其中：乌龙茶检出水胺硫磷超标 1 次。本次检出结果表明，高毒、剧毒农药的使用现象依旧存在，详见表 1-11。

表 1-11　各样本中检出剧毒/高毒农药情况

样品名称	农药名称	检出频次	超标频次	检出浓度(μg/kg)
茶叶 5 种				
白茶	阿维菌素	3	0	22.0, 11.8, 34.4
白茶	三唑磷▲	3	0	1.2, 7.9, 3.2
白茶	伐虫脒	1	0	38.5
白茶	克百威▲	1	0	4.2
黑茶	放线菌酮*	1	0	8.6
黑茶	鼠立死*	1	0	1.0
黑茶	涕灭威*▲	1	0	480.8
黑茶	三唑磷▲	4	0	32.7, 3.1, 1.1, 24.0
黑茶	杀线威	4	0	13.7, 6.3, 17.6, 6.3
黑茶	阿维菌素	2	0	315.2, 35.7
黑茶	久效磷▲	2	0	3.9, 2.1
黑茶	克百威▲	2	0	3.4, 2.1
黑茶	烟碱	2	0	132.9, 28.0
黑茶	伐虫脒	1	0	64.0
黑茶	久效威	1	0	53.1
黑茶	醚菌酯	1	0	11.4
黑茶	灭瘟素	1	0	12.5
黑茶	鼠完	1	0	93.2
黑茶	兹克威	1	0	2.4
红茶	地胺磷*	1	0	1.6
红茶	丰索磷*	1	0	5.2
红茶	甲拌磷*▲	1	0	5.5
红茶	硫环磷*▲	1	0	4.1
红茶	特丁硫磷*▲	1	0	2.7
红茶	伐虫脒	8	0	24.6, 12.7, 267.9, 20.2, 11.8, 24.5, 236.0, 7.5
红茶	克百威▲	8	0	3.3, 3.8, 1.9, 1.6, 2.7, 1.7, 2.3, 1.4
红茶	三唑磷▲	6	0	1.9, 2.7, 2.1, 3.4, 2.3, 6.3
红茶	兹克威	3	0	4.4, 4.4, 4.8
红茶	百治磷	1	0	4.1
红茶	甲基硫环磷▲	1	0	4.5
红茶	内吸磷▲	1	0	3.4
红茶	脱叶磷	1	0	1.8

续表

样品名称	农药名称	检出频次	超标频次	检出浓度(μg/kg)
红茶	亚砜磷	1	0	1.9
红茶	氧异柳磷	1	0	2.3
红茶	乙硫苯威	1	0	1.4
红茶	嘧啶磷	1	0	1.7
绿茶	甲拌磷*▲	3	0	3.2, 1.7, 1.1
绿茶	涕灭威*▲	1	0	34.6
绿茶	三唑磷▲	31	0	52.4, 2.6, 2.4, 5.0, 2.0, 1.4, 3.1, 5.3, 1.5, 19.8, 1.5, 9.1, 8.3, 24.8, 7.0, 33.1, 1.3, 4.5, 12.0, 1.6, 2.3, 12.1, 4.8, 28.3, 2.2, 1.6, 1.7, 8.7, 1.0, 1.6, 1.1
绿茶	伐虫脒	17	0	21.2, 48.9, 51.1, 35.6, 47.6, 28.7, 42.1, 28.3, 56.0, 27.9, 14.4, 54.9, 59.3, 10.6, 45.2, 2.7, 39.8
绿茶	阿维菌素	12	0	39.2, 1.6, 1.3, 3.2, 1.1, 11.4, 2.1, 52.0, 9.4, 7.7, 149.4, 25.1
绿茶	克百威▲	5	0	1.5, 1.9, 4.0, 2.4, 4.1
绿茶	灭多威▲	2	0	20.8, 8.0
绿茶	氧乐果▲	2	0	1.1, 1.6
绿茶	醚菌酯	1	0	1.7
绿茶	水胺硫磷▲	1	0	35.7
乌龙茶	克百威▲	10	0	1.5, 7.7, 1.0, 38.9, 2.2, 8.8, 1.9, 3.1, 9.5, 1.7
乌龙茶	伐虫脒	8	0	102.3, 32.7, 68.9, 68.7, 77.6, 61.1, 80.6, 17.3
乌龙茶	三唑磷▲	6	0	8.4, 9.2, 7.1, 2.5, 2.9, 1.9
乌龙茶	兹克威	6	0	2.7, 3.1, 9.4, 1.5, 1.3, 7.0
乌龙茶	阿维菌素	3	0	113.9, 131.6, 19.3
乌龙茶	水胺硫磷▲	1	1	642.2a
乌龙茶	灭瘟素	1	0	36.1
乌龙茶	乙硫苯威	1	0	7.6
乌龙茶	呋线威	1	0	1.6
乌龙茶	嘧啶磷	1	0	8.6
合计		184	1	超标率: 0.5%

注：表中*为剧毒农药；▲为禁用农药；a 为超标结果(参考 MRL 中国国家标准)

1.2　农药残留检出水平与最大残留限量标准对比分析

我国于 2016 年 12 月 18 日正式颁布并于 2017 年 6 月 18 日正式实施食品农药残留限量国家标准《食品中农药最大残留限量》(GB 2763—2016)。该标准包括 417 个农药条目，涉及最大残留限量(MRL)标准 4140 项。将 2520 频次检出农药的浓度水平与 4140 项 MRL 中国国家标准进行核对，其中只有 962 频次的结果找到了对应的 MRL，占 38.2%，还有 1558 频次的结果则无相关 MRL 标准供参考，占 61.8%。

将此次侦测结果与国际上现行 MRL 对比发现，在 2520 频次的检出结果中有 2520 频次的结果找到了对应的 MRL 欧盟标准，占 100.0%，其中，1818 频次的结果有明确对应的 MRL，占 72.1%，其余 702 频次按照欧盟一律标准判定，占 27.9%；有 2520 频次的结果找到了对应的 MRL 日本标准，占 100.0%，其中，1789 频次的结果有明确对应的 MRL，占 71.0%，其余 731 频次按照日本一律标准判定，占 29.0%；有 826 频次的结果找到了对应的 MRL 中国香港标准，占 32.8%；有 898 频次的结果找到了对应的 MRL 美国标准，占 35.6%；有 453 频次的结果找到了对应的 MRL CAC 标准，占 18.0%（见图 1-11 和图 1-12，数据见附表 3 至附表 8）。

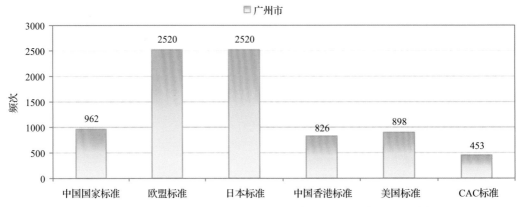

图 1-11　2520 频次检出农药可用 MRL 中国国家标准、欧盟标准、日本标准、
中国香港标准、美国标准、CAC 标准判定衡量的数量

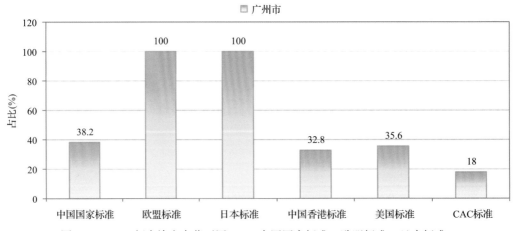

图 1-12　2520 频次检出农药可用 MRL 中国国家标准、欧盟标准、日本标准、
中国香港标准、美国标准、CAC 标准衡量的占比

1.2.1　超标农药样品分析

本次侦测的 453 例样品中，14 例样品未检出任何残留农药，占样品总量的 3.1%，439 例样品检出不同水平、不同种类的残留农药，占样品总量的 96.9%。在此，我们将

本次侦测的农残检出情况与 MRL 中国国家标准、欧盟标准、日本标准、中国香港标准、美国标准和 CAC 标准这 6 大国际主流标准进行对比分析，样品农残检出与超标情况见表 1-12、图 1-13 和图 1-14，详细数据见附表 9 至附表 14。

表 1-12　各 MRL 标准下样本农残检出与超标数量及占比

	中国国家标准 数量/占比(%)	欧盟标准 数量/占比(%)	日本标准 数量/占比(%)	中国香港标准 数量/占比(%)	美国标准 数量/占比(%)	CAC 标准 数量/占比(%)
未检出	14/3.1	14/3.1	14/3.1	14/3.1	14/3.1	14/3.1
检出未超标	438/96.7	202/44.6	233/51.4	439/96.9	439/96.9	439/96.9
检出超标	1/0.2	237/52.3	206/45.5	0/0.0	0/0.0	0/0.0

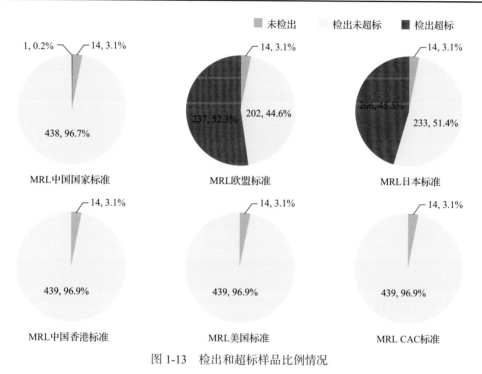

图 1-13　检出和超标样品比例情况

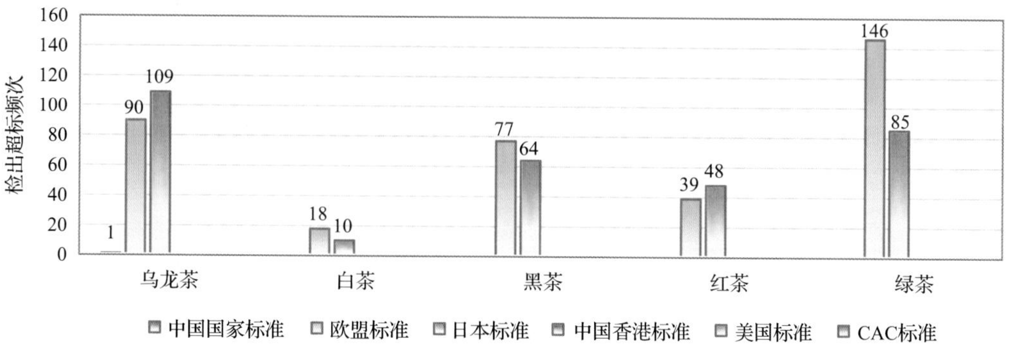

图 1-14　超过 MRL 中国国家标准、欧盟标准、日本标准、中国香港标准、
美国标准和 CAC 标准结果在茶叶中的分布

1.2.2 超标农药种类分析

按照 MRL 中国国家标准、欧盟标准、日本标准、中国香港标准、美国标准和 CAC 标准这 6 大国际主流标准衡量，本次侦测检出的农药超标品种及频次情况见表 1-13。

表 1-13 各 MRL 标准下超标农药品种及频次

	中国国家标准	欧盟标准	日本标准	中国香港标准	美国标准	CAC 标准
超标农药品种	1	54	54	0	0	0
超标农药频次	1	370	316	0	0	0

1.2.2.1 按 MRL 中国国家标准衡量

按 MRL 中国国家标准衡量，有 1 种农药超标，检出 1 频次，为高毒农药水胺硫磷。按超标程度比较，乌龙茶中水胺硫磷超标 11.8 倍。检测结果见图 1-15 和附表 15。

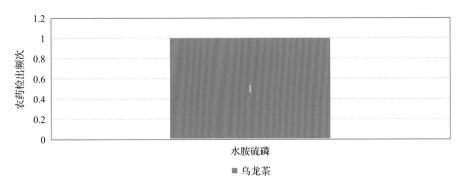

图 1-15 超过 MRL 中国国家标准农药品种及频次

1.2.2.2 按 MRL 欧盟标准衡量

按 MRL 欧盟标准衡量，共有 54 种农药超标，检出 370 频次，分别为剧毒农药涕灭威，高毒农药三唑磷、鼠完、水胺硫磷、阿维菌素、灭瘟素、久效威和伐虫脒，中毒农药苯醚甲环唑、丙环唑、速灭威、烯丙菊酯、乙嘧硫磷、吡虫啉、吡唑醚菌酯、异丙威、双苯基脲、N-去甲基啶虫脒、莠灭净、啶虫脒、三唑醇、唑虫酰胺、仲丁威、丁硫克百威、2,3,5-混杀威、四聚乙醛、哒螨灵、炔丙菊酯、二氧威和西草净，低毒农药氟苯虫酰胺、依维菌素、除虫脲、吡虫啉脲、灭幼脲、特草灵、三异丁基磷酸盐、噻嗪酮、丁苯吗啉、抗倒酯、呋虫胺、炔草酯、烯酰吗啉和扑草净，微毒农药联苯三唑醇、萘草胺、啶酰菌胺、虫酰肼、环草隆、增效醚、非草隆、乙嘧酚、井冈霉素和胺菊酯。

按超标程度比较，绿茶中唑虫酰胺超标 81.4 倍，绿茶中丁硫克百威超标 78.5 倍，乌龙茶中水胺硫磷超标 63.2 倍，白茶中唑虫酰胺超标 40.4 倍，黑茶中特草灵超标 22.9 倍。检测结果见图 1-16 和附表 16。

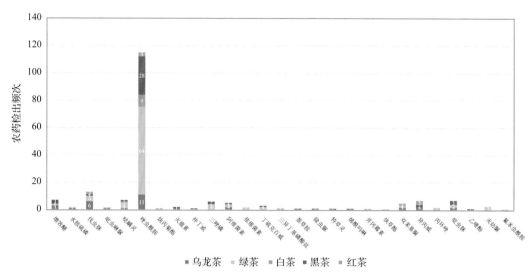

图 1-16-1　超过 MRL 欧盟标准农药品种及频次

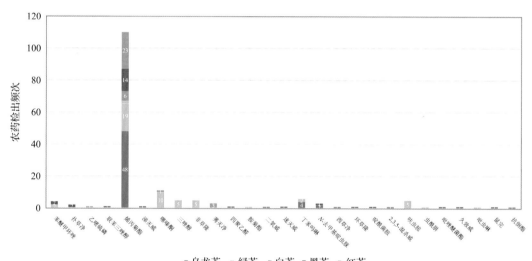

图 1-16-2　超过 MRL 欧盟标准农药品种及频次

1.2.2.3　按 MRL 日本标准衡量

按 MRL 日本标准衡量，共有 54 种农药超标，检出 316 频次，分别为剧毒农药涕灭威，高毒农药鼠完、三唑磷、水胺硫磷、灭瘟素、杀线威、久效威、伐虫脒和烟碱，中毒农药丙环唑、异丙隆、速灭威、敌螨普、烯丙菊酯、乙嘧硫磷、异丙威、双苯基脲、N-去甲基啶虫脒、莠灭净、双丙氨膦、丁硫克百威、三环唑、仲丁威、2,3,5-混杀威、四聚乙醛、茚虫威、炔丙菊酯、二氧威和西草净，低毒农药氟吡菌酰胺、依维菌素、嘧霉胺、吡虫啉脲、灭幼脲、特草灵、三异丁基磷酸盐、唑啉草酯、丁苯吗啉、抗倒酯、炔草酯、烯酰吗啉、甲基胺苯磺隆、螺虫乙酯和扑草净，微毒农药联苯三唑醇、萘草胺、环草隆、霜霉威、增效醚、非草隆、苯醚菊酯、乙嘧酚、井冈霉素和胺菊酯。

按超标程度比较，黑茶中鼠完超标 92.2 倍，乌龙茶中水胺硫磷超标 63.2 倍，黑茶中涕灭威超标 47.1 倍，乌龙茶中抗倒酯超标 39.3 倍，红茶中伐虫脒超标 25.8 倍。检测结果见图 1-17 和附表 17。

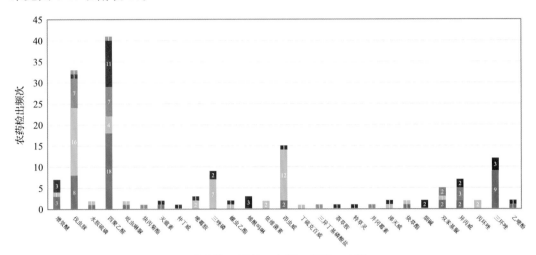

图 1-17-1　超过 MRL 日本标准农药品种及频次

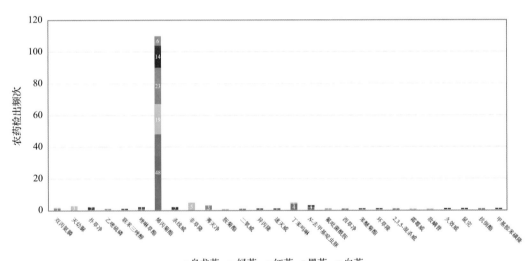

图 1-17-2　超过 MRL 日本标准农药品种及频次

1.2.2.4　按 MRL 中国香港标准衡量

按 MRL 中国香港标准衡量，无样品检出超标农药残留。

1.2.2.5　按 MRL 美国标准衡量

按 MRL 美国标准衡量，无样品检出超标农药残留。

1.2.2.6　按 MRL CAC 标准衡量

按 MRL CAC 标准衡量，无样品检出超标农药残留。

1.2.3　11 个采样点超标情况分析

1.2.3.1　按 MRL 中国国家标准衡量

按 MRL 中国国家标准衡量,有 1 个采样点的样品存在超标农药检出,超标率为3.2%,如表 1-14 和图 1-18 所示。

表 1-14　超过 MRL 中国国家标准茶叶在不同采样点分布

序号	采样点	样品总数	超标数量	超标率(%)	行政区域
1	启秀茶城(***店)	31	1	3.2	荔湾区

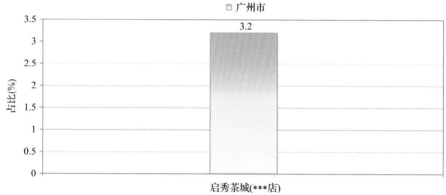

图 1-18　超过 MRL 中国国家标准茶叶在不同采样点分布

1.2.3.2　按 MRL 欧盟标准衡量

按 MRL 欧盟标准衡量,所有采样点的样品存在不同程度的超标农药检出,其中***超市(环市东路店)的超标率最高,为 100.0%,如表 1-15 和图 1-19 所示。

表 1-15　超过 MRL 欧盟标准茶叶在不同采样点分布

序号	采样点	样品总数	超标数量	超标率(%)	行政区域
1	启秀茶城(***店)	147	61	41.5	荔湾区
2	***茶行	63	45	71.4	荔湾区
3	广东芳村茶叶城(***店)	50	15	30.0	荔湾区
4	启秀茶城(***店)	50	19	38.0	荔湾区
5	启秀茶城(***店)	38	19	50.0	荔湾区
6	启秀茶城(***店)	32	25	78.1	荔湾区
7	启秀茶城(***店)	31	18	58.1	荔湾区
8	***超市(三元里店)	19	16	84.2	白云区
9	广州***公司	15	13	86.7	白云区
10	启秀茶城(***店)	6	4	66.7	荔湾区
11	***超市(环市东路店)	2	2	100.0	越秀区

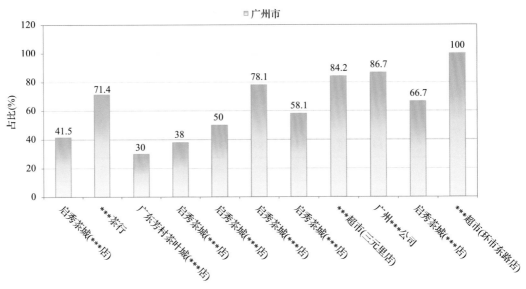

图 1-19　超过 MRL 欧盟标准茶叶在不同采样点分布

1.2.3.3　按 MRL 日本标准衡量

按 MRL 日本标准衡量，所有采样点的样品存在不同程度的超标农药检出，其中***超市(环市东路店)的超标率最高，为 100.0%，如表 1-16 和图 1-20 所示。

表 1-16　超过 MRL 日本标准茶叶在不同采样点分布

序号	采样点	样品总数	超标数量	超标率(%)	行政区域
1	启秀茶城(***店)	147	53	36.1	荔湾区
2	***茶行	63	37	58.7	荔湾区
3	广东芳村茶叶城(***店)	50	17	34.0	荔湾区
4	启秀茶城(***店)	50	19	38.0	荔湾区
5	启秀茶城(***店)	38	21	55.3	荔湾区
6	启秀茶城(***店)	32	20	62.5	荔湾区
7	启秀茶城(***店)	31	12	38.7	荔湾区
8	***超市(三元里店)	19	8	42.1	白云区
9	广州***公司	15	14	93.3	白云区
10	启秀茶城(***店)	6	3	50.0	荔湾区
11	***超市(环市东路店)	2	2	100.0	越秀区

1.2.3.4　按 MRL 中国香港标准衡量

按 MRL 中国香港标准衡量，所有采样点的样品均未检出超标农药残留。

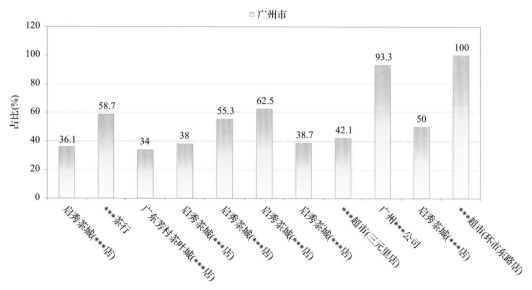

图 1-20　超过 MRL 日本标准茶叶在不同采样点分布

1.2.3.5　按 MRL 美国标准衡量

按 MRL 美国标准衡量，所有采样点的样品均未检出超标农药残留。

1.2.3.6　按 MRL CAC 标准衡量

按 MRL CAC 标准衡量，所有采样点的样品均未检出超标农药残留。

1.3　茶叶中农药残留分布

1.3.1　茶叶按检出农药品种和频次排名

本次残留侦测的茶叶共 5 种，包括白茶、黑茶、红茶、乌龙茶和绿茶。

根据检出农药品种及频次进行排名，将茶叶样品检出情况列表说明，详见表 1-17。

表 1-17　茶叶按检出农药品种和频次排名

按检出农药品种排名(品种)	①红茶(102)，②黑茶(95)，③绿茶(89)，④乌龙茶(83)，⑤白茶(37)
按检出农药频次排名(频次)	①绿茶(824)，②乌龙茶(692)，③黑茶(520)，④红茶(376)，⑤白茶(108)
按检出禁用、高毒及剧毒农药品种排名(品种)	①黑茶(18)，②红茶(18)，③绿茶(14)，④乌龙茶(12)，⑤白茶(6)
按检出禁用、高毒及剧毒农药频次排名(频次)	①绿茶(99)，②乌龙茶(41)，③红茶(39)，④黑茶(32)，⑤白茶(10)

1.3.2　茶叶按超标农药品种和频次排名

鉴于 MRL 欧盟标准和日本标准制定比较全面且覆盖率较高，我们参照 MRL 中国国家标准、欧盟标准和日本标准衡量茶叶样品中农残检出情况，将超标农药品种及频次排名列表说明,详见表 1-18。

表 1-18　茶叶按超标农药品种和频次排名

按超标农药品种排名 (农药品种数)	MRL 中国国家标准	①乌龙茶(1)
	MRL 欧盟标准	①黑茶(29),②绿茶(26),③乌龙茶(18),④红茶(9),⑤白茶(5)
	MRL 日本标准	①黑茶(30),②绿茶(23),③乌龙茶(21),④红茶(9),⑤白茶(5)
按超标农药频次排名 (农药频次数)	MRL 中国国家标准	①乌龙茶(1)
	MRL 欧盟标准	①绿茶(146),②乌龙茶(90),③黑茶(77),④红茶(39),⑤白茶(18)
	MRL 日本标准	①乌龙茶(109),②绿茶(85),③黑茶(64),④红茶(48),⑤白茶(10)

通过对各品种茶叶样本总数及检出率进行综合分析发现,红茶、绿茶和乌龙茶的残留污染最为严重,在此,我们参照 MRL 中国国家标准、欧盟标准和日本标准对这 3 种茶叶的农残检出情况进行进一步分析。

1.3.3　农药残留检出率较高的茶叶样品分析

1.3.3.1　红茶

这次共检测 60 例红茶样品,全部检出了农药残留,检出率为 100.0%,检出农药共计 102 种。其中三环唑、抑芽丹、唑虫酰胺、啶虫脒和噻嗪酮检出频次较高,分别检出了 46、30、29、25 和 24 次。红茶中农药检出品种和频次见图 1-21,超标农药见图 1-22 和表 1-19。

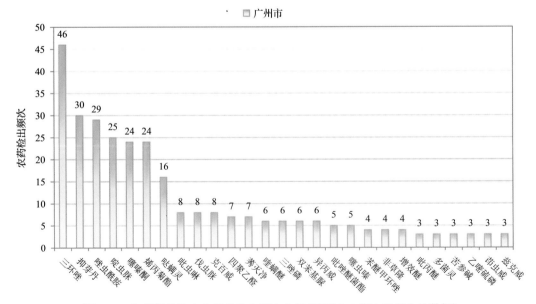

图 1-21　红茶样品检出农药品种和频次分析(仅列出 3 频次及以上的数据)

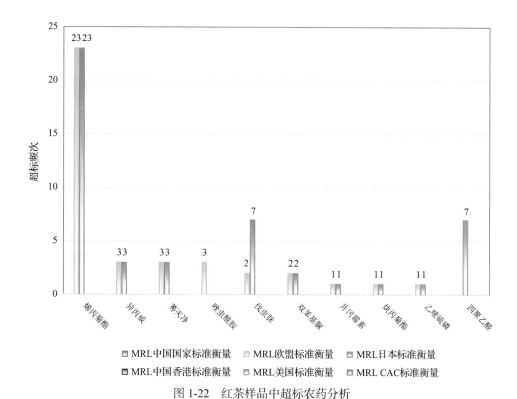

图 1-22　红茶样品中超标农药分析

表 1-19　红茶中农药残留超标情况明细表

样品总数 60		检出农药样品数 60	样品检出率(%) 100	检出农药品种总数 102
超标农药 品种	超标农药 频次	按照 MRL 中国国家标准、欧盟标准和日本标准衡量超标农药名称及频次		
中国国家 标准　0	0			
欧盟标准　9	39	烯丙菊酯(23)、异丙威(3)、莠灭净(3)、唑虫酰胺(3)、伐虫脒(2)、双苯基脲(2)、井冈霉素(1)、炔丙菊酯(1)、乙嘧硫磷(1)		
日本标准　9	48	烯丙菊酯(23)、伐虫脒(7)、四聚乙醛(7)、异丙威(3)、莠灭净(3)、双苯基脲(2)、井冈霉素(1)、炔丙菊酯(1)、乙嘧硫磷(1)		

1.3.3.2　绿茶

这次共检测 103 例绿茶样品，102 例样品中检出了农药残留，检出率为 99.0%，检出农药共计 89 种。其中唑虫酰胺、噻嗪酮、哒螨灵、啶虫脒和苯醚甲环唑检出频次较高，分别检出了 86、67、60、59 和 32 次。绿茶中农药检出品种和频次见图 1-23，超标农药见图 1-24 和表 1-20。

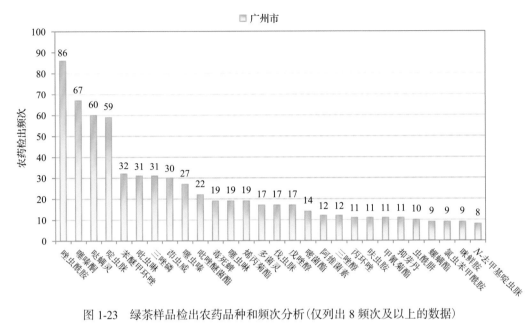

图 1-23　绿茶样品检出农药品种和频次分析(仅列出 8 频次及以上的数据)

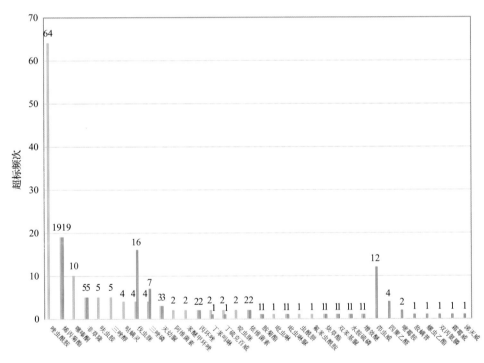

图 1-24　绿茶样品中超标农药分析

表 1-20　绿茶中农药残留超标情况明细表

样品总数 103		检出农药样品数 102	样品检出率(%) 99	检出农药品种总数 89
超标农药品种	超标农药频次	按照 MRL 中国国家标准、欧盟标准和日本标准衡量超标农药名称及频次		
中国国家标准 0	0			
欧盟标准 26	146	唑虫酰胺(64)、烯丙菊酯(19)、噻嗪酮(10)、非草隆(5)、呋虫胺(5)、三唑醇(5)、哒螨灵(4)、伐虫脒(4)、三唑磷(4)、灭幼脲(3)、阿维菌素(2)、苯醚甲环唑(2)、丙环唑(2)、丁苯吗啉(2)、丁硫克百威(2)、啶虫脒(2)、依维菌素(2)、胺菊酯(1)、吡虫啉(1)、吡虫啉脲(1)、虫酰肼(1)、氟苯虫酰胺(1)、炔草酯(1)、双苯基脲(1)、水胺硫磷(1)、增效醚(1)		
日本标准 23	85	烯丙菊酯(19)、伐虫脒(16)、茚虫威(12)、三唑磷(7)、非草隆(5)、四聚乙醛(4)、灭幼脲(3)、丙环唑(2)、嘧霉胺(2)、依维菌素(2)、胺菊酯(1)、吡虫啉脲(1)、敌螨普(1)、丁苯吗啉(1)、丁硫克百威(1)、螺虫乙酯(1)、炔草酯(1)、双苯基脲(1)、双丙氨膦(1)、霜霉威(1)、水胺硫磷(1)、涕灭威(1)、增效醚(1)		

1.3.3.3　乌龙茶

这次共检测 100 例乌龙茶样品，全部检出了农药残留，检出率为 100.0%，检出农药共计 83 种。其中唑虫酰胺、噻嗪酮、啶虫脒、哒螨灵和烯丙菊酯检出频次较高，分别检出了 75、70、55、54 和 51 次。乌龙茶中农药检出品种和频次见图 1-25，超标农药见图 1-26 和表 1-21。

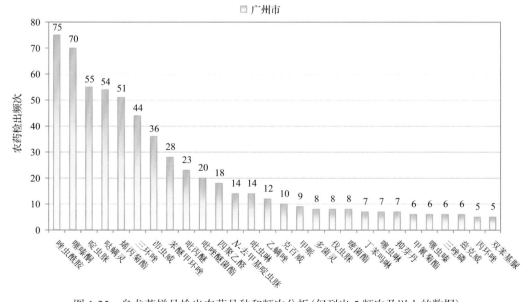

图 1-25　乌龙茶样品检出农药品种和频次分析(仅列出 5 频次及以上的数据)

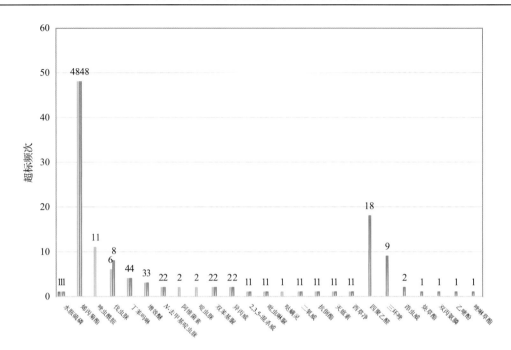

图 1-26 乌龙茶样品中超标农药分析

表 1-21 乌龙茶中农药残留超标情况明细表

样品总数 100	检出农药样品数 100	样品检出率(%) 100	检出农药品种总数 83

	超标农药 品种	超标农药 频次	按照 MRL 中国国家标准、欧盟标准和日本标准衡量超标农药名称及频次
中国国家 标准	1	1	水胺硫磷(1)
欧盟标准	18	90	烯丙菊酯(48),唑虫酰胺(11),伐虫脒(6),丁苯吗啉(4),增效醚(3),N-去甲基啶虫脒(2),阿维菌素(2),啶虫脒(2),双苯基脲(2),异丙威(2),2,3,5-混杀威(1),吡虫啉脲(1),哒螨灵(1),二氧威(1),抗倒酯(1),灭瘟素(1),水胺硫磷(1),西草净(1)
日本标准	21	109	烯丙菊酯(48),四聚乙醛(18),三环唑(9),伐虫脒(8),丁苯吗啉(4),增效醚(3),N-去甲基啶虫脒(2),双苯基脲(2),异丙威(2),茚虫威(2),2,3,5-混杀威(1),吡虫啉脲(1),二氧威(1),抗倒酯(1),灭瘟素(1),炔草酯(1),双丙氨膦(1),水胺硫磷(1),西草净(1),乙嘧酚(1),唑啉草酯(1)

1.4 初 步 结 论

1.4.1 广州市市售茶叶按 MRL 中国国家标准和国际主要 MRL 标准衡量 的合格率

本次侦测的 453 例样品中，14 例样品未检出任何残留农药，占样品总量的 3.1%，

439 例样品检出不同水平、不同种类的残留农药，占样品总量的 96.9%。在这 439 例检出农药残留的样品中：

按照 MRL 中国国家标准衡量，有 438 例样品检出残留农药但含量没有超标，占样品总数的 96.7%，有 1 例样品检出了超标农药，占样品总数的 0.2%；

按照 MRL 欧盟标准衡量，有 202 例样品检出残留农药但含量没有超标，占样品总数的 44.6%，有 237 例样品检出了超标农药，占样品总数的 52.3%；

按照 MRL 日本标准衡量，有 233 例样品检出残留农药但含量没有超标，占样品总数的 51.4%，有 206 例样品检出了超标农药，占样品总数的 45.5%；

按照 MRL 中国香港标准衡量，有 439 例样品检出残留农药但含量没有超标，占样品总数的 96.9%，无检出残留农药超标的样品；

按照 MRL 美国标准衡量，有 439 例样品检出残留农药但含量没有超标，占样品总数的 96.9%，无检出残留农药超标的样品；

按照 MRL CAC 标准衡量，有 439 例样品检出残留农药但含量没有超标，占样品总数的 96.9%，无检出残留农药超标的样品。

1.4.2　广州市市售茶叶中检出农药以中低微毒农药为主，占市场主体的 84.7%

这次侦测的 453 例茶叶样品共检出了 209 种农药,检出农药的毒性以中低微毒为主,详见表 1-22。

表 1-22　市场主体农药毒性分布

毒性	检出品种	占比	检出频次	占比
剧毒农药	8	3.8%	12	0.5%
高毒农药	24	11.5%	172	6.8%
中毒农药	72	34.4%	1523	60.4%
低毒农药	69	33.0%	463	18.4%
微毒农药	36	17.2%	350	13.9%

中低微毒农药，品种占比 84.7%，频次占比 92.7%

1.4.3　检出剧毒、高毒和禁用农药现象应该警醒

在此次侦测的 453 例样品中有 5 种茶叶的 148 例样品检出了 37 种 221 频次的剧毒和高毒或禁用农药，占样品总量的 32.7%。其中剧毒农药甲拌磷、涕灭威和地胺磷以及高毒农药三唑磷、伐虫脒和克百威检出频次较高。

按 MRL 中国国家标准衡量，剧毒农药高毒农药按超标程度比较，乌龙茶中水胺硫磷超标 11.8 倍。

剧毒、高毒或禁用农药的检出情况及按照 MRL 中国国家标准衡量的超标情况见表 1-23。

表 1-23　剧毒、高毒或禁用农药的检出及超标明细

序号	农药名称	样品名称	检出频次	超标频次	最大超标倍数	超标率
1.1	地胺磷*	红茶	1	0	0	0.0%
2.1	放线菌酮*	黑茶	1	0	0	0.0%
3.1	丰索磷*	红茶	1	0	0	0.0%
4.1	甲拌磷*▲	绿茶	3	0	0	0.0%
4.2	甲拌磷*▲	红茶	1	0	0	0.0%
5.1	硫环磷*▲	红茶	1	0	0	0.0%
6.1	鼠立死*	黑茶	1	0	0	0.0%
7.1	特丁硫磷*▲	红茶	1	0	0	0.0%
8.1	涕灭威*▲	黑茶	1	0	0	0.0%
8.2	涕灭威*▲	绿茶	1	0	0	0.0%
9.1	阿维菌素◇	绿茶	12	0	0	0.0%
9.2	阿维菌素◇	白茶	3	0	0	0.0%
9.3	阿维菌素◇	乌龙茶	3	0	0	0.0%
9.4	阿维菌素◇	黑茶	2	0	0	0.0%
10.1	百治磷◇	红茶	1	0	0	0.0%
11.1	伐虫脒◇	绿茶	17	0	0	0.0%
11.2	伐虫脒◇	红茶	8	0	0	0.0%
11.3	伐虫脒◇	乌龙茶	8	0	0	0.0%
11.4	伐虫脒◇	白茶	1	0	0	0.0%
11.5	伐虫脒◇	黑茶	1	0	0	0.0%
12.1	甲基硫环磷◇▲	红茶	1	0	0	0.0%
13.1	久效磷◇▲	黑茶	2	0	0	0.0%
14.1	久效威◇	黑茶	1	0	0	0.0%
15.1	克百威◇▲	乌龙茶	10	0	0	0.0%
15.2	克百威◇▲	红茶	8	0	0	0.0%
15.3	克百威◇▲	绿茶	5	0	0	0.0%
15.4	克百威◇▲	黑茶	2	0	0	0.0%
15.5	克百威◇▲	白茶	1	0	0	0.0%
16.1	醚菌酯◇	黑茶	1	0	0	0.0%
16.2	醚菌酯◇	绿茶	1	0	0	0.0%
17.1	灭多威◇▲	绿茶	2	0	0	0.0%
18.1	灭瘟素◇	黑茶	1	0	0	0.0%
18.2	灭瘟素◇	乌龙茶	1	0	0	0.0%
19.1	内吸磷◇▲	红茶	1	0	0	0.0%

续表

序号	农药名称	样品名称	检出频次	超标频次	最大超标倍数	超标率
20.1	三唑磷◇▲	绿茶	31	0	0	0.0%
20.2	三唑磷◇▲	红茶	6	0	0	0.0%
20.3	三唑磷◇▲	乌龙茶	6	0	0	0.0%
20.4	三唑磷◇▲	黑茶	4	0	0	0.0%
20.5	三唑磷◇▲	白茶	3	0	0	0.0%
21.1	杀线威◇	黑茶	4	0	0	0.0%
22.1	鼠完◇	黑茶	1	0	0	0.0%
23.1	水胺硫磷◇▲	乌龙茶	1	1	11.844	100.0%
23.2	水胺硫磷◇▲	绿茶	1	0	0	0.0%
24.1	脱叶磷◇	红茶	1	0	0	0.0%
25.1	亚砜磷◇	红茶	1	0	0	0.0%
26.1	烟碱◇	黑茶	2	0	0	0.0%
27.1	氧乐果◇▲	绿茶	2	0	0	0.0%
28.1	氧异柳磷◇	红茶	1	0	0	0.0%
29.1	乙硫苯威◇	红茶	1	0	0	0.0%
29.2	乙硫苯威◇	乌龙茶	1	0	0	0.0%
30.1	兹克威◇	乌龙茶	6	0	0	0.0%
30.2	兹克威◇	红茶	3	0	0	0.0%
30.3	兹克威◇	黑茶	1	0	0	0.0%
31.1	呋线威◇	乌龙茶	1	0	0	0.0%
32.1	嘧啶磷◇	红茶	1	0	0	0.0%
32.2	嘧啶磷◇	乌龙茶	1	0	0	0.0%
33.1	丁硫克百威▲	绿茶	2	0	0	0.0%
33.2	丁硫克百威▲	黑茶	1	0	0	0.0%
34.1	毒死蜱▲	绿茶	19	0	0	0.0%
34.2	毒死蜱▲	黑茶	5	0	0	0.0%
34.3	毒死蜱▲	乌龙茶	2	0	0	0.0%
34.4	毒死蜱▲	白茶	1	0	0	0.0%
34.5	毒死蜱▲	红茶	1	0	0	0.0%
35.1	乐果▲	绿茶	2	0	0	0.0%
36.1	氰戊菊酯▲	黑茶	1	0	0	0.0%
37.1	氟苯虫酰胺▲	白茶	1	0	0	0.0%
37.2	氟苯虫酰胺▲	绿茶	1	0	0	0.0%
37.3	氟苯虫酰胺▲	乌龙茶	1	0	0	0.0%
合计			221	1		0.5%

注：表中*为剧毒农药；◇ 为高毒农药；▲为禁用农药；超标倍数参照 MRL 中国国家标准衡量

这些剧毒和高毒农药都是中国政府早有规定禁止在茶叶中使用的，为什么还屡次被检出，应该引起警惕。

1.4.4　残留限量标准与先进国家或地区差距较大

2520 频次的检出结果与我国公布的《食品中农药最大残留限量》(GB 2763—2016)对比，有 962 频次能找到对应的 MRL 中国国家标准，占 38.2%；还有 1558 频次的侦测数据无相关 MRL 标准供参考，占 61.8%。

与国际上现行 MRL 对比发现：

有 2520 频次能找到对应的 MRL 欧盟标准，占 100.0%；

有 2520 频次能找到对应的 MRL 日本标准，占 100.0%；

有 826 频次能找到对应的 MRL 中国香港标准，占 32.8%；

有 898 频次能找到对应的 MRL 美国标准，占 35.6%；

有 453 频次能找到对应的 MRL CAC 标准，占 18.0%。

由上可见，MRL 中国国家标准与先进国家或地区还有很大差距，我们无标准，境外有标准，这就会导致我们在国际贸易中，处于受制于人的被动地位。

1.4.5　茶叶单种样品检出 89~102 种农药残留，拷问农药使用的科学性

通过此次监测发现，红茶、黑茶和绿茶是检出农药品种最多的 3 种茶叶，从中检出农药品种及频次详见表 1-24。

表 1-24　单种样品检出农药品种及频次

样品名称	样品总数	检出农药样品数	检出率	检出农药品种数	检出农药(频次)
红茶	60	60	100.0%	102	三环唑(46),抑芽丹(30),唑虫酰胺(29),啶虫脒(25),噻嗪酮(24),烯丙菊酯(24),哒螨灵(16),吡虫啉(8),伐虫脒(8),克百威(8),四聚乙醛(7),莠灭净(7),喹螨醚(6),三唑磷(6),双苯基脲(6),异丙威(6),吡唑醚菌酯(5),噻虫嗪(5),苯醚甲环唑(4),非草隆(4),增效醚(4),吡丙醚(3),多菌灵(3),苦参碱(3),乙嘧硫磷(3),茚虫威(3),兹克威(3),喹菌酮(2),噻虫啉(2),戊菌唑(2),戊唑醇(2),鱼藤酮(2),胺苯吡菌酮(1),胺鲜酯(1),百治磷(1),苯氧菌酯-(E)(1),吡虫啉脲(1),吡氟禾草酸(1),吡咪唑(1),苄氨基嘌呤(1),敌草胺(1),敌草净(1),地胺磷(1),丁嗪草酮(1),丁香菌酯(1),啶磺草胺(1),毒死蜱(1),多效唑(1),二甲肼酸(1),二嗪磷(1),丰索磷(1),呋草酮(1),呋酰胺(1),氟吡菌酰胺(1),氟啶草酮(1),氟硅唑(1),氟吗啉(1),氟唑菌苯胺(1),环丙磺酰胺(1),甲拌磷(1),甲基硫环磷(1),甲哌(1),解草酯(1),腈吡螨酯(1),井冈霉素(1),硫环磷(1),绿麦隆(1),马拉氧磷(1),醚磺隆(1),嘧啶磷(1),嘧菌酯(1),嘧螨醚(1),内吸磷(1),哌草磷(1),羟基达草止(1),去氨基苯嗪草酮(1),去甲基抗蚜威(1),炔丙菊酯(1),噻菌灵(1),赛硫磷(1),三嗪茚草胺(1),三异丁基磷酸盐(1),特丁硫磷(1),甜菜宁(1),脱叶磷(1),肟醚菌胺(1),戊菌隆(1),西玛通(1),烯草酮(1),烯肟菌胺(1),烯肟菌酯(1),辛噻酮(1),亚砜磷(1),氧亚胺硫磷(1),氧异柳磷(1),乙硫苯威(1),异丙净(1),吲哚乙酸(1),莠去通(1),唑胺菌酯(1),唑啉草酯(1),唑螨酯(1)

续表

样品名称	样品总数	检出农药样品数	检出率	检出农药品种数	检出农药(频次)
黑茶	179	166	92.7%	95	抑芽丹(64),唑虫酰胺(61),啶虫脒(53),噻嗪酮(39),吡虫啉(27),烯丙菊酯(24),增效醚(19),三环唑(15),三异丁基磷酸盐(15),四聚乙醛(11),哒螨灵(10),多菌灵(10),苯醚甲环唑(9),噻虫嗪(8),丁草胺(6),特草灵(6),莠灭净(6),N-去甲基啶虫脒(5),吡唑醚菌酯(5),毒死蜱(5),苦参碱(5),三唑磷(4),杀线威(4),苯醚菊酯(3),苯氧菌胺-(Z)(3),丙溴磷(3),氟硅唑(3),氯虫苯甲酰胺(3),嘧菌酯(3),嘧霉胺(3),戊唑醇(3),烯酰吗啉(3),依维菌素(3),异丙威(3),茚虫威(3),阿维菌素(2),虫酰肼(2),丁苯吗啉(2),多效唑(2),甲霜灵(2),久效磷(2),克百威(2),螺虫乙酯(2),扑草净(2),双苯基脲(2),烯啶菌酯(2),烟碱(2),异丙隆(2),吡丙醚(1),苄氨基嘌呤(1),苄呋菊酯(1),丙草胺(1),丙环唑(1),除虫脲(1),稻瘟灵(1),敌草隆(1),丁硫克百威(1),丁噻隆(1),啶酰菌胺(1),噁虫威(1),二嗪磷(1),伐虫脒(1),放线菌酮(1),非草隆(1),氟甲喹(1),环草隆(1),己唑醇(1),甲基胺苯磺隆(1),甲氯酰草胺(1),久效威(1),喹菌酮(1),联苯三唑醇(1),咪鲜胺(1),醚菌酯(1),灭瘟素(1),萘草胺(1),氰戊菊酯(1),噻虫啉(1),杀螟丹(1),鼠立死(1),鼠完(1),速灭威(1),涕灭威(1),肟菌酯(1),肟醚菌胺(1),西草净(1),烯啶虫胺(1),烯唑醇(1),乙螨唑(1),乙霉威(1),乙嘧酚(1),仲丁威(1),兹克威(1),唑啉草酯(1),唑嘧菌胺(1)
绿茶	103	102	99.0%	89	唑虫酰胺(86),噻嗪酮(67),哒螨灵(60),啶虫脒(59),苯醚甲环唑(32),吡虫啉(31),三唑磷(31),茚虫威(30),噻虫嗪(27),吡唑醚菌酯(22),毒死蜱(19),噻虫啉(19),烯丙菊酯(19),多菌灵(17),伐虫脒(17),戊唑醇(17),嘧菌酯(14),阿维菌素(12),三唑醇(12),丙环唑(11),呋虫胺(11),甲氰菊酯(11),抑芽丹(11),虫酰肼(10),螺螨酯(9),氯虫苯甲酰胺(9),咪鲜胺(9),N-去甲基啶虫脒(8),嘧霉胺(7),吡丙醚(6),三唑酮(6),乙螨唑(6),胺鲜酯(5),丙溴磷(5),非草隆(5),氟虫脲(5),克百威(5),乙嘧硫磷(5),唑嘧菌胺(5),氟硅唑(4),腈菌唑(4),四聚乙醛(4),埃卡瑞丁(4),己唑醇(3),甲拌磷(3),灭幼脲(3),杀螟丹(3),依维菌素(3),丁苯吗啉(2),丁硫克百威(2),丁咪酰胺(2),多效唑(2),甲霜灵(2),乐果(2),螺虫乙酯(2),马拉硫磷(2),灭多威(2),三环唑(2),双苯基脲(2),特草灵(2),氧乐果(2),胺菊酯(1),苯醚氰菊酯(1),吡虫啉脲(1),稻瘟灵(1),敌螨普(1),二氧威(1),氟苯虫酰胺(1),氟吗啉(1),环庚草醚(1),喹禾灵(1),喹硫磷(1),喹螨醚(1),绿谷隆(1),醚菊酯(1),醚菌酯(1),炔草酯(1),炔螨特(1),噻虫胺(1),三异丁基磷酸盐(1),双丙氨膦(1),霜霉威(1),水胺硫磷(1),涕灭威(1),肟菌酯(1),烯酰吗啉(1),辛噻酮(1),增效醚(1),唑啉草酯(1)

　　上述 3 种茶叶,检出农药 89~102 种,是多种农药综合防治,还是未严格实施农业良好管理规范(GAP),抑或根本就是乱施药,值得我们思考。

第 2 章　LC-Q-TOF/MS 侦测广州市市售茶叶农药残留膳食暴露风险与预警风险评估

2.1　农药残留风险评估方法

2.1.1　广州市农药残留侦测数据分析与统计

庞国芳院士科研团队建立的农药残留高通量侦测技术以高分辨精确质量数（0.0001 m/z 为基准）为识别标准，采用 LC-Q-TOF/MS 技术对 825 种农药化学污染物进行侦测。

科研团队于 2018 年 12 月至 2019 年 1 月期间在广州市 11 个采样点，随机采集了 453 例茶叶样品，具体位置如图 2-1 所示。

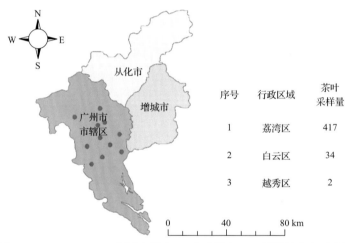

图 2-1　LC-Q-TOF/MS 侦测广州市 11 个采样点 453 例样品分布示意图

利用 LC-Q-TOF/MS 技术对 453 例样品中的农药进行侦测，侦测出残留农药 209 种，2520 频次。侦测出农药残留水平如表 2-1 和图 2-2 所示。检出频次最高的前 10 种农药如表 2-2 所示。从检测结果中可以看出，在茶叶中农药残留普遍存在，且有些茶叶存在高浓度的农药残留，这些可能存在膳食暴露风险，对人体健康产生危害，因此，为了定量地评价茶叶中农药残留的风险程度，有必要对其进行风险评价。

表 2-1　侦测出农药的不同残留水平及其所占比例列表

残留水平（μg/kg）	检出频次	占比（%）
1~5（含）	1182	46.90
5~10（含）	517	20.50
10~100（含）	716	28.40
100~1000（含）	105	4.20
合计	2520	100

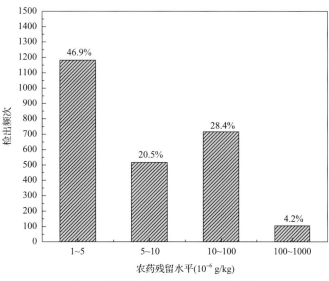

图 2-2　残留农药检出浓度频数分布图

表 2-2　检出频次最高的前 10 种农药列表

序号	农药	检出频次
1	唑虫酰胺	260
2	噻嗪酮	208
3	啶虫脒	199
4	哒螨灵	148
5	烯丙菊酯	124
6	抑芽丹	113
7	三环唑	112
8	吡虫啉	85
9	茚虫威	76
10	苯醚甲环唑	75

2.1.2　农药残留风险评价模型

对广州市茶叶中农药残留分别开展暴露风险评估和预警风险评估。膳食暴露风险评估利用食品安全指数模型对茶叶中的残留农药对人体可能产生的危害程度进行评价，该模型结合残留监测和膳食暴露评估评价化学污染物的危害；预警风险评价模型运用风险系数（risk index，R），风险系数综合考虑了危害物的超标率、施检频率及其本身敏感性的影响，能直观而全面地反映出危害物在一段时间内的风险程度。

2.1.2.1　食品安全指数模型

为了加强食品安全管理，《中华人民共和国食品安全法》第二章第十七条规定"国家建立食品安全风险评估制度，运用科学方法，根据食品安全风险监测信息、科学数据以及有关信息，对食品、食品添加剂、食品相关产品中生物性、化学性和物理性危害因素进行风险评估"[1]，膳食暴露评估是食品危险度评估的重要组成部分，也是膳食安全性的衡量标准[2]。国际上最早研究膳食暴露风险评估的机构主要是 JMPR(FAO、WHO 农药残留联合会议)，该组织自 1995 年就已制定了急性毒性物质的风险评估急性毒性农药残留摄入量的预测。1960 年美国规定食品中不得加入致癌物质进而提出零阈值理论，渐渐零阈值理论发展成在一定概率条件下可接受风险的概念[3]，后衍变为食品中每日允许最大摄入量(ADI)，而国际食品农药残留法典委员会(CCPR)认为 ADI 不是独立风险评估的唯一标准[4]，1995 年 JMPR 开始研究农药急性膳食暴露风险评估，并对食品国际短期摄入量的计算方法进行了修正，亦对膳食暴露评估准则及评估方法进行了修正[5]，2002 年，在对世界上现行的食品安全评价方法，尤其是国际公认的 CAC 评价方法、全球环境监测系统/食品污染监测和评估规划(WHO GEMS/Food)及 FAO、WHO 食品添加剂联合专家委员会(JECFA)和 JMPR 对食品安全风险评估工作研究的基础之上，检验检疫食品安全管理的研究人员提出了结合残留监控和膳食暴露评估，以食品安全指数 IFS 计算食品中各种化学污染物对消费者的健康危害程度[6]。IFS 是表示食品安全状态的新方法，可有效地评价某种农药的安全性，进而评价食品中各种农药化学污染物对消费者健康的整体危害程度[7, 8]。从理论上分析，IFS_c 可指出食品中的污染物 c 对消费者健康是否存在危害及危害的程度[9]。其优点在于操作简单且结果容易被接受和理解，不需要大量的数据来对结果进行验证，使用默认的标准假设或者模型即可[10, 11]。

1)IFS_c 的计算

IFS_c 计算公式如下：

$$IFS_c = \frac{EDI_c \times f}{SI_c \times bw} \tag{2-1}$$

式中，c 为所研究的农药；EDI_c 为农药 c 的实际日摄入量估算值，等于 $\Sigma(R_i \times F_i \times E_i \times P_i)$ (i 为食品种类；R_i 为食品 i 中农药 c 的残留水平，mg/kg；F_i 为食品 i 的估计日消费量，g/(人·天)；E_i 为食品 i 的可食用部分因子；P_i 为食品 i 的加工处理因子)；SI_c 为安全摄入量，可采用每日允许最大摄入量 ADI；bw 为人平均体重，kg；f 为校正因子，如果安全摄入量采用 ADI，则 f 取 1。

$IFS_c \ll 1$，农药 c 对食品安全没有影响；$IFS_c \leq 1$，农药 c 对食品安全的影响可以接受；$IFS_c > 1$，农药 c 对食品安全的影响不可接受。

本次评价中：

$IFS_c \leq 0.1$，农药 c 对茶叶安全没有影响；

$0.1 < IFS_c \leq 1$，农药 c 对茶叶安全的影响可以接受；

$IFS_c > 1$，农药 c 对茶叶安全的影响不可接受。

本次评价中残留水平 R_i 取值为中国检验检疫科学研究院庞国芳院士课题组利用以高分辨精确质量数(0.0001 m/z)为基准的 LC-Q-TOF/MS 侦测技术于 2018 年 12 月至 2019 年 1 月期间对广州市茶叶农药残留的侦测结果，估计日消费量 F_i 取值 0.0047 kg/(人·天)，$E_i = 1$，$P_i = 1$，f=1，SI_c 采用《食品安全国家标准　食品中农药最大残留限量》(GB 2763—2016)中 ADI 值(具体数值见表 2-3)，人平均体重(bw)取值 60 kg。

表 2-3　广州市茶叶中侦测出农药的 ADI 值

序号	农药	ADI	序号	农药	ADI	序号	农药	ADI
1	唑虫酰胺	0.006	35	虫酰肼	0.02	69	莠灭净	0.072
2	炔草酯	0.0003	36	螺螨酯	0.01	70	二嗪磷	0.005
3	阿维菌素	0.002	37	久效磷	0.0006	71	乙霉威	0.004
4	三唑磷	0.001	38	氧乐果	0.0003	72	三唑酮	0.03
5	噻嗪酮	0.009	39	抑芽丹	0.3	73	胺鲜酯	0.023
6	丁苯吗啉	0.003	40	丙环唑	0.07	74	硫环磷	0.005
7	异丙威	0.002	41	亚砜磷	0.0003	75	扑草净	0.04
8	毒死蜱	0.01	42	西草净	0.025	76	增效醚	0.2
9	水胺硫磷	0.003	43	杀线威	0.009	77	唑胺菌酯	0.004
10	烟碱	0.0008	44	灭瘟素	0.01	78	呋虫胺	0.2
11	涕灭威	0.003	45	噻虫嗪	0.08	79	戊菌唑	0.03
12	哒螨灵	0.01	46	敌草隆	0.001	80	肟菌酯	0.04
13	四聚乙醛	0.01	47	特丁硫磷	0.0006	81	腈菌唑	0.03
14	克百威	0.001	48	敌螨普	0.008	82	嘧霉胺	0.2
15	喹螨醚	0.005	49	乙嘧酚	0.035	83	烯草酮	0.01
16	茚虫威	0.01	50	戊唑醇	0.03	84	杀螟丹	0.1
17	丁硫克百威	0.01	51	氟硅唑	0.007	85	炔螨特	0.01
18	内吸磷	0.00004	52	乐果	0.002	86	仲丁威	0.06
19	依维菌素	0.001	53	咪鲜胺	0.01	87	烯肟菌酯	0.024
20	苯醚甲环唑	0.01	54	氟苯虫酰胺	0.02	88	井冈霉素	0.1
21	联苯三唑醇	0.01	55	己唑醇	0.005	89	烯唑醇	0.005
22	啶虫脒	0.07	56	虱螨脲	0.015	90	啶酰菌胺	0.04
23	喹硫磷	0.0005	57	丙溴磷	0.03	91	噁唑菌酮	0.006
24	三唑醇	0.03	58	唑螨酯	0.01	92	丁草胺	0.1
25	氟虫脲	0.04	59	乙螨唑	0.05	93	唑啉草酯	0.3
26	吡唑醚菌酯	0.03	60	吡丙醚	0.1	94	甜菜宁	0.03
27	甲氰菊酯	0.03	61	螺虫乙酯	0.05	95	稻瘟灵	0.016
28	三环唑	0.04	62	氟吡菌酰胺	0.01	96	甲霜灵	0.08
29	甲拌磷	0.0007	63	灭多威	0.02	97	多效唑	0.1
30	多菌灵	0.03	64	烯酰吗啉	0.2	98	氰戊菊酯	0.02
31	噻虫啉	0.01	65	抗倒酯	0.32	99	吡氟禾草酸	0.0074
32	吡虫啉	0.06	66	喹禾灵	0.0009	100	苦参碱	0.1
33	鱼藤酮	0.0004	67	嘧菌酯	0.2	101	噻虫胺	0.1
34	除虫脲	0.02	68	异丙隆	0.015	102	氯噻啉	0.025

续表

序号	农药	ADI	序号	农药	ADI	序号	农药	ADI
103	嘧菌环胺	0.03	139	兹克威	—	175	烯草胺	—
104	异稻瘟净	0.035	140	去氨基苯嗪草酮	—	176	特草灵	—
105	丙草胺	0.018	141	去甲基抗蚜威	—	177	环丙磺酰胺	—
106	灭蝇胺	0.06	142	双丙氨膦	—	178	环庚草醚	—
107	绿麦隆	0.04	143	双苯基脲	—	179	环草隆	—
108	抗蚜威	0.02	144	吡咪唑	—	180	甲哌	—
109	噻菌灵	0.1	145	吡喃草酮	—	181	甲基硫环磷	—
110	醚菊酯	0.03	146	吡虫啉脲	—	182	甲基胺苯磺隆	—
111	氯虫苯甲酰胺	2	147	吡螨胺	—	183	甲氧丙净	—
112	霜霉威	0.4	148	吲哚乙酸	—	184	甲氯酰草胺	—
113	醚菌酯	0.4	149	呋线威	—	185	百治磷	—
114	丁香菌酯	0.045	150	呋草酮	—	186	绿谷隆	—
115	马拉硫磷	0.3	151	呋酰胺	—	187	羟基达草止	—
116	烯肟菌胺	0.069	152	哌草磷	—	188	肟醚菌胺	—
117	氟吗啉	0.16	153	啶磺草胺	—	189	胺苯吡菌酮	—
118	醚磺隆	0.077	154	喹菌酮	—	190	胺菊酯	—
119	唑嘧菌胺	10	155	嘧啶磷	—	191	脱叶磷	—
120	烯啶虫胺	0.53	156	嘧草醚-Z	—	192	腈吡螨酯	—
121	咪唑乙烟酸	2.5	157	嘧菌腙	—	193	苄呋菊酯	—
122	2,3,5-混杀威	—	158	嘧螨醚	—	194	苄氨基嘌呤	—
123	3,4,5-混杀威	—	159	噁虫威	—	195	苯氧菌胺-(E)	—
124	N-去甲基啶虫脒	—	160	地胺磷	—	196	苯氧菌胺-(Z)	—
125	丁咪酰胺	—	161	埃卡瑞丁	—	197	苯醚氰菊酯	—
126	丁嗪草酮	—	162	异丙净	—	198	苯醚菊酯	—
127	丁噻隆	—	163	戊菌隆	—	199	莠去通	—
128	三嗪茚草胺	—	164	放线菌酮	—	200	萘草胺	—
129	三异丁基磷酸盐	—	165	敌草净	—	201	西玛通	—
130	三甲苯草酮	—	166	敌草胺	—	202	解草酯	—
131	丰索磷	—	167	氟唑菌苯胺	—	203	赛硫磷	—
132	久效威	—	168	氟啶草酮	—	204	辛噻酮	—
133	乙嘧硫磷	—	169	氟甲喹	—	205	速灭威	—
134	乙硫苯威	—	170	氧亚胺硫磷	—	206	非草隆	—
135	二氧威	—	171	氧异柳磷	—	207	马拉氧磷	—
136	二甲肼酸	—	172	灭幼脲	—	208	鼠完	—
137	仲丁通	—	173	炔丙菊酯	—	209	鼠立死	—
138	伐虫脒	—	174	烯丙菊酯	—			

注："—"表示为国家标准中无 ADI 值规定；ADI 值单位为 mg/kg bw

2) 计算 IFS_c 的平均值 $\overline{\text{IFS}}$，评价农药对食品安全的影响程度

以 $\overline{\text{IFS}}$ 评价各种农药对人体健康危害的总程度，评价模型见公式(2-2)。

$$\overline{\text{IFS}} = \frac{\sum_{i=1}^{n} \text{IFS}_\text{c}}{n} \tag{2-2}$$

$\overline{\text{IFS}} \ll 1$，所研究消费者人群的食品安全状态很好；$\overline{\text{IFS}} \leqslant 1$，所研究消费者人群的食品安全状态可以接受；$\overline{\text{IFS}} > 1$，所研究消费者人群的食品安全状态不可接受。

本次评价中：

$\overline{\text{IFS}} \leqslant 0.1$，所研究消费者人群的茶叶安全状态很好；

$0.1 < \overline{\text{IFS}} \leqslant 1$，所研究消费者人群的茶叶安全状态可以接受；

$\overline{\text{IFS}} > 1$，所研究消费者人群的茶叶安全状态不可接受。

2.1.2.2　预警风险评估模型

2003 年，我国检验检疫食品安全管理的研究人员根据 WTO 的有关原则和我国的具体规定，结合危害物本身的敏感性、风险程度及其相应的施检频率，首次提出了食品中危害物风险系数 R 的概念[12]。R 是衡量一个危害物的风险程度大小最直观的参数，即在一定时期内其超标率或阳性检出率的高低,但受其施检频率的高低及其本身的敏感性(受关注程度)影响。该模型综合考察了农药在茶叶中的超标率、施检频率及其本身敏感性，能直观而全面地反映出农药在一段时间内的风险程度[13]。

1) R 计算方法

危害物的风险系数综合考虑了危害物的超标率或阳性检出率、施检频率和其本身的敏感性影响，并能直观而全面地反映出危害物在一段时间内的风险程度。风险系数 R 的计算公式如式(2-3)：

$$R = aP + \frac{b}{F} + S \tag{2-3}$$

式中，P 为该种危害物的超标率；F 为危害物的施检频率；S 为危害物的敏感因子；a, b 分别为相应的权重系数。

本次评价中 $F=1$；$S=1$；$a=100$；$b=0.1$，对参数 P 进行计算，计算时首先判断是否为禁用农药，如果为非禁用农药，$P=$超标的样品数(侦测出的含量高于食品最大残留限量标准值，即 MRL)除以总样品数(包括超标、不超标、未侦测出)；如果为禁用农药，则侦测出即为超标，$P=$能侦测出的样品数除以总样品数。判断广州市茶叶农药残留是否超标的标准限值 MRL 分别以 MRL 中国国家标准[14]和 MRL 欧盟标准作为对照，具体值列于本报告附表一中。

2) 评价风险程度

$R \leqslant 1.5$，受检农药处于低度风险；

$1.5 < R \leqslant 2.5$，受检农药处于中度风险；

$R>2.5$，受检农药处于高度风险。

2.1.2.3　食品膳食暴露风险和预警风险评估应用程序的开发

1) 应用程序开发的步骤

为成功开发膳食暴露风险和预警风险评估应用程序，与软件工程师多次沟通讨论，逐步提出并描述清楚计算需求，开发了初步应用程序。为明确出不同茶叶、不同农药、不同地域和不同季节的风险水平，向软件工程师提出不同的计算需求，软件工程师对计算需求进行逐一分析，经过反复的细节沟通，需求分析得到明确后，开始进行解决方案的设计，在保证需求的完整性、一致性的前提下，编写出程序代码，最后设计出满足需求的风险评估专用计算软件，并通过一系列的软件测试和改进，完成专用程序的开发。软件开发基本步骤见图 2-3。

图 2-3　专用程序开发总体步骤

2) 膳食暴露风险评估专业程序开发的基本要求

首先直接利用公式(2-1)，分别计算 LC-Q-TOF/MS 和 GC-Q-TOF/MS 仪器侦测出的各茶叶样品中每种农药 IFS_c，将结果列出。为考察超标农药和禁用农药的使用安全性，分别以我国《食品安全国家标准　食品中农药最大残留限量》(GB 2763—2016)和欧盟食品中农药最大残留限量(以下简称 MRL 中国国家标准和 MRL 欧盟标准)为标准，对侦测出的禁用农药和超标的非禁用农药 IFS_c 单独进行评价；按 IFS_c 大小列表，并找出 IFS_c 值排名前 20 的样本重点关注。

对不同茶叶 i 中每一种侦测出的农药 c 的安全指数进行计算，多个样品时求平均值。按农药种类，计算整个监测时间段内每种农药的 IFS_c，不区分茶叶种类。

3) 预警风险评估专业程序开发的基本要求

分别以 MRL 中国国家标准和 MRL 欧盟标准，按公式(2-3)逐个计算不同茶叶、不同农药的风险系数，禁用农药和非禁用农药分别列表。

为清楚了解各种农药的预警风险，不分时间，不分茶叶，按禁用农药和非禁用农药分类，分别计算各种侦测出农药全部检测时段内风险系数。由于有 MRL 中国国家标准的农药种类太少，无法计算超标数，非禁用农药的风险系数只以 MRL 欧盟标准为标准，进行计算。

4) 风险程度评价专业应用程序的开发方法

采用 Python 计算机程序设计语言，Python 是一个高层次地结合了解释性、编译性、互动性和面向对象的脚本语言。风险评价专用程序主要功能包括：分别读入每例样品 LC-Q-TOF/MS 和 GC-Q-TOF/MS 农药残留检测数据，根据风险评价工作要求，依次对不同农药、不同食品、不同时间、不同采样点的 IFS_c 值和 R 值分别进行数据计算，筛选出禁用农药、超标农药(分别与 MRL 中国国家标准、MRL 欧盟标准限值进行对比)单独重点分析,再分别对各农药、各茶叶种类分类处理,设计出计算和排序程序,编写计算机代码,最后将生成的膳食暴露风险评估和超标风险评估定量计算结果列入设计好的各个表格中,并定性判断风险对目标的影响程度,直接用文字描述风险发生的高低,如"不可接受"、"可以接受"、"没有影响"、"高度风险"、"中度风险"、"低度风险"。

2.2　LC-Q-TOF/MS 侦测广州市市售茶叶 农药残留膳食暴露风险评估

2.2.1　每例茶叶样品中农药残留安全指数分析

基于 2018 年 12 月至 2019 年 1 月的农药残留侦测数据,发现在 453 例样品中侦测出农药 2520 频次,计算样品中每种残留农药的安全指数 IFS$_c$,并分析农药对样品安全的影响程度,结果详见附表二,农药残留对茶叶样品安全的影响程度频次分布情况如图 2-4 所示。

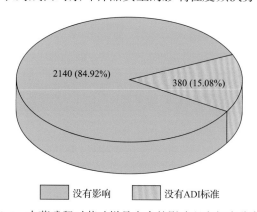

图 2-4　农药残留对茶叶样品安全的影响程度频次分布图

由图 2-4 可以看出,农药残留对样品安全的没有影响的频次为 2140,占 84.92%。

部分样品侦测出禁用农药 17 种 131 频次,为了明确残留的禁用农药对样品安全的影响,分析侦测出禁用农药残留的样品安全指数,禁用农药残留对茶叶样品安全的影响程度频次分布情况如图 2-5 所示,农药残留对样品安全没有影响的频次为 130,占 99.24%。

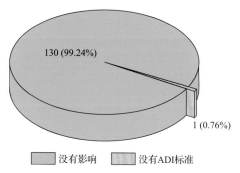

图 2-5　禁用农药对茶叶样品安全影响程度的频次分布图

此外，本次侦测发现部分样品中非禁用农药残留量超过了 MRL 欧盟标准，为了明确超标的非禁用农药对样品安全的影响，分析了非禁用农药残留超标的样品安全指数。

残留量超过 MRL 欧盟标准的非禁用农药对茶叶样品安全的影响程度频次分布情况如图 2-6 所示。可以看出超过 MRL 欧盟标准的非禁用农药共 357 频次，其中农药没有 ADI 的频次为 153，占 42.86%；农药残留对样品安全没有影响的频次为 204，占 57.14%。表 2-4 为茶叶样品中安全指数排名前 10 的残留超标非禁用农药列表。

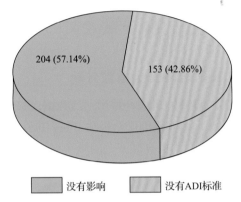

图 2-6　残留超标的非禁用农药对茶叶样品安全的影响程度频次分布图(MRL 欧盟标准)

表 2-4　茶叶样品中安全指数排名前 10 的残留超标非禁用农药列表(MRL 欧盟标准)

序号	样品编号	采样点	基质	农药	含量 (mg/kg)	欧盟标准	IFS$_c$	影响程度
1	20190104-440100-FJCIQ-GT-10D	启秀茶城(***店)	绿茶	炔草酯	0.2161	0.1	5.64×10^{-2}	没有影响
2	20190103-440100-FJCIQ-DT-08F	启秀茶城(***店)	黑茶	阿维菌素	0.3152	0.05	1.23×10^{-2}	没有影响
3	20190104-440100-FJCIQ-GT-04C	启秀茶城(***店)	绿茶	唑虫酰胺	0.8241	0.01	1.08×10^{-2}	没有影响
4	20190105-440100-FJCIQ-GT-06N	***超市(三元里店)	绿茶	唑虫酰胺	0.818	0.01	1.07×10^{-2}	没有影响
5	20181222-440100-FJCIQ-OT-01E	广州***公司	乌龙茶	丁苯吗啉	0.4022	0.05	1.05×10^{-2}	没有影响
6	20190105-440100-FJCIQ-GT-03E	***茶行	绿茶	唑虫酰胺	0.7052	0.01	9.21×10^{-3}	没有影响
7	20190104-440100-FJCIQ-GT-04H	启秀茶城(***店)	绿茶	唑虫酰胺	0.6745	0.01	8.81×10^{-3}	没有影响
8	20190105-440100-FJCIQ-OT-03P	***茶行	乌龙茶	异丙威	0.2233	0.01	8.75×10^{-3}	没有影响
9	20190105-440100-FJCIQ-GT-13B	***茶行	绿茶	唑虫酰胺	0.6206	0.01	8.10×10^{-3}	没有影响
10	20181222-440100-FJCIQ-BT-02A	***超市(环市东路店)	红茶	异丙威	0.1871	0.01	7.33×10^{-3}	没有影响

2.2.2　单种茶叶中农药残留安全指数分析

本次 5 种茶叶侦测 209 种农药，检出频次为 2520 次，其中 88 种农药没有 ADI，121 种农药存在 ADI 标准。5 种茶叶按不同种类分别计算侦测出的具有 ADI 标准的各种农药的 IFS_c 值，农药残留对茶叶的安全指数分布图如图 2-7 所示。

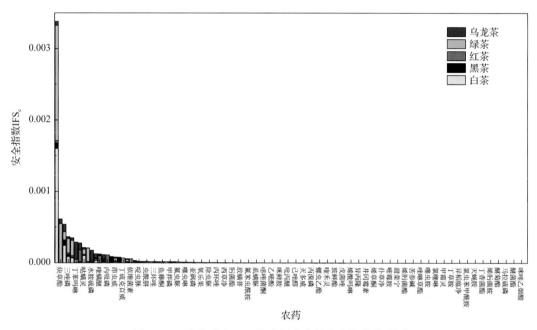

图 2-7　5 种茶叶中 121 种残留农药的安全指数分布图

本次侦测中，5 种茶叶和 209 种残留农药（包括没有 ADI）共涉及 406 个分析样本，农药对单种茶叶安全的影响程度分布情况如图 2-8 所示。可以看出，67%的样本中农药对茶叶安全没有影响。

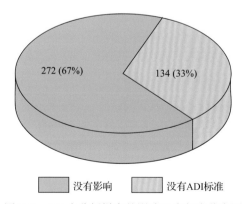

图 2-8　406 个分析样本的影响程度频次分布图

2.2.3　所有茶叶中农药残留安全指数分析

计算所有茶叶中 121 种农药的 IFS_c 值，结果如图 2-9 及表 2-5 所示。

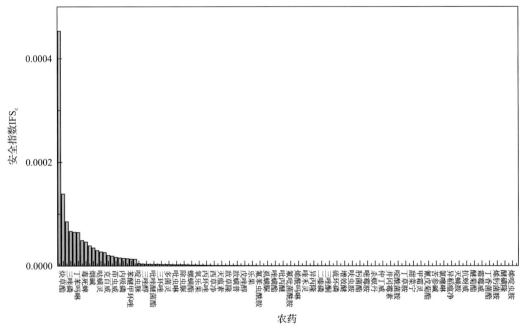

图 2-9　121 种残留农药对茶叶的安全影响程度统计图

表 2-5　茶叶 121 种农药残留的安全指数表

序号	农药	检出频次	检出率(%)	IFS$_c$	影响程度	序号	农药	检出频次	检出率(%)	IFS$_c$	影响程度
1	唑虫酰胺	260	57.40	$4.53×10^{-4}$	没有影响	17	丁硫克百威	3	0.66	$1.56×10^{-5}$	没有影响
2	炔草酯	2	0.44	$1.39×10^{-4}$	没有影响	18	内吸磷	1	0.22	$1.47×10^{-5}$	没有影响
3	阿维菌素	20	0.44	$8.54×10^{-5}$	没有影响	19	依维菌素	6	1.32	$1.41×10^{-5}$	没有影响
4	三唑磷	50	11.04	$6.71×10^{-5}$	没有影响	20	苯醚甲环唑	75	16.56	$1.32×10^{-5}$	没有影响
5	噻嗪酮	208	45.92	$6.52×10^{-5}$	没有影响	21	联苯三唑醇	1	0.22	$1.30×10^{-5}$	没有影响
6	丁苯吗啉	11	2.43	$6.47×10^{-5}$	没有影响	22	啶虫脒	199	43.93	$4.39×10^{-6}$	没有影响
7	异丙威	13	2.87	$4.94×10^{-5}$	没有影响	23	喹硫磷	1	0.22	$3.87×10^{-6}$	没有影响
8	毒死蜱	28	6.18	$4.63×10^{-5}$	没有影响	24	三唑醇	13	2.87	$3.42×10^{-6}$	没有影响
9	水胺硫磷	2	0.44	$3.91×10^{-5}$	没有影响	25	氟虫脲	5	1.1	$3.26×10^{-6}$	没有影响
10	烟碱	2	0.44	$3.48×10^{-5}$	没有影响	26	吡唑醚菌酯	56	12.36	$3.20×10^{-6}$	没有影响
11	涕灭威	2	0.44	$2.97×10^{-5}$	没有影响	27	甲氰菊酯	19	4.19	$3.16×10^{-6}$	没有影响
12	哒螨灵	148	32.67	$2.73×10^{-5}$	没有影响	28	三环唑	112	24.72	$2.97×10^{-6}$	没有影响
13	四聚乙醛	41	9.05	$2.59×10^{-5}$	没有影响	29	甲拌磷	4	0.88	$2.84×10^{-6}$	没有影响
14	克百威	26	5.74	$2.05×10^{-5}$	没有影响	30	多菌灵	45	9.93	$2.49×10^{-6}$	没有影响
15	喹螨醚	11	2.43	$1.88×10^{-5}$	没有影响	31	噻虫啉	30	6.62	$2.40×10^{-6}$	没有影响
16	茚虫威	76	16.78	$1.66×10^{-5}$	没有影响	32	吡虫啉	85	18.76	$2.32×10^{-6}$	没有影响

续表

序号	农药	检出频次	检出率(%)	IFS$_c$	影响程度	序号	农药	检出频次	检出率(%)	IFS$_c$	影响程度
33	鱼藤酮	2	0.44	2.29×10^{-6}	没有影响	66	喹禾灵	1	0.22	2.11×10^{-7}	没有影响
34	除虫脲	1	0.22	2.24×10^{-6}	没有影响	67	嘧菌酯	27	5.96	2.01×10^{-7}	没有影响
35	虫酰肼	16	3.53	2.17×10^{-6}	没有影响	68	异丙隆	2	0.44	1.94×10^{-7}	没有影响
36	螺螨酯	9	1.97	1.80×10^{-6}	没有影响	69	莠灭净	13	2.87	1.90×10^{-7}	没有影响
37	久效磷	2	0.44	1.73×10^{-6}	没有影响	70	二嗪磷	2	0.44	1.56×10^{-7}	没有影响
38	氧乐果	2	0.44	1.56×10^{-6}	没有影响	71	乙霉威	1	0.22	1.47×10^{-7}	没有影响
39	抑芽丹	113	24.94	1.35×10^{-6}	没有影响	72	三唑酮	6	1.32	1.46×10^{-7}	没有影响
40	丙环唑	17	3.75	1.23×10^{-6}	没有影响	73	胺鲜酯	6	1.32	1.43×10^{-7}	没有影响
41	亚砜磷	1	0.22	1.10×10^{-6}	没有影响	74	硫环磷	1	0.22	1.42×10^{-7}	没有影响
42	西草净	2	0.44	9.78×10^{-7}	没有影响	75	扑草净	2	0.44	1.38×10^{-7}	没有影响
43	杀线威	4	0.88	8.43×10^{-7}	没有影响	76	增效醚	29	6.4	1.34×10^{-7}	没有影响
44	灭瘟素	2	0.44	8.40×10^{-7}	没有影响	77	唑胺菌酯	1	0.22	1.17×10^{-7}	没有影响
45	噻虫嗪	49	10.82	8.10×10^{-7}	没有影响	78	呋虫胺	12	2.65	1.11×10^{-7}	没有影响
46	敌草隆	1	0.22	7.95×10^{-7}	没有影响	79	戊菌唑	2	0.44	9.80×10^{-8}	没有影响
47	特丁硫磷	1	0.22	7.78×10^{-7}	没有影响	80	肟菌酯	4	0.88	9.60×10^{-8}	没有影响
48	敌螨普	1	0.22	7.57×10^{-7}	没有影响	81	腈菌唑	4	0.88	9.34×10^{-8}	没有影响
49	乙嘧酚	2	0.44	7.26×10^{-7}	没有影响	82	嘧霉胺	10	2.21	8.46×10^{-8}	没有影响
50	戊唑醇	24	5.3	6.58×10^{-7}	没有影响	83	烯草酮	2	0.44	8.30×10^{-8}	没有影响
51	氟硅唑	8	1.77	6.35×10^{-7}	没有影响	84	杀螟丹	4	0.88	7.37×10^{-8}	没有影响
52	乐果	2	0.44	5.19×10^{-7}	没有影响	85	炔螨特	1	0.22	7.26×10^{-8}	没有影响
53	咪鲜胺	10	0.22	4.51×10^{-7}	没有影响	86	仲丁威	1	0.22	6.63×10^{-8}	没有影响
54	氟苯虫酰胺	3	0.66	4.10×10^{-7}	没有影响	87	烯肟菌酯	3	0.66	6.41×10^{-8}	没有影响
55	己唑醇	4	0.88	3.94×10^{-7}	没有影响	88	井冈霉素	2	0.44	6.26×10^{-8}	没有影响
56	虱螨脲	4	0.88	3.60×10^{-7}	没有影响	89	烯唑醇	1	0.22	5.53×10^{-8}	没有影响
57	丙溴磷	8	1.77	3.23×10^{-7}	没有影响	90	啶酰菌胺	1	0.22	5.27×10^{-8}	没有影响
58	唑螨酯	3	0.66	3.03×10^{-7}	没有影响	91	噁唑菌酮	1	0.22	5.19×10^{-8}	没有影响
59	乙螨唑	20	4.42	3.02×10^{-7}	没有影响	92	丁草胺	6	1.32	3.93×10^{-8}	没有影响
60	吡丙醚	34	7.51	2.86×10^{-7}	没有影响	93	唑啉草酯	5	1.1	3.87×10^{-8}	没有影响
61	螺虫乙酯	4	0.88	2.64×10^{-7}	没有影响	94	甜菜宁	1	0.22	3.80×10^{-8}	没有影响
62	氟吡菌酰胺	2	0.44	2.58×10^{-7}	没有影响	95	稻瘟灵	2	0.44	3.67×10^{-8}	没有影响
63	灭多威	2	0.44	2.49×10^{-7}	没有影响	96	甲霜灵	5	1.1	3.33×10^{-8}	没有影响
64	烯酰吗啉	4	0.88	2.43×10^{-7}	没有影响	97	多效唑	6	1.32	3.29×10^{-8}	没有影响
65	抗倒酯	2	0.44	2.19×10^{-7}	没有影响	98	氰戊菊酯	1	0.22	3.29×10^{-8}	没有影响

序号	农药	检出频次	检出率(%)	IFS$_c$	影响程度	序号	农药	检出频次	检出率(%)	IFS$_c$	影响程度
99	吡氟禾草酸	1	0.22	$3.27×10^{-8}$	没有影响	111	氯虫苯甲酰胺	18	3.97	$5.84×10^{-9}$	没有影响
100	苦参碱	8	1.77	$3.13×10^{-8}$	没有影响	112	霜霉威	1	0.22	$5.75×10^{-9}$	没有影响
101	噻虫胺	3	0.66	$3.04×10^{-8}$	没有影响	113	醚菌酯	2	0.44	$5.66×10^{-9}$	没有影响
102	氯噻啉	1	0.22	$2.97×10^{-8}$	没有影响	114	丁香菌酯	1	0.22	$5.38×10^{-9}$	没有影响
103	嘧菌环胺	1	0.22	$2.59×10^{-8}$	没有影响	115	马拉硫磷	2	0.44	$5.25×10^{-9}$	没有影响
104	异稻瘟净	2	0.44	$2.03×10^{-8}$	没有影响	116	烯肟菌胺	1	0.22	$4.76×10^{-9}$	没有影响
105	丙草胺	1	0.22	$1.54×10^{-8}$	没有影响	117	氟吗啉	2	0.44	$4.65×10^{-9}$	没有影响
106	灭蝇胺	1	0.22	$1.50×10^{-8}$	没有影响	118	醚磺隆	1	0.22	$2.92×10^{-9}$	没有影响
107	绿麦隆	1	0.22	$1.25×10^{-8}$	没有影响	119	唑嘧菌胺	9	1.97	$4.25×10^{-10}$	没有影响
108	抗蚜威	1	0.22	$1.12×10^{-8}$	没有影响	120	烯啶虫胺	1	0.22	$4.24×10^{-10}$	没有影响
109	噻菌灵	1	0.22	$1.00×10^{-8}$	没有影响	121	咪唑乙烟酸	1	0.22	$4.22×10^{-10}$	没有影响
110	醚菊酯	1	0.22	$6.34×10^{-9}$	没有影响						

分析发现，所有农药的 IFS$_c$ 均小于 1，即所有农药对茶叶安全的影响程度均为没有影响，说明茶叶中残留的农药不会对茶叶安全造成影响。

2.3   LC-Q-TOF/MS 侦测广州市市售茶叶农药残留预警风险评估

基于广州市茶叶样品中农药残留 LC-Q-TOF/MS 侦测数据，分析禁用农药的检出率，同时参照中华人民共和国国家标准 GB 2763—2016 和欧盟农药最大残留限量(MRL)标准分析非禁用农药残留的超标率，并计算农药残留风险系数。分析单种茶叶中农药残留以及所有茶叶中农药残留的风险程度。

2.3.1   单种茶叶中农药残留风险系数分析

2.3.1.1   单种茶叶中禁用农药残留风险系数分析

侦测出的 209 种残留农药中有 17 种为禁用农药，且它们分布在 5 种茶叶中，计算 5 种茶叶中禁用农药的检出率，根据检出率计算风险系数 R，进而分析茶叶中禁用农药的风险程度，结果如图 2-10 与表 2-6 所示。分析发现 17 种禁用农药在 5 种茶叶中的残留数据中存在 10 处中度风险，其余 25 处均为高度风险。

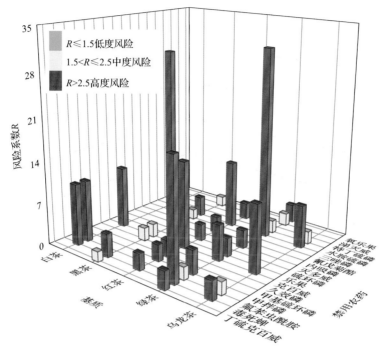

图 2-10 5 种茶叶中 17 种禁用农药的风险系数分布图

表 2-6 5 种茶叶中 17 种禁用农药的风险系数列表

序号	基质	农药	检出频次	检出率(%)	风险系数 R	风险程度
1	绿茶	三唑磷	31	30.1	31.2	高度风险
2	白茶	三唑磷	3	27.27	28.37	高度风险
3	绿茶	毒死蜱	19	18.45	19.55	高度风险
4	红茶	克百威	8	13.33	14.43	高度风险
5	乌龙茶	克百威	10	10	11.1	高度风险
6	红茶	三唑磷	6	10	11.1	高度风险
7	白茶	克百威	1	9.09	10.19	高度风险
8	白茶	毒死蜱	1	9.09	10.19	高度风险
9	白茶	氟苯虫酰胺	1	9.09	10.19	高度风险
10	乌龙茶	三唑磷	6	6	7.1	高度风险
11	绿茶	克百威	5	4.85	5.95	高度风险
12	绿茶	甲拌磷	3	2.91	4.01	高度风险
13	黑茶	毒死蜱	5	2.79	3.89	高度风险
14	黑茶	三唑磷	4	2.23	3.33	高度风险
15	乌龙茶	毒死蜱	2	2	3.1	高度风险
16	绿茶	丁硫克百威	2	1.94	3.04	高度风险
17	绿茶	乐果	2	1.94	3.04	高度风险
18	绿茶	氧乐果	2	1.94	3.04	高度风险
19	绿茶	灭多威	2	1.94	3.04	高度风险

续表

序号	基质	农药	检出频次	检出率(%)	风险系数 R	风险程度
20	红茶	内吸磷	1	1.67	2.77	高度风险
21	红茶	毒死蜱	1	1.67	2.77	高度风险
22	红茶	特丁硫磷	1	1.67	2.77	高度风险
23	红茶	甲基硫环磷	1	1.67	2.77	高度风险
24	红茶	甲拌磷	1	1.67	2.77	高度风险
25	红茶	硫环磷	1	1.67	2.77	高度风险
26	黑茶	久效磷	2	1.12	2.22	中度风险
27	黑茶	克百威	2	1.12	2.22	中度风险
28	乌龙茶	氟苯虫酰胺	1	1	2.1	中度风险
29	乌龙茶	水胺硫磷	1	1	2.1	中度风险
30	绿茶	氟苯虫酰胺	1	0.97	2.07	中度风险
31	绿茶	水胺硫磷	1	0.97	2.07	中度风险
32	绿茶	涕灭威	1	0.97	2.07	中度风险
33	黑茶	丁硫克百威	1	0.56	1.66	中度风险
34	黑茶	氰戊菊酯	1	0.56	1.66	中度风险
35	黑茶	涕灭威	1	0.56	1.66	中度风险

2.3.1.2　基于 MRL 中国国家标准的单种茶叶中非禁用农药残留风险系数分析

参照中华人民共和国国家标准 GB 2763—2016 中农药残留限量计算每种茶叶中每种非禁用农药的超标率，进而计算其风险系数，根据风险系数大小判断残留农药的预警风险程度，茶叶中非禁用农药残留风险程度分布情况如图 2-11 所示。

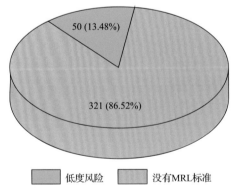

图 2-11　茶叶中非禁用农药残留的风险程度分布图(MRL 中国国家标准)

本次分析中，发现在 5 种茶叶检出 192 种残留非禁用农药，涉及样本 371 个，在 371 个样本中，13.48%处于低度风险，此外发现其余共有 321 个样本没有 MRL 中国国家标准值，无法判断其风险程度，有 MRL 中国国家标准值的 50 个样本涉及 5 种茶叶中的 13 种非禁用农药，其风险系数 R 值如图 2-12 所示。

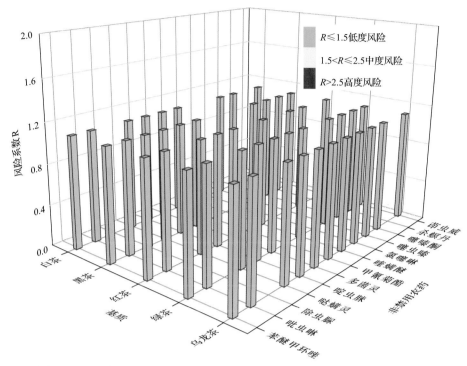

图 2-12　5 种茶叶中 13 种非禁用农药的风险系数分布图（MRL 中国国家标准）

2.3.1.3　基于 MRL 欧盟标准的单种茶叶中非禁用农药残留风险系数分析

参照 MRL 欧盟标准计算每种茶叶中每种非禁用农药的超标率，进而计算其风险系数，根据风险系数大小判断农药残留的预警风险程度，茶叶中非禁用农药残留风险程度分布情况如图 2-13 所示。

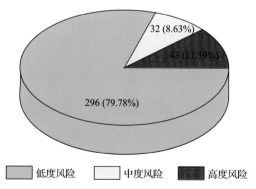

图 2-13　茶叶中非禁用农药残留的风险程度分布图（MRL 欧盟标准）

本次分析中，发现在 5 种茶叶中共侦测出 192 种非禁用农药，涉及样本 371 个，其中，11.59%处于高度风险，涉及 5 种茶叶和 24 种农药；8.63%处于中度风险，涉及 3 种茶叶和 33 种农药；79.78%处于低度风险，涉及 5 种茶叶和 173 种农药。单种茶叶中的非禁用农药风险系数分布图如图 2-14 所示。单种茶叶中处于高度风险的非禁用农药风险系数如图 2-15 和表 2-7 所示。

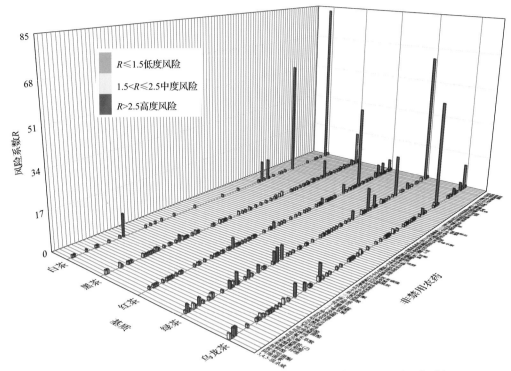

图 2-14　5 种茶叶中 192 种非禁用农药的风险系数分布图（MRL 欧盟标准）

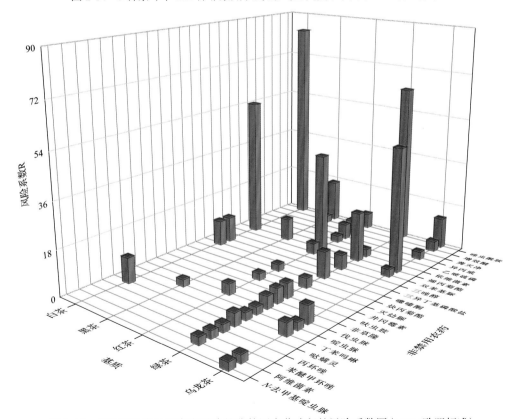

图 2-15　单种茶叶中处于高度风险的非禁用农药残留的风险系数图（MRL 欧盟标准）

表 2-7　单种茶叶中处于高度风险的非禁用农药的风险系数表（MRL 欧盟标准）

序号	基质	农药	超标频次	超标率 P(%)	风险系数 R
1	白茶	唑虫酰胺	9	81.82	82.92
2	绿茶	唑虫酰胺	64	62.14	63.24
3	白茶	烯丙菊酯	6	54.55	55.65
4	乌龙茶	烯丙菊酯	48	48.00	49.10
5	红茶	烯丙菊酯	23	38.33	39.43
6	绿茶	烯丙菊酯	19	18.45	19.55
7	黑茶	唑虫酰胺	28	15.64	16.74
8	乌龙茶	唑虫酰胺	11	11.00	12.10
9	绿茶	噻嗪酮	10	9.71	10.81
10	白茶	三异丁基磷酸盐	1	9.09	10.19
11	白茶	哒螨灵	1	9.09	10.19
12	白茶	噻嗪酮	1	9.09	10.19
13	黑茶	烯丙菊酯	14	7.82	8.92
14	乌龙茶	伐虫脒	6	6.00	7.10
15	红茶	唑虫酰胺	3	5.00	6.10
16	红茶	异丙威	3	5.00	6.10
17	红茶	莠灭净	3	5.00	6.10
18	绿茶	三唑醇	5	4.85	5.95
19	绿茶	呋虫胺	5	4.85	5.95
20	绿茶	非草隆	5	4.85	5.95
21	乌龙茶	丁苯吗啉	4	4.00	5.10
22	绿茶	伐虫脒	4	3.88	4.98
23	绿茶	哒螨灵	4	3.88	4.98
24	红茶	伐虫脒	2	3.33	4.43
25	红茶	双苯基脲	2	3.33	4.43
26	乌龙茶	增效醚	3	3.00	4.10
27	绿茶	灭幼脲	3	2.91	4.01
28	乌龙茶	N-去甲基啶虫脒	2	2.00	3.10
29	乌龙茶	双苯基脲	2	2.00	3.10
30	乌龙茶	啶虫脒	2	2.00	3.10
31	乌龙茶	异丙威	2	2.00	3.10
32	乌龙茶	阿维菌素	2	2.00	3.10
33	绿茶	丁苯吗啉	2	1.94	3.04

续表

序号	基质	农药	超标频次	超标率 P(%)	风险系数 R
34	绿茶	丙环唑	2	1.94	3.04
35	绿茶	依维菌素	2	1.94	3.04
36	绿茶	啶虫脒	2	1.94	3.04
37	绿茶	苯醚甲环唑	2	1.94	3.04
38	绿茶	阿维菌素	2	1.94	3.04
39	黑茶	啶虫脒	3	1.68	2.78
40	黑茶	增效醚	3	1.68	2.78
41	红茶	乙嘧硫磷	1	1.67	2.77
42	红茶	井冈霉素	1	1.67	2.77
43	红茶	炔丙菊酯	1	1.67	2.77

2.3.2 所有茶叶中农药残留风险系数分析

2.3.2.1 所有茶叶中禁用农药残留风险系数分析

在侦测出的 209 种农药中有 17 种为禁用农药，计算所有茶叶中禁用农药的风险系数，结果如表 2-8 所示。禁用农药三唑磷、毒死蜱和克百威 3 种禁用农药处于高度风险，甲拌磷和丁硫克百威等 9 种禁用农药处于中度风险，剩余 5 种禁用农药处于低度风险。

表 2-8 茶叶中 17 种禁用农药的风险系数表

序号	农药	检出频次	检出率(%)	风险系数 R	风险程度
1	三唑磷	50	11.04	12.14	高度风险
2	毒死蜱	28	6.18	7.28	高度风险
3	克百威	26	5.74	6.84	高度风险
4	甲拌磷	4	0.88	1.98	中度风险
5	丁硫克百威	3	0.66	1.76	中度风险
6	氟苯虫酰胺	3	0.66	1.76	中度风险
7	水胺硫磷	2	0.44	1.54	中度风险
8	灭多威	2	0.44	1.54	中度风险
9	涕灭威	2	0.44	1.54	中度风险
10	氧乐果	2	0.44	1.54	中度风险
11	乐果	2	0.44	1.54	中度风险
12	久效磷	2	0.44	1.54	中度风险
13	氰戊菊酯	1	0.22	1.32	低度风险
14	内吸磷	1	0.22	1.32	低度风险
15	特丁硫磷	1	0.22	1.32	低度风险
16	甲基硫环磷	1	0.22	1.32	低度风险
17	硫环磷	1	0.22	1.32	低度风险

2.3.2.2　所有茶叶中非禁用农药残留风险系数分析

参照 MRL 欧盟标准计算所有茶叶中每种非禁用农药残留的风险系数，如图 2-16 与表 2-9 所示。在侦测出的 192 种非禁用农药中，8 种农药(4.17%)残留处于高度风险，15 种农药(7.81%)残留处于中度风险，169 种农药(88.02%)残留处于低度风险。

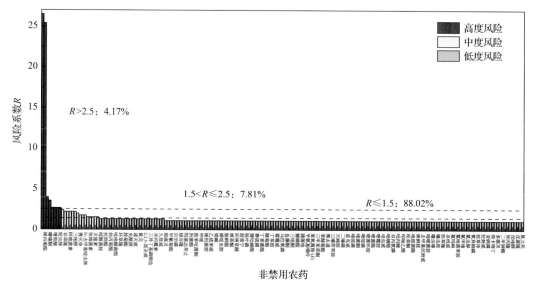

图 2-16　茶叶中 192 种非禁用农药的风险程度统计图

表 2-9　茶叶中 192 种非禁用农药的风险系数表

序号	农药	超标频次	超标率 P(%)	风险系数 R	风险程度
1	唑虫酰胺	115	25.39	26.49	高度风险
2	烯丙菊酯	110	24.28	25.38	高度风险
3	伐虫脒	13	2.87	3.97	高度风险
4	噻嗪酮	11	2.43	3.53	高度风险
5	异丙威	7	4.53	2.65	高度风险
6	增效醚	7	1.55	2.65	高度风险
7	哒螨灵	7	1.55	2.65	高度风险
8	啶虫脒	7	1.55	2.65	高度风险
9	丁苯吗啉	6	1.55	2.42	中度风险
10	非草隆	5	1.10	2.20	中度风险
11	双苯基脲	5	1.10	2.20	中度风险
12	阿维菌素	5	1.10	2.20	中度风险
13	呋虫胺	5	1.10	2.20	中度风险
14	三唑醇	5	1.10	2.20	中度风险

序号	农药	超标频次	超标率 P(%)	风险系数 R	风险程度
15	苯醚甲环唑	4	0.88	1.98	中度风险
16	莠灭净	3	0.66	1.76	中度风险
17	灭幼脲	3	0.66	1.76	中度风险
18	N-去甲基啶虫脒	3	0.66	1.76	中度风险
19	丙环唑	2	0.44	1.54	中度风险
20	依维菌素	2	0.44	1.54	中度风险
21	吡虫啉脲	2	0.44	1.54	中度风险
22	灭瘟素	2	0.44	1.54	中度风险
23	扑草净	2	0.44	1.54	中度风险
24	啶酰菌胺	1	0.22	1.32	低度风险
25	四聚乙醛	1	0.22	1.32	低度风险
26	抗倒酯	1	0.22	1.32	低度风险
27	烯酰吗啉	1	0.22	1.32	低度风险
28	炔丙菊酯	1	0.22	1.32	低度风险
29	炔草酯	1	0.22	1.32	低度风险
30	吡唑醚菌酯	1	0.22	1.32	低度风险
31	特草灵	1	0.22	1.32	低度风险
32	环草隆	1	0.22	1.32	低度风险
33	联苯三唑醇	1	0.22	1.32	低度风险
34	胺菊酯	1	0.22	1.32	低度风险
35	萘草胺	1	0.22	1.32	低度风险
36	虫酰肼	1	0.22	1.32	低度风险
37	西草净	1	0.22	1.32	低度风险
38	速灭威	1	0.22	1.32	低度风险
39	除虫脲	1	0.22	1.32	低度风险
40	鼠完	1	0.22	1.32	低度风险
41	吡虫啉	1	0.22	1.32	低度风险
42	2,3,5-混杀威	1	0.22	1.32	低度风险
43	二氧威	1	0.22	1.32	低度风险
44	三异丁基磷酸盐	1	0.22	1.32	低度风险
45	仲丁威	1	0.22	1.32	低度风险
46	井冈霉素	1	0.22	1.32	低度风险
47	乙嘧酚	1	0.22	1.32	低度风险
48	久效威	1	0.22	1.32	低度风险

续表

序号	农药	超标频次	超标率 $P(\%)$	风险系数 R	风险程度
49	乙嘧硫磷	1	0.22	1.32	低度风险
50	稻瘟灵	0	0	1.10	低度风险
51	甲氯酰草胺	0	0	1.10	低度风险
52	甲氰菊酯	0	0	1.10	低度风险
53	甲霜灵	0	0	1.10	低度风险
54	百治磷	0	0	1.10	低度风险
55	吡喃草酮	0	0	1.10	低度风险
56	绿谷隆	0	0	1.10	低度风险
57	甲氧丙净	0	0	1.10	低度风险
58	羟基达草止	0	0	1.10	低度风险
59	丙草胺	0	0	1.10	低度风险
60	肟菌酯	0	0	1.10	低度风险
61	肟醚菌胺	0	0	1.10	低度风险
62	胺苯吡菌酮	0	0	1.10	低度风险
63	绿麦隆	0	0	1.10	低度风险
64	甲哌	0	0	1.10	低度风险
65	甲基胺苯磺隆	0	0	1.10	低度风险
66	烯肟菌胺	0	0	1.10	低度风险
67	乙螨唑	0	0	1.10	低度风险
68	乙硫苯威	0	0	1.10	低度风险
69	炔螨特	0	0	1.10	低度风险
70	烟碱	0	0	1.10	低度风险
71	烯唑醇	0	0	1.10	低度风险
72	烯啶虫胺	0	0	1.10	低度风险
73	烯肟菌酯	0	0	1.10	低度风险
74	胺鲜酯	0	0	1.10	低度风险
75	烯草胺	0	0	1.10	低度风险
76	烯草酮	0	0	1.10	低度风险
77	环丙磺酰胺	0	0	1.10	低度风险
78	环庚草醚	0	0	1.10	低度风险
79	丰索磷	0	0	1.10	低度风险
80	甜菜宁	0	0	1.10	低度风险
81	丙溴磷	0	0	1.10	低度风险
82	脱叶磷	0	0	1.10	低度风险

序号	农药	超标频次	超标率 $P(\%)$	风险系数 R	风险程度
83	乙霉威	0	0	1.10	低度风险
84	腈吡螨酯	0	0	1.10	低度风险
85	解草酯	0	0	1.10	低度风险
86	赛硫磷	0	0	1.10	低度风险
87	辛噻酮	0	0	1.10	低度风险
88	丁香菌酯	0	0	1.10	低度风险
89	醚磺隆	0	0	1.10	低度风险
90	醚菊酯	0	0	1.10	低度风险
91	醚菌酯	0	0	1.10	低度风险
92	丁草胺	0	0	1.10	低度风险
93	丁噻隆	0	0	1.10	低度风险
94	霜霉威	0	0	1.10	低度风险
95	丁嗪草酮	0	0	1.10	低度风险
96	马拉氧磷	0	0	1.10	低度风险
97	马拉硫磷	0	0	1.10	低度风险
98	鱼藤酮	0	0	1.10	低度风险
99	丁咪酰胺	0	0	1.10	低度风险
100	三唑酮	0	0	1.10	低度风险
101	西玛通	0	0	1.10	低度风险
102	螺螨酯	0	0	1.10	低度风险
103	苯醚氰菊酯	0	0	1.10	低度风险
104	腈菌唑	0	0	1.10	低度风险
105	苄呋菊酯	0	0	1.10	低度风险
106	苄氨基嘌呤	0	0	1.10	低度风险
107	苦参碱	0	0	1.10	低度风险
108	苯氧菌胺-(E)	0	0	1.10	低度风险
109	苯氧菌胺-(Z)	0	0	1.10	低度风险
110	三甲苯草酮	0	0	1.10	低度风险
111	螺虫乙酯	0	0	1.10	低度风险
112	苯醚菊酯	0	0	1.10	低度风险
113	茚虫威	0	0	1.10	低度风险
114	莠去通	0	0	1.10	低度风险
115	三环唑	0	0	1.10	低度风险
116	三嗪茚草胺	0	0	1.10	低度风险

续表

序号	农药	超标频次	超标率 P(%)	风险系数 R	风险程度
117	虱螨脲	0	0	1.10	低度风险
118	灭蝇胺	0	0	1.10	低度风险
119	氯虫苯甲酰胺	0	0	1.10	低度风险
120	二嗪磷	0	0	1.10	低度风险
121	噻虫啉	0	0	1.10	低度风险
122	兹克威	0	0	1.10	低度风险
123	仲丁通	0	0	1.10	低度风险
124	喹硫磷	0	0	1.10	低度风险
125	喹禾灵	0	0	1.10	低度风险
126	喹菌酮	0	0	1.10	低度风险
127	喹螨醚	0	0	1.10	低度风险
128	嘧啶磷	0	0	1.10	低度风险
129	嘧草醚-Z	0	0	1.10	低度风险
130	嘧菌环胺	0	0	1.10	低度风险
131	嘧菌腙	0	0	1.10	低度风险
132	嘧菌酯	0	0	1.10	低度风险
133	嘧螨醚	0	0	1.10	低度风险
134	嘧霉胺	0	0	1.10	低度风险
135	噁唑菌酮	0	0	1.10	低度风险
136	噁虫威	0	0	1.10	低度风险
137	啶磺草胺	0	0	1.10	低度风险
138	唑螨酯	0	0	1.10	低度风险
139	去氨基苯嗪草酮	0	0	1.10	低度风险
140	双丙氨膦	0	0	1.10	低度风险
141	吡咪唑	0	0	1.10	低度风险
142	吡丙醚	0	0	1.10	低度风险
143	吡螨胺	0	0	1.10	低度风险
144	吲哚乙酸	0	0	1.10	低度风险
145	呋线威	0	0	1.10	低度风险
146	呋草酮	0	0	1.10	低度风险
147	呋酰胺	0	0	1.10	低度风险
148	唑胺菌酯	0	0	1.10	低度风险
149	咪唑乙烟酸	0	0	1.10	低度风险
150	咪鲜胺	0	0	1.10	低度风险

序号	农药	超标频次	超标率 P(%)	风险系数 R	风险程度
151	哌草磷	0	0	1.10	低度风险
152	去甲基抗蚜威	0	0	1.10	低度风险
153	唑啉草酯	0	0	1.10	低度风险
154	唑嘧菌胺	0	0	1.10	低度风险
155	噻菌灵	0	0	1.10	低度风险
156	噻虫嗪	0	0	1.10	低度风险
157	吡氟禾草酸	0	0	1.10	低度风险
158	噻虫胺	0	0	1.10	低度风险
159	敌草胺	0	0	1.10	低度风险
160	敌草隆	0	0	1.10	低度风险
161	敌螨普	0	0	1.10	低度风险
162	杀线威	0	0	1.10	低度风险
163	杀螟丹	0	0	1.10	低度风险
164	氟吗啉	0	0	1.10	低度风险
165	氟吡菌酰胺	0	0	1.10	低度风险
166	氟唑菌苯胺	0	0	1.10	低度风险
167	氟啶草酮	0	0	1.10	低度风险
168	氟甲喹	0	0	1.10	低度风险
169	氟硅唑	0	0	1.10	低度风险
171	氟虫脲	0	0	1.10	低度风险
172	氧亚胺硫磷	0	0	1.10	低度风险
173	氧异柳磷	0	0	1.10	低度风险
174	氯噻啉	0	0	1.10	低度风险
175	敌草净	0	0	1.10	低度风险
176	放线菌酮	0	0	1.10	低度风险
177	抗蚜威	0	0	1.10	低度风险
178	异丙净	0	0	1.10	低度风险
179	亚砜磷	0	0	1.10	低度风险
180	地胺磷	0	0	1.10	低度风险
181	埃卡瑞丁	0	0	1.10	低度风险
182	多效唑	0	0	1.10	低度风险
183	多菌灵	0	0	1.10	低度风险
184	己唑醇	0	0	1.10	低度风险
185	二甲肼酸	0	0	1.10	低度风险
186	抑芽丹	0	0	1.10	低度风险

序号	农药	超标频次	超标率 P(%)	风险系数 R	风险程度
187	异丙隆	0	0	1.10	低度风险
188	异稻瘟净	0	0	1.10	低度风险
189	戊唑醇	0	0	1.10	低度风险
190	戊菌唑	0	0	1.10	低度风险
191	戊菌隆	0	0	1.10	低度风险
192	3,4,5-混杀威	0	0	1.10	低度风险

2.4　LC-Q-TOF/MS 侦测广州市市售茶叶农药残留风险评估结论与建议

农药残留是影响茶叶安全和质量的主要因素，也是我国食品安全领域备受关注的敏感话题和亟待解决的重大问题之一[15,16]。各种茶叶均存在不同程度的农药残留现象，本研究主要针对广州市各类茶叶存在的农药残留问题，基于 2018 年 12 月至 2019 年 1 月对广州市 453 例茶叶样品中农药残留侦测得出的 2520 个侦测结果，分别采用食品安全指数模型和风险系数模型，开展茶叶中农药残留的膳食暴露风险和预警风险评估。茶叶样品取自超市和茶叶专营店，符合大众的膳食来源，风险评价时更具有代表性和可信度。

本研究力求通用简单地反映食品安全中的主要问题，且为管理部门和大众容易接受，为政府及相关管理机构建立科学的食品安全信息发布和预警体系提供科学的规律与方法，加强对农药残留的预警和食品安全重大事件的预防，控制食品风险。

2.4.1　广州市茶叶中农药残留膳食暴露风险评价结论

1) 茶叶样品中农药残留安全状态评价结论

采用食品安全指数模型，对 2018 年 12 月至 2019 年 1 月期间广州市茶叶食品农药残留膳食暴露风险进行评价，根据 IFS_c 的计算结果发现，茶叶中农药的 $\overline{IFS}$ 为 1.09×10^{-5}，说明广州市茶叶总体处于可以接受的安全状态，但部分禁用农药、高残留农药在茶叶中仍有侦测出，导致膳食暴露风险的存在，成为不安全因素。

2) 禁用农药膳食暴露风险评价

本次检测发现部分茶叶样品中有禁用农药侦测出，侦测出禁用农药 17 种，侦测出频次为 131，茶叶样品中的禁用农药 IFS_c 计算结果表明，禁用农药残留膳食暴露风险没有影响的频次为 130，占 99.24%；没有 ADI 标准的频次为 1，占 0.76%。

2.4.2　广州市茶叶中农药残留预警风险评价结论

1) 单种茶叶中禁用农药残留的预警风险评价结论

本次检测过程中，在 5 种茶叶中检测出 17 种禁用农药，禁用农药为：丁硫克百威、毒死蜱、氟苯虫酰胺、甲拌磷、甲基硫环磷、久效磷、克百威、乐果、硫环磷、灭多威、氰戊菊酯、三唑磷、水胺硫磷、内吸磷、特丁硫磷、涕灭威、氧乐果,茶叶为:白茶、黑茶、红茶、绿茶、乌龙茶,茶叶中禁用农药的风险系数分析结果显示,17 种禁用农药在 5 种茶叶中的残留数据中存在 10 处中度风险,其余 25 处高度风险,说明在单种茶叶中禁用农药的残留会导致较高的预警风险。

2) 单种茶叶中非禁用农药残留的预警风险评价结论

以 MRL 中国国家标准为标准,计算茶叶中非禁用农药风险系数情况下,371 个样本中,50 个处于低度风险(13.48%),321 个样本没有 MRL 中国国家标准(86.52%)。以 MRL 欧盟标准为标准,计算茶叶中非禁用农药风险系数情况下,发现有 43 个处于高度风险(11.59%),32 个处于中度风险(8.63%),296 个处于低度风险(79.78%)。基于两种 MRL 标准,评价的结果差异显著,可以看出 MRL 欧盟标准比中国国家标准更加严格和完善,过于宽松的 MRL 中国国家标准值能否有效保障人体的健康有待研究。

2.4.3　加强广州市茶叶食品安全建议

我国食品安全风险评价体系仍不够健全,相关制度不够完善,多年来,由于农药用药次数多、用药量大或用药间隔时间短,产品残留量大,农药残留所造成的食品安全问题日益严峻,给人体健康带来了直接或间接的危害。据估计,美国与农药有关的癌症患者数约占全国癌症患者总数的 50%,中国更高。同样,农药对其他生物也会形成直接杀伤和慢性危害,植物中的农药可经过食物链逐级传递并不断蓄积,对人和动物构成潜在威胁,并影响生态系统。

基于本次农药残留侦测数据的风险评价结果,提出以下几点建议:

1) 加快食品安全标准制定步伐

我国食品标准中对农药每日允许最大摄入量 ADI 的数据严重缺乏,在本次评价所涉及的 209 种农药中,仅有 57.89%的农药具有 ADI 值,而 42.11%的农药中国尚未规定相应的 ADI 值,亟待完善。

我国食品中农药最大残留限量值的规定严重缺乏,对评估涉及的不同茶叶中不同农药 406 个 MRL 限值进行统计来看,我国仅制定出 66 个标准,我国标准完整率仅为 16.26%,欧盟的完整率达到 100%(表 2-10)。因此,中国更应加快 MRL 的制定步伐。

表 2-10　我国国家食品标准农药的 ADI、MRL 值与欧盟标准的数量差异

分类		中国 ADI	MRL 中国国家标准	MRL 欧盟标准
标准限值(个)	有	121	66	406
	无	88	340	0
总数(个)		209	406	406
无标准限值比例(%)		42.11	83.74	0

此外,MRL 中国国家标准限值普遍高于欧盟标准限值,这些标准中共有 46 个高于欧盟。过高的 MRL 值难以保障人体健康,建议继续加强对限值基准和标准的科学研究,

将农产品中的危险性减少到尽可能低的水平。

2）加强农药的源头控制和分类监管

在广州市某些茶叶中仍有禁用农药残留，利用 LC-Q-TOF/MS 技术侦测出 17 种禁用农药，检出频次为 131 次，残留禁用农药均存在较大的膳食暴露风险和预警风险。早已列入黑名单的禁用农药在我国并未真正退出，有些药物由于价格便宜、工艺简单，此类高毒农药一直生产和使用。建议在我国采取严格有效的控制措施，从源头控制禁用农药。

对于非禁用农药，在我国作为"田间地头"最典型单位的县级茶叶产地中，农药残留的检测几乎缺失。建议根据农药的毒性，对高毒、剧毒、中毒农药实现分类管理，减少使用高毒和剧毒高残留农药，进行分类监管。

3）加强农药生物基准和降解技术研究

市售茶叶中残留农药的品种多、频次高、禁用农药多次检出这一现状，说明了我国的田间土壤和水体因农药长期、频繁、不合理的使用而遭到严重污染。为此，建议中国相关部门出台相关政策，鼓励高校及科研院所积极开展分子生物学、酶学等研究，加强土壤、水体中残留农药的生物修复及降解新技术研究，切实加大农药监管力度，以控制农药的面源污染问题。

综上所述，在本工作基础上，根据茶叶残留危害，可进一步针对其成因提出和采取严格管理、大力推广无公害茶叶种植与生产、健全食品安全控制技术体系、加强茶叶质量检测体系建设和积极推行茶叶质量追溯制度等相应对策。建立和完善食品安全综合评价指数与风险监测预警系统，对食品安全进行实时、全面的监控与分析，为我国的食品安全科学监管与决策提供新的技术支持，可实现各类检验数据的信息化系统管理，降低食品安全事故的发生。

第3章 GC-Q-TOF/MS 侦测广州市 453 例市售茶叶样品农药残留报告

从广州市所属 3 个区，随机采集了 453 例茶叶样品，使用气相色谱-四极杆飞行时间质谱(GC-Q-TOF/MS)对 684 种农药化学污染物示范侦测。

3.1 样品种类、数量与来源

3.1.1 样品采集与检测

为了真实反映百姓日常饮用的茶叶中农药残留污染状况，本次所有检测样品均由检验人员于 2018 年 12 月至 2019 年 1 月期间，从广州市所属 11 个采样点，包括 9 个茶叶专营店 2 个超市，以随机购买方式采集，总计 11 批 453 例样品，从中检出农药 57 种，1089 频次。采样及监测概况见图 3-1 及表 3-1，样品及采样点明细见表 3-2 及表 3-3(侦测原始数据见附表 1)。

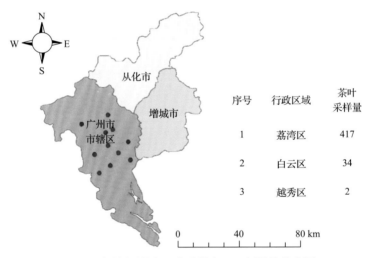

序号	行政区域	茶叶采样量
1	荔湾区	417
2	白云区	34
3	越秀区	2

图 3-1 广州市所属 11 个采样点 453 例样品分布图

表 3-1 农药残留监测总体概况

采样地区	广州市所属 3 个区
采样点(茶叶专营店+超市)	11
样本总数	453
检出农药品种/频次	57/1089
各采样点样本农药残留检出率范围	80.0%~100.0%

表 3-2　样品分类及数量

样品分类	样品名称(数量)	数量小计
1. 茶叶		453
1)发酵类茶叶	白茶(11),黑茶(179),红茶(60),乌龙茶(100)	350
2)未发酵类茶叶	绿茶(103)	103
合计	茶叶 5 种	453

表 3-3　广州市采样点信息

采样点序号	行政区域	采样点
茶叶专营店(9)		
1	白云区	广州***公司
2	荔湾区	广东芳村茶叶城(***店)
3	荔湾区	***茶行
4	荔湾区	启秀茶城(***店)
5	荔湾区	启秀茶城(***店)
6	荔湾区	启秀茶城(***店)
7	荔湾区	启秀茶城(***店)
8	荔湾区	启秀茶城(***店)
9	荔湾区	启秀茶城(***店)
超市(2)		
1	白云区	***超市(三元里店)
2	越秀区	***超市(环市东路店)

3.1.2　检测结果

这次使用的检测方法是庞国芳院士团队最新研发的不需使用标准品对照,而以高分辨精确质量数(0.0001 m/z)为基准的 GC-Q-TOF/MS 检测技术,对于 453 例样品,每个样品均侦测了 684 种农药化学污染物的残留现状。通过本次侦测,在 453 例样品中共计检出农药化学污染物 57 种,检出 1089 频次。

3.1.2.1　各采样点样品检出情况

统计分析发现 11 个采样点中,被测样品的农药检出率范围为 80.0%~100.0%。其中,启秀茶城(***店)和***超市(环市东路店)的检出率最高,均为 100.0%。广东芳村茶叶城(***店)的检出率最低,为 80.0%,见图 3-2。

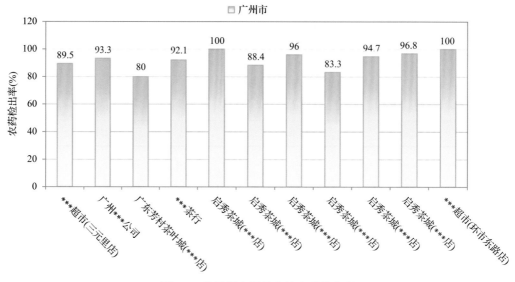

图 3-2　各采样点样品中的农药检出率

3.1.2.2　检出农药的品种总数与频次

统计分析发现，对于 453 例样品中 684 种农药化学污染物的侦测，共检出农药 1089 频次，涉及农药 57 种，结果如图 3-3 所示。其中联苯菊酯检出频次最高，共检出 321 次。检出频次排名前 10 的农药如下，①联苯菊酯(321)，②炔螨特(145)，③醚菊酯(72)，④甲氰菊酯(57)，⑤氯氟氰菊酯(47)，⑥二苯胺(39)，⑦虫螨腈(37)，⑧毒死蜱(35)，⑨噻嗪酮(35)，⑩猛杀威(29)。

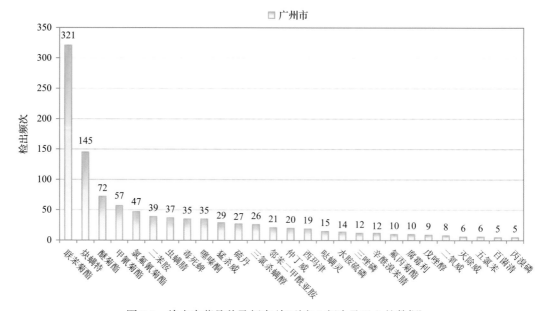

图 3-3　检出农药品种及频次(仅列出 5 频次及以上的数据)

由图 3-4 可见，绿茶、黑茶和乌龙茶这 3 种茶叶样品中检出的农药品种数较高，均超过 25 种，其中，绿茶检出农药品种最多，为 40 种。由图 3-5 可见，绿茶、黑茶、乌龙茶和红茶这 4 种茶叶样品中的农药检出频次较高，均超过 100 次，其中，绿茶检出农药频次最高，为 395 次。

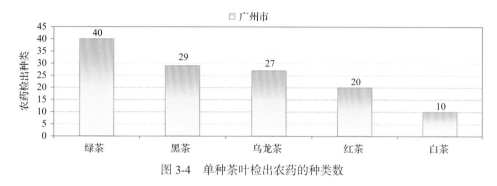

图 3-4　单种茶叶检出农药的种类数

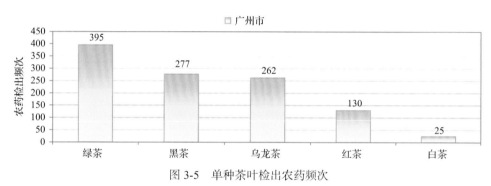

图 3-5　单种茶叶检出农药频次

3.1.2.3　单例样品农药检出种类与占比

对单例样品检出农药种类和频次进行统计发现，未检出农药的样品占总样品数的 9.1%，检出 1 种农药的样品占总样品数的 27.6%，检出 2-5 种农药的样品占总样品数的 55.6%，检出 6-10 种农药的样品占总样品数的 7.7%。每例样品中平均检出农药为 2.4 种，数据见表 3-4 及图 3-6。

表 3-4　单例样品检出农药品种占比

检出农药品种数	样品数量/占比（%）
未检出	41/9.1
1 种	125/27.6
2~5 种	252/55.6
6~10 种	35/7.7
单例样品平均检出农药品种	2.4 种

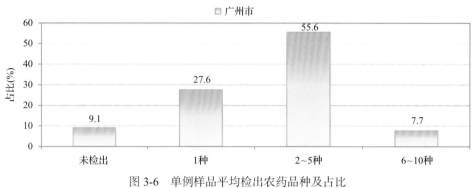

图 3-6　单例样品平均检出农药品种及占比

3.1.2.4　检出农药类别与占比

所有检出农药按功能分类，包括杀虫剂、杀菌剂、除草剂、杀螨剂、植物生长调节剂、增效剂共 6 类。其中杀虫剂与杀菌剂为主要检出的农药类别，分别占总数的 42.1%和 26.3%，见表 3-5 及图 3-7。

表 3-5　检出农药所属类别/占比

农药类别	数量/占比(%)
杀虫剂	24/42.1
杀菌剂	15/26.3
除草剂	8/14.0
杀螨剂	7/12.3
植物生长调节剂	2/3.5
增效剂	1/1.8

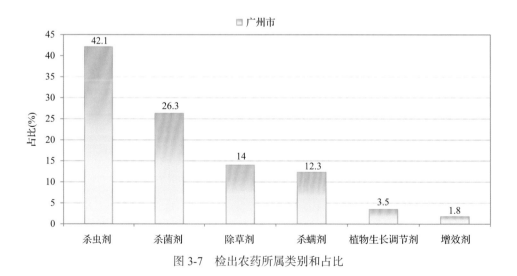

图 3-7　检出农药所属类别和占比

3.1.2.5　检出农药的残留水平

按检出农药残留水平进行统计，残留水平在 1~5 μg/kg（含）的农药占总数的 7.2%，在 5~10 μg/kg（含）的农药占总数的 16.3%，在 10~100 μg/kg（含）的农药占总数的 56.8%，在 100~1000 μg/kg（含）的农药占总数的 19.2%，在>1000 μg/kg 的农药占总数的 0.6%。

由此可见，这次检测的 11 批 453 例茶叶样品中农药多数处于中高残留水平。结果见表 3-6 及图 3-8，数据见附表 3-2。

表 3-6　农药残留水平/占比

残留水平（μg/kg）	检出频次数/占比（%）
1~5（含）	78/7.2
5~10（含）	177/16.3
10~100（含）	619/56.8
100~1000（含）	209/19.2
>1000	6/0.6

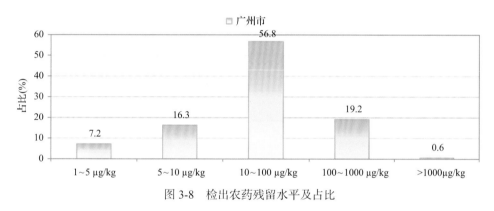

图 3-8　检出农药残留水平及占比

3.1.2.6　检出农药的毒性类别、检出频次和超标频次及占比

对这次检出的 57 种 1089 频次的农药，按剧毒、高毒、中毒、低毒和微毒这五个毒性类别进行分类，从中可以看出，广州市目前普遍使用的农药为中低微毒农药，品种占 96.5%，频次占 97.6%。结果见表 3-7 及图 3-9。

表 3-7　检出农药毒性类别/占比

毒性分类	农药品种/占比（%）	检出频次/占比（%）	超标频次/超标率（%）
剧毒农药	0/0	0/0.0	0/0.0
高毒农药	2/3.5	26/2.4	6/23.1
中毒农药	27/47.4	651/59.8	0/0.0
低毒农药	19/33.3	291/26.7	0/0.0
微毒农药	9/15.8	121/11.1	0/0.0

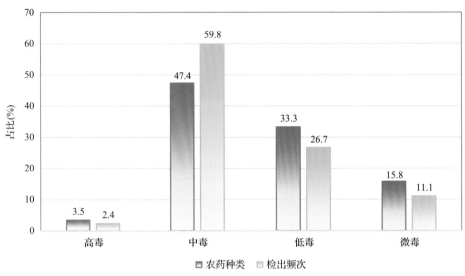

图 3-9　检出农药的毒性分类和占比

3.1.2.7　检出剧毒/高毒类农药的品种和频次

值得特别关注的是，在此次侦测的 453 例样品中有 4 种茶叶的 24 例样品检出了 2 种 26 频次的剧毒和高毒农药，占样品总量的 5.3%，详见图 3-10、表 3-8 及表 3-9。

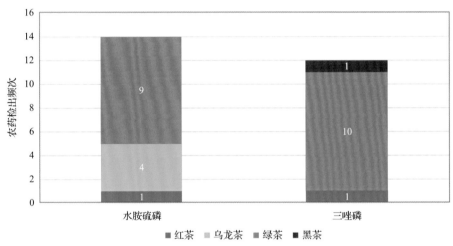

图 3-10　检出剧毒/高毒农药的样品情况

表 3-8　剧毒农药检出情况

序号	农药名称	检出频次	超标频次	超标率
		茶叶中未检出剧毒农药		
	合计	0	0	超标率: 0.0%

表 3-9　高毒农药检出情况

序号	农药名称	检出频次	超标频次	超标率
	从 4 种茶叶中检出 2 种高毒农药，共计检出 26 次			
1	水胺硫磷	14	6	42.9%
2	三唑磷	12	0	0.0%
	合计	26	6	超标率：23.1%

　　在检出的剧毒和高毒农药中，有 2 种是我国早已禁止在茶叶上使用的，分别是：三唑磷和水胺硫磷。禁用农药的检出情况见表 3-10。

表 3-10　禁用农药检出情况

序号	农药名称	检出频次	超标频次	超标率
	从 5 种茶叶中检出 7 种禁用农药，共计检出 119 次			
1	毒死蜱	35	0	0.0%
2	硫丹	27	0	0.0%
3	三氯杀螨醇	26	0	0.0%
4	水胺硫磷	14	6	42.9%
5	三唑磷	12	0	0.0%
6	氟虫腈	4	0	0.0%
7	乐果	1	0	0.0%
	合计	119	6	超标率：5.0%

注：超标结果参考 MRL 中国国家标准计算

　　此次抽检的茶叶样品中，没有检出剧毒农药。
　　样品中检出剧毒和高毒农药残留水平超过 MRL 中国国家标准的频次为 6 次，其中：红茶检出水胺硫磷超标 1 次；绿茶检出水胺硫磷超标 3 次；乌龙茶检出水胺硫磷超标 2 次。本次检出结果表明，高毒、剧毒农药的使用现象依旧存在，详见表 3-11。

表 3-11　各样本中检出剧毒/高毒农药情况

样品名称	农药名称	检出频次	超标频次	检出浓度(μg/kg)
		茶叶 4 种		
黑茶	三唑磷▲	1	0	13.7
红茶	水胺硫磷▲	1	1	158.6a
红茶	三唑磷▲	1	0	11.6
绿茶	三唑磷▲	10	0	48.5, 44.0, 29.9, 22.7, 27.6, 20.5, 20.2, 31.1, 10.2, 22.2
绿茶	水胺硫磷▲	9	3	357.2a, 39.4, 1112.6a, 16.1, 32.8, 28.8, 11.4, 23.8, 199.6a
乌龙茶	水胺硫磷▲	4	2	19.0, 60.0a, 91.0a, 13.7
	合计	26	6	超标率：23.1%

注：表中*为剧毒农药；▲为禁用农药；a 为超标结果(参考 MRL 中国国家标准)

3.2 农药残留检出水平与最大残留限量标准对比分析

我国于 2016 年 12 月 18 日正式颁布并于 2017 年 6 月 18 日正式实施食品农药残留限量国家标准《食品中农药最大残留限量》(GB 2763—2016)。该标准包括 417 个农药条目, 涉及最大残留限量(MRL)标准 4140 项。将 1089 频次检出农药的浓度水平与 4140 项 MRL 中国国家标准进行核对, 其中只有 581 频次的结果找到了对应的 MRL, 占 53.4%, 还有 508 频次的结果则无相关 MRL 标准供参考, 占 46.6%。

将此次侦测结果与国际上现行 MRL 对比发现, 在 1089 频次的检出结果中有 1089 频次的结果找到了对应的 MRL 欧盟标准, 占 100.0%, 其中, 957 频次的结果有明确对应的 MRL, 占 87.9%, 其余 132 频次按照一律欧盟标准判定, 占 12.1%; 有 1089 频次的结果找到了对应的 MRL 日本一律标准, 占 100.0%, 其中, 913 频次的结果有明确对应的 MRL, 占 83.8%, 其余 175 频次按照日本标准判定, 占 16.2%; 有 668 频次的结果找到了对应的 MRL 中国香港标准, 占 61.3%; 有 649 频次的结果找到了对应的 MRL 美国标准, 占 59.6%; 有 640 频次的结果找到了对应的 MRLCAC 标准, 占 58.8%(见图 3-11 和图 3-12, 数据见附表 3 至附表 8)。

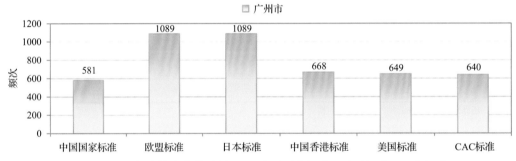

图 3-11 1089 频次检出农药可用 MRL 中国国家标准、欧盟标准、日本标准、中国香港标准、美国标准、CAC 标准判定衡量的数量

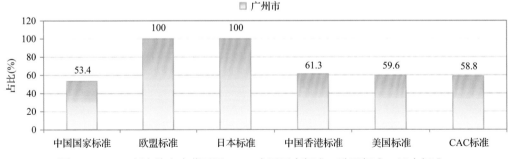

图 3-12 1089 频次检出农药可用 MRL 中国国家标准、欧盟标准、日本标准、中国香港标准、美国标准、CAC 标准衡量的占比

3.2.1 超标农药样品分析

本次侦测的 453 例样品中, 41 例样品未检出任何残留农药, 占样品总量的 9.1%,

412 例样品检出不同水平、不同种类的残留农药，占样品总量的 90.9%。在此，我们将本次侦测的农残检出情况与 MRL 中国国家标准、欧盟标准、日本标准、中国香港标准、美国标准和 CAC 标准这 6 大国际主流标准进行对比分析，样品农残检出与超标情况见表 3-12、图 3-13 和图 3-14，详细数据见附表 9 至附表 14。

表 3-12 各 MRL 标准下样本农残检出与超标数量及占比

	中国国家标准数量/占比(%)	欧盟标准数量/占比(%)	日本标准数量/占比(%)	中国香港标准数量/占比(%)	美国标准数量/占比(%)	CAC 标准数量/占比(%)
未检出	41/9.1	41/9.1	41/9.1	41/9.1	41/9.1	41/9.1
检出未超标	406/89.6	287/63.4	306/67.5	412/90.9	412/90.9	412/90.9
检出超标	6/1.3	125/27.6	106/23.4	0/0.0	0/0.0	0/0.0

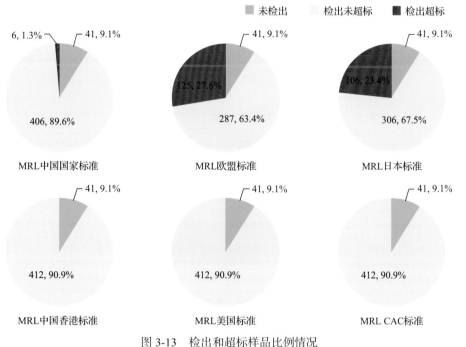

图 3-13 检出和超标样品比例情况

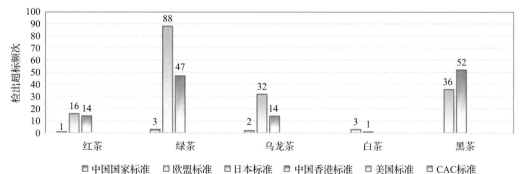

图 3-14 超过 MRL 中国国家标准、欧盟标准、日本标准、中国香港标准、美国标准和 CAC 标准结果在茶叶中的分布

3.2.2　超标农药种类分析

按照 MRL 中国国家标准、欧盟标准、日本标准、中国香港标准、美国标准和 CAC 标准这 6 大国际主流标准衡量，本次侦测检出的农药超标品种及频次情况见表 3-13。

表 3-13　各 MRL 标准下超标农药品种及频次

	中国国家标准	欧盟标准	日本标准	中国香港标准	美国标准	CAC 标准
超标农药品种	1	23	21	0	0	0
超标农药频次	6	175	128	0	0	0

3.2.2.1　按 MRL 中国国家标准衡量

按 MRL 中国国家标准衡量，有 1 种农药超标，检出 6 频次，为高毒农药水胺硫磷。

按超标程度比较，绿茶中水胺硫磷超标 21.3 倍，红茶中水胺硫磷超标 2.2 倍，乌龙茶中水胺硫磷超标 0.8 倍。检测结果见图 3-15 和附表 15。

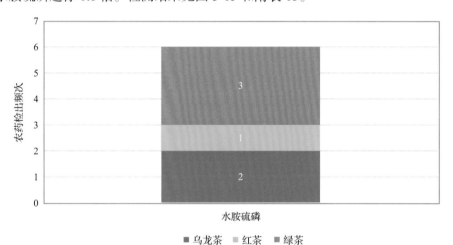

图 3-15　超过 MRL 中国国家标准农药品种及频次

3.2.2.2　按 MRL 欧盟标准衡量

按 MRL 欧盟标准衡量，共有 23 种农药超标，检出 175 频次，分别为高毒农药三唑磷和水胺硫磷，中毒农药氯菊酯、氯氟氰菊酯、氟虫腈、三唑醇、仲丁威、灭除威、戊唑醇、哒螨灵、二氧威和辛酰溴苯腈，低毒农药莠去津、嘧霉胺、邻苯二甲酰亚胺、猛杀威、呋菌胺和噻嗪酮，微毒农药醚菊酯、腐霉利、氟丙菊酯、增效醚和西玛津。

按超标程度比较，绿茶中灭除威超标 119.8 倍，绿茶中水胺硫磷超标 110.3 倍，黑茶中辛酰溴苯腈超标 89.9 倍，绿茶中仲丁威超标 42.2 倍，黑茶中猛杀威超标 27.1 倍。检测结果见图 3-16 和附表 16。

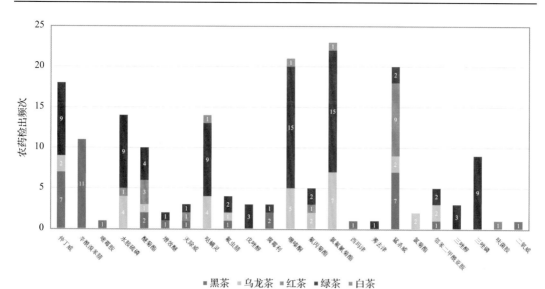

图 3-16　超过 MRL 欧盟标准农药品种及频次

3.2.2.3　按 MRL 日本标准衡量

按 MRL 日本标准衡量，共有 21 种农药超标，检出 128 频次，分别为高毒农药三唑磷和水胺硫磷，中毒农药氟虫腈、仲丁威、灭除威、烯唑醇、二氧威和辛酰溴苯腈，低毒农药莠去津、氟吡菌酰胺、嘧霉胺、邻苯二甲酰亚胺、马拉硫磷、猛杀威、呋菌胺和萘乙酸，微毒农药腐霉利、绿麦隆、苯胺灵、增效醚和西玛津。

按超标程度比较，绿茶中灭除威超标 119.8 倍，绿茶中水胺硫磷超标 110.3 倍，黑茶中辛酰溴苯腈超标 89.9 倍，黑茶中腐霉利超标 74.0 倍，绿茶中仲丁威超标 42.2 倍。检测结果见图 3-17 和附表 17。

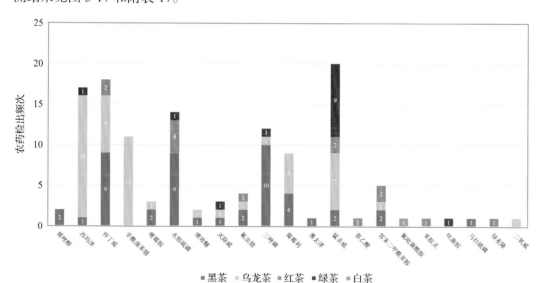

图 3-17　超过 MRL 日本标准农药品种及频次

3.2.2.4　按 MRL 中国香港标准衡量

按 MRL 中国香港标准衡量，无样品检出超标农药残留。

3.2.2.5　按 MRL 美国标准衡量

按 MRL 美国标准衡量，无样品检出超标农药残留。

3.2.2.6　按 MRLCAC 标准衡量

按 MRLCAC 标准衡量，无样品检出超标农药残留。

3.2.3　11 个采样点超标情况分析

3.2.3.1　按 MRL 中国国家标准衡量

按 MRL 中国国家标准衡量，有 4 个采样点的样品存在不同程度的超标农药检出，其中***超市(三元里店)的超标率最高，为 10.5%，如表 3-14 和图 3-18 所示。

表 3-14　超过 MRL 中国国家标准茶叶在不同采样点分布

	采样点	样品总数	超标数量	超标率(%)	行政区域
1	启秀茶城(***店)	147	1	0.7	荔湾区
2	启秀茶城(***店)	50	1	2.0	荔湾区
3	启秀茶城(***店)	31	2	6.5	荔湾区
4	***超市(三元里店)	19	2	10.5	白云区

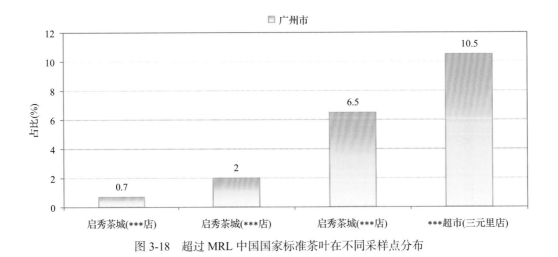

图 3-18　超过 MRL 中国国家标准茶叶在不同采样点分布

3.2.3.2　按 MRL 欧盟标准衡量

按 MRL 欧盟标准衡量，所有采样点的样品存在不同程度的超标农药检出，其中***

超市(环市东路店)的超标率最高，为 50.0%，如表 3-15 和图 3-19 所示。

表 3-15　超过 MRL 欧盟标准茶叶在不同采样点分布

	采样点	样品总数	超标数量	超标率(%)	行政区域
1	启秀茶城(***店)	147	37	25.2	荔湾区
2	***茶行	63	24	38.1	荔湾区
3	广东芳村茶叶城(***店)	50	3	6.0	荔湾区
4	启秀茶城(***店)	50	12	24.0	荔湾区
5	启秀茶城(***店)	38	9	23.7	荔湾区
6	启秀茶城(***店)	32	15	46.9	荔湾区
7	启秀茶城(***店)	31	7	22.6	荔湾区
8	***超市(三元里店)	19	8	42.1	白云区
9	广州***公司	15	7	46.7	白云区
10	启秀茶城(***店)	6	2	33.3	荔湾区
11	***超市(环市东路店)	2	1	50.0	越秀区

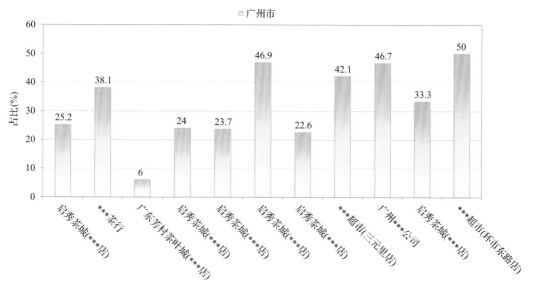

图 3-19　超过 MRL 欧盟标准茶叶在不同采样点分布

3.2.3.3　按 MRL 日本标准衡量

按 MRL 日本标准衡量，有 10 个采样点的样品存在不同程度的超标农药检出，其中启秀茶城(***店)和***超市(环市东路店)的超标率最高，为 50.0%，如表 3-16 和图 3-20 所示。

表 3-16　超过 MRL 日本标准茶叶在不同采样点分布

	采样点	样品总数	超标数量	超标率(%)	行政区域
1	启秀茶城(***店)	147	38	25.9	荔湾区
2	***茶行	63	13	20.6	荔湾区
3	广东芳村茶叶城(***店)	50	7	14.0	荔湾区
4	启秀茶城(***店)	50	10	20.0	荔湾区
5	启秀茶城(***店)	38	5	13.2	荔湾区
6	启秀茶城(***店)	32	16	50.0	荔湾区
7	启秀茶城(***店)	31	3	9.7	荔湾区
8	***超市(三元里店)	19	6	31.6	白云区
9	广州***公司	15	7	46.7	白云区
10	***超市(环市东路店)	2	1	50.0	越秀区

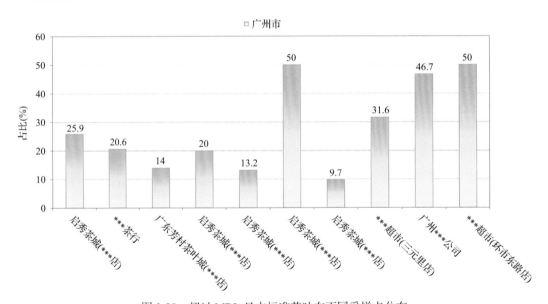

图 3-20　超过 MRL 日本标准茶叶在不同采样点分布

3.2.3.4　按 MRL 中国香港标准衡量

按 MRL 中国香港标准衡量，所有采样点的样品均未检出超标农药残留。

3.2.3.5　按 MRL 美国标准衡量

按 MRL 美国标准衡量，所有采样点的样品均未检出超标农药残留。

3.2.3.6　按 MRL CAC 标准衡量

按 MRL CAC 标准衡量，所有采样点的样品均未检出超标农药残留。

3.3　茶叶中农药残留分布

3.3.1　茶叶按检出农药品种和频次排名

本次残留侦测的茶叶共 5 种，包括白茶、黑茶、红茶、乌龙茶和绿茶。

根据检出农药品种及频次进行排名，将茶叶样品检出情况列表说明，详见表 3-17。

表 3-17　茶叶按检出农药品种和频次排名

按检出农药品种排名(品种)	①绿茶(40),②黑茶(29),③乌龙茶(27),④红茶(20),⑤白茶(10)
按检出农药频次排名(频次)	①绿茶(395),②黑茶(277),③乌龙茶(262),④红茶(130),⑤白茶(25)
按检出禁用、高毒及剧毒农药品种排名(品种)	①绿茶(7),②黑茶(5),③红茶(5),④乌龙茶(5),⑤白茶(1)
按检出禁用、高毒及剧毒农药频次排名(频次)	①绿茶(59),②乌龙茶(32),③黑茶(15),④红茶(9),⑤白茶(4)

3.3.2　茶叶按超标农药品种和频次排名

鉴于 MRL 欧盟标准和日本标准制定比较全面且覆盖率较高，我们参照 MRL 中国国家标准、欧盟标准和日本标准衡量茶叶样品中农残检出情况，将茶叶按超标农药品种及频次排名前 10 的茶叶列表说明，详见表 3-18。

表 3-18　茶叶按超标农药品种和频次排名

按超标农药品种排名(农药品种数)	中国国家标准	①红茶(1),②绿茶(1),③乌龙茶(1)
	欧盟标准	①绿茶(17),②黑茶(12),③乌龙茶(11),④红茶(6),⑤白茶(3)
	日本标准	①绿茶(14),②黑茶(12),③乌龙茶(8),④红茶(6),⑤白茶(1)
按超标农药频次排名(农药频次数)	中国国家标准	①绿茶(3),②乌龙茶(2),③红茶(1)
	欧盟标准	①绿茶(88),②黑茶(36),③乌龙茶(32),④红茶(16),⑤白茶(3)
	日本标准	①黑茶(52),②绿茶(47),③红茶(14),④乌龙茶(14),⑤白茶(1)

通过对各品种茶叶样本总数及检出率进行综合分析发现，绿茶、乌龙茶和红茶的残留污染最为严重，在此，我们参照 MRL 中国国家标准、欧盟标准和日本标准对这 3 种茶叶的农残检出情况进行进一步分析。

3.3.3　农药残留检出率较高的茶叶样品分析

3.3.3.1　绿茶

这次共检测 103 例绿茶样品，98 例样品中检出了农药残留，检出率为 95.1%，检出农药共计 40 种。其中联苯菊酯、炔螨特、氯氟氰菊酯、甲氰菊酯和醚菊酯检出频次较高，分别检出了 81、40、32、28 和 25 次。绿茶中农药检出品种和频次见图 3-21，超标农药见图 3-22 和表 3-19。

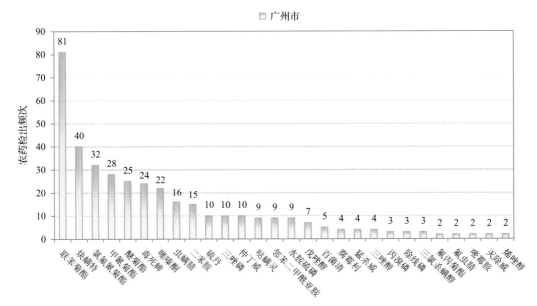

图 3-21　绿茶样品检出农药品种和频次分析(仅列出 2 频次及以上的数据)

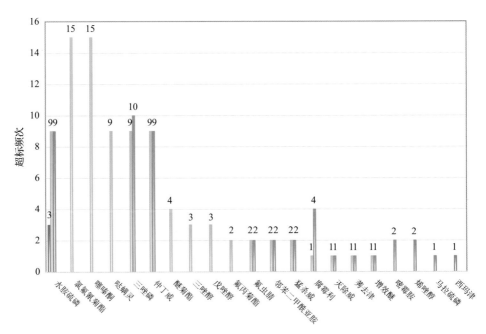

图 3-22　绿茶样品中超标农药分析

表 3-19　绿茶中农药残留超标情况明细表

样品总数 103		检出农药样品数 98	样品检出率(%) 95.1	检出农药品种总数 40
	超标农药品种	超标农药频次	按照 MRL 中国国家标准、欧盟标准和日本标准衡量超标农药名称及频次	
中国国家标准	1	3	水胺硫磷(3)	
欧盟标准	17	88	氯氟氰菊酯(15)、噻嗪酮(15)、哒螨灵(9)、三唑磷(9)、水胺硫磷(9)、仲丁威(9)、醚菊酯(4)、三唑醇(3)、戊唑醇(3)、氟丙菊酯(2)、氟虫腈(2)、邻苯二甲酰亚胺(2)、猛杀威(2)、腐霉利(1)、灭除威(1)、莠去津(1)、增效醚(1)	
日本标准	14	47	三唑磷(10)、水胺硫磷(9)、仲丁威(9)、腐霉利(4)、氟虫腈(2)、邻苯二甲酰亚胺(2)、猛杀威(2)、嘧霉胺(2)、烯唑醇(2)、马拉硫磷(1)、灭除威(1)、西玛津(1)、莠去津(1)、增效醚(1)	

3.3.3.2　乌龙茶

这次共检测 100 例乌龙茶样品，96 例样品中检出了农药残留，检出率为 96.0%，检出农药共计 27 种。其中联苯菊酯、炔螨特、甲氰菊酯、三氯杀螨醇和氯氟氰菊酯检出频次较高，分别检出了 86、42、26、15 和 11 次。乌龙茶中农药检出品种和频次见图 3-23，超标农药见表 3-20 和图 3-24。

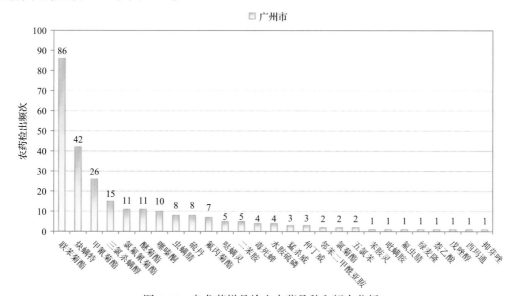

图 3-23　乌龙茶样品检出农药品种和频次分析

表 3-20　乌龙茶中农药残留超标情况明细表

样品总数 100		检出农药样品数 96	样品检出率(%) 96	检出农药品种总数 27
	超标农药品种	超标农药频次	按照 MRL 中国国家标准、欧盟标准和日本标准衡量超标农药名称及频次	
中国国家标准	1	2	水胺硫磷(2)	
欧盟标准	11	32	氯氟氰菊酯(7)、噻嗪酮(5)、哒螨灵(4)、水胺硫磷(4)、氟丙菊酯(2)、邻苯二甲酰亚胺(2)、氯菊酯(2)、猛杀威(2)、仲丁威(2)、氟虫腈(1)、醚菊酯(1)	
日本标准	8	14	水胺硫磷(4)、邻苯二甲酰亚胺(2)、猛杀威(2)、仲丁威(2)、苯胺灵(1)、氟虫腈(1)、绿麦隆(1)、萘乙酸(1)	

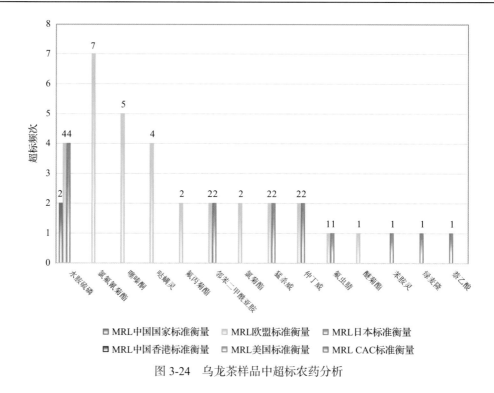

图 3-24　乌龙茶样品中超标农药分析

3.3.3.3　红茶

这次共检测 60 例红茶样品，56 例样品中检出了农药残留，检出率为 93.3%，检出农药共计 20 种。其中炔螨特、醚菊酯、联苯菊酯、猛杀威和虫螨腈检出频次较高，分别检出了 34、28、25、12 和 6 次。红茶中农药检出品种和频次见图 3-25，超标农药见图 3-26 和表 3-21。

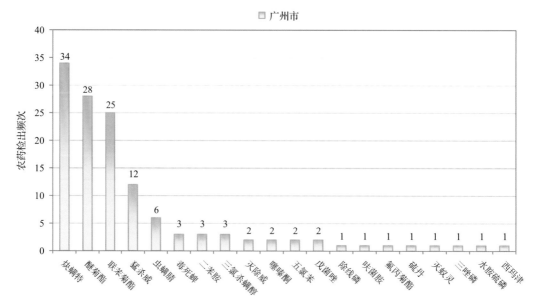

图 3-25　红茶样品检出农药品种和频次分析

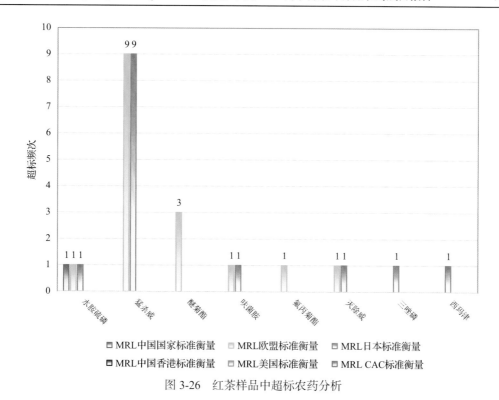

图 3-26　红茶样品中超标农药分析

表 3-21　红茶中农药残留超标情况明细表

样品总数 60		检出农药样品数 56	样品检出率(%) 93.3	检出农药品种总数 20
	超标农药品种	超标农药频次	按照 MRL 中国国家标准、欧盟标准和日本标准衡量超标农药名称及频次	
中国国家标准	1	1	水胺硫磷(1)	
欧盟标准	6	16	猛杀威(9)、醚菊酯(3)、呋菌胺(1)、氟丙菊酯(1)、灭除威(1)、水胺硫磷(1)	
日本标准	6	14	猛杀威(9)、呋菌胺(1)、灭除威(1)、三唑磷(1)、水胺硫磷(1)、西玛津(1)	

3.4　初　步　结　论

3.4.1　广州市市售茶叶按 MRL 中国国家标准和国际主要 MRL 标准衡量的合格率

本次侦测的 453 例样品中，41 例样品未检出任何残留农药，占样品总量的 9.1%，412 例样品检出不同水平、不同种类的残留农药，占样品总量的 90.9%。在这 412 例检出农药残留的样品中：

按照 MRL 中国国家标准衡量，有 406 例样品检出残留农药但含量没有超标，占样品总数的 89.6%，有 6 例样品检出了超标农药，占样品总数的 1.3%；

按照 MRL 欧盟标准衡量，有 287 例样品检出残留农药但含量没有超标，占样品总数的 63.4%，有 125 例样品检出了超标农药，占样品总数的 27.6%；

MRL 日本标准衡量，有 306 例样品检出残留农药但含量没有超标，占样品总数的 67.5%，有 106 例样品检出了超标农药，占样品总数的 23.4%；

按照 MRL 中国香港标准衡量，有 412 例样品检出残留农药但含量没有超标，占样品总数的 90.9%，无检出残留农药超标的样品；

按照 MRL 美国标准衡量，有 412 例样品检出残留农药但含量没有超标，占样品总数的 90.9%，无检出残留农药超标的样品；

按照 MRL CAC 标准衡量，有 412 例样品检出残留农药但含量没有超标，占样品总数的 90.9%，无检出残留农药超标的样品。

3.4.2　广州市市售茶叶中检出农药以中低微毒农药为主，占市场主体的 96.5%

这次侦测的 453 例茶叶样品共检出了 57 种农药，检出农药的毒性以中低微毒为主，详见表 3-22。

表 3-22　市场主体农药毒性分布

毒性	检出品种	占比	检出频次	占比
高毒农药	2	3.5%	26	2.4%
中毒农药	27	47.4%	651	59.8%
低毒农药	19	33.3%	291	26.7%
微毒农药	9	15.8%	121	11.1%
中低微毒农药，品种占比 96.5%，频次占比 97.6%				

3.4.3　检出剧毒、高毒和禁用农药现象应该警醒

在此次侦测的 453 例样品中有 5 种茶叶的 90 例样品检出了 7 种 119 频次的剧毒和高毒或禁用农药，占样品总量的 19.9%。其中高毒农药水胺硫磷和三唑磷检出频次较高。

按 MRL 中国国家标准衡量，高毒农药水胺硫磷，检出 14 次，超标 6 次；按超标程度比较，绿茶中水胺硫磷超标 21.3 倍，红茶中水胺硫磷超标 2.2 倍，乌龙茶中水胺硫磷超标 0.8 倍。

剧毒、高毒或禁用农药的检出情况及按照 MRL 中国国家标准衡量的超标情况见表 3-23。

表 3-23　剧毒、高毒或禁用农药的检出及超标明细

序号	农药名称	样品名称	检出频次	超标频次	最大超标倍数	超标率
1.1	三唑磷◊▲	绿茶	10	0	0	0.0%
1.2	三唑磷◊▲	黑茶	1	0	0	0.0%
1.3	三唑磷◊▲	红茶	1	0	0	0.0%
2.1	水胺硫磷◊▲	绿茶	9	3	21.252	33.3%
2.2	水胺硫磷◊▲	乌龙茶	4	2	0.82	50.0%
2.3	水胺硫磷◊▲	红茶	1	1	2.172	100.0%

续表

序号	农药名称	样品名称	检出频次	超标频次	最大超标倍数	超标率
3.1	毒死蜱▲	绿茶	24	0	0	0.0%
3.2	毒死蜱▲	黑茶	4	0	0	0.0%
3.3	毒死蜱▲	乌龙茶	4	0	0	0.0%
3.4	毒死蜱▲	红茶	3	0	0	0.0%
4.1	氟虫腈▲	绿茶	2	0	0	0.0%
4.2	氟虫腈▲	黑茶	1	0	0	0.0%
4.3	氟虫腈▲	乌龙茶	1	0	0	0.0%
5.1	乐果▲	绿茶	1	0	0	0.0%
6.1	硫丹▲	绿茶	10	0	0	0.0%
6.2	硫丹▲	乌龙茶	8	0	0	0.0%
6.3	硫丹▲	白茶	4	0	0	0.0%
6.4	硫丹▲	黑茶	4	0	0	0.0%
6.5	硫丹▲	红茶	1	0	0	0.0%
7.1	三氯杀螨醇▲	乌龙茶	15	0	0	0.0%
7.2	三氯杀螨醇▲	黑茶	5	0	0	0.0%
7.3	三氯杀螨醇▲	红茶	3	0	0	0.0%
7.4	三氯杀螨醇▲	绿茶	3	0	0	0.0%
合计			119	6		5.0%

这些剧毒和高毒农药都是中国政府早有规定禁止在茶叶中使用的，为什么还屡次被检出，应该引起警惕。

3.4.4　残留限量标准与先进国家或地区差距较大

1089 频次的检出结果与我国公布的《食品中农药最大残留限量》（GB 2763—2016）对比，有 581 频次能找到对应的 MRL 中国国家标准，占 53.4%；还有 508 频次的侦测数据无相关 MRL 标准供参考，占 46.6%。

与国际上现行 MRL 对比发现：

有 1089 频次能找到对应的 MRL 欧盟标准，占 100.0%；

有 1089 频次能找到对应的 MRL 日本标准，占 100.0%；

有 668 频次能找到对应的 MRL 中国香港标准，占 61.3%；

有 649 频次能找到对应的 MRL 美国标准，占 59.6%；

有 640 频次能找到对应的 MRL CAC 标准，占 58.8%。

由上可见，MRL 中国国家标准与先进国家或地区标准还有很大差距，我们无标准，境外有标准，这就会导致我们在国际贸易中，处于受制于人的被动地位。

3.4.5　茶叶单种样品检出 27-40 种农药残留，拷问农药使用的科学性

通过此次监测发现，绿茶、黑茶和乌龙茶是检出农药品种最多的 3 种茶叶，从中检出农药品种及频次详见表 3-24。

表 3-24　单种样品检出农药品种及频次

样品名称	样品总数	检出农药样品数	检出率	检出农药品种数	检出农药(频次)
绿茶	103	98	95.1%	40	联苯菊酯(81),炔螨特(40),氯氟氰菊酯(32),甲氰菊酯(28),醚菊酯(25),毒死蜱(24),噻嗪酮(22),虫螨腈(16),二苯胺(15),硫丹(10),三唑磷(10),仲丁威(10),哒螨灵(9),邻苯二甲酰亚胺(9),水胺硫磷(9),戊唑醇(7),百菌清(5),腐霉利(4),猛杀威(4),三唑醇(4),丙溴磷(3),除线磷(3),三氯杀螨醇(3),氟丙菊酯(2),氟虫腈(2),嘧霉胺(2),灭除威(2),烯唑醇(2),吡丙醚(1),敌稗(1),唑硫磷(1),乐果(1),螺螨酯(1),马拉硫磷(1),五氯苯(1),五氯苯甲腈(1),五氯甲氧基苯(1),西玛津(1),莠去津(1),增效醚(1)
黑茶	179	152	84.9%	29	联苯菊酯(121),炔螨特(26),西玛津(17),二苯胺(15),辛酰溴苯腈(12),猛杀威(10),邻苯二甲酰亚胺(9),二氧威(8),醚菊酯(8),虫螨腈(7),仲丁威(7),腐霉利(6),三氯杀螨醇(5),毒死蜱(4),硫丹(4),丙溴磷(2),灭除威(2),异丙隆(1),异丙威(2),o,p'-滴滴伊(1),氟虫腈(1),甲氰菊酯(1),氯氟氰菊酯(1),嘧霉胺(1),三唑磷(1),五氯苯(1),五氯苯胺(1),戊唑醇(1),增效醚(1)
乌龙茶	100	96	96.0%	27	联苯菊酯(86),炔螨特(42),甲氰菊酯(26),三氯杀螨醇(15),氯氟氰菊酯(11),醚菊酯(11),噻嗪酮(10),虫螨腈(8),硫丹(8),氟丙菊酯(7),哒螨灵(5),二苯胺(5),毒死蜱(4),水胺硫磷(4),猛杀威(3),仲丁威(3),邻苯二甲酰亚胺(2),氯菊酯(2),五氯苯(2),苯胺灵(1),吡螨胺(1),氟虫腈(1),绿麦隆(1),萘乙酸(1),戊唑醇(1),西玛通(1),抑芽唑(1)

上述 3 种茶叶，检出农药 27~40 种，是多种农药综合防治，还是未严格实施农业良好管理规范(GAP)，抑或根本就是乱施药，值得我们思考。

第4章 GC-Q-TOF/MS 侦测广州市市售茶叶农药残留膳食暴露风险与预警风险评估

4.1 农药残留风险评估方法

4.1.1 广州市农药残留侦测数据分析与统计

庞国芳院士科研团队建立的农药残留高通量侦测技术以高分辨精确质量数($0.0001\ m/z$ 为基准)为识别标准,采用 GC-Q-TOF/MS 技术对 684 种农药化学污染物进行侦测。

科研团队于 2018 年 12 月至 2019 年 1 月期间在广州市 11 个采样点,随机采集了 453 例茶叶样品,具体位置如图 4-1 所示。

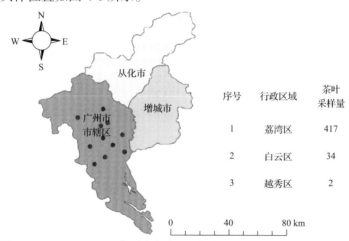

序号	行政区域	茶叶采样量
1	荔湾区	417
2	白云区	34
3	越秀区	2

图 4-1 GC-Q-TOF/MS 侦测广州市 11 个采样点 453 例样品分布示意图

利用 GC-Q-TOF/MS 技术对 453 例样品中的农药进行侦测,侦测出残留农药 57 种,1089 频次。侦测出农药残留水平如表 4-1 和图 4-2 所示。检出频次最高的前 10 种农药如表 4-2 所示。从检测结果中可以看出,在茶叶中农药残留普遍存在,且有些茶叶存在高浓度的农药残留,这些可能存在膳食暴露风险,对人体健康产生危害,因此,为了定量地评价茶叶中农药残留的风险程度,有必要对其进行风险评价。

表 4-1 侦测出农药的不同残留水平及其所占比例列表

残留水平(μg/kg)	检出频次	占比(%)
1~5(含)	78	7.20
5~10(含)	177	16.30
10~100(含)	619	56.80
100~1000(含)	209	19.20
>1000	6	0.60
合计	1089	100.10

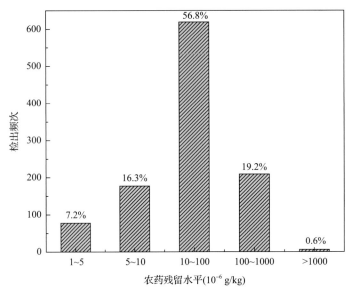

图 4-2　残留农药检出浓度频数分布图

表 4-2　检出频次最高的前 10 种农药列表

序号	农药	检出频次
1	联苯菊酯	321
2	炔螨特	145
3	醚菊酯	72
4	甲氰菊酯	57
5	氟氯氢菊酯	47
6	二苯胺	39
7	虫螨腈	37
8	毒死蜱	35
9	噻嗪酮	35
10	猛杀威	29

4.1.2　农药残留风险评价模型

对广州市茶叶中农药残留分别开展暴露风险评估和预警风险评估。膳食暴露风险评估利用食品安全指数模型对茶叶中的残留农药对人体可能产生的危害程度进行评价，该模型结合残留监测和膳食暴露评估评价化学污染物的危害；预警风险评价模型运用风险系数(risk index，R)，风险系数综合考虑了危害物的超标率、施检频率及其本身敏感性的影响，能直观而全面地反映出危害物在一段时间内的风险程度。

4.1.2.1　食品安全指数模型

为了加强食品安全管理，《中华人民共和国食品安全法》第二章第十七条规定"国家建立食品安全风险评估制度，运用科学方法，根据食品安全风险监测信息、科学数据以及有关信息，对食品、食品添加剂、食品相关产品中生物性、化学性和物理性危害因素进行风险评估"[1]，膳食暴露评估是食品危险度评估的重要组成部分，也是膳食安全性的衡量标准[2]。国际上最早研究膳食暴露风险评估的机构主要是 JMPR（FAO、WHO 农药残留联合会议），该组织自 1995 年就已制定了急性毒性物质的风险评估急性毒性农药残留摄入量的预测。1960 年美国规定食品中不得加入致癌物质进而提出零阈值理论，渐渐零阈值理论发展成在一定概率条件下可接受风险的概念[3]，后衍变为食品中每日允许最大摄入量（ADI），而国际食品农药残留法典委员会（CCPR）认为 ADI 不是独立风险评估的唯一标准[4]，1995 年 JMPR 开始研究农药急性膳食暴露风险评估，并对食品国际短期摄入量的计算方法进行了修正，亦对膳食暴露评估准则及评估方法进行了修正[5]，2002年，在对世界上现行的食品安全评价方法，尤其是国际公认的 CAC 评价方法、全球环境监测系统/食品污染监测和评估规划（WHO GEMS/Food）及 FAO、WHO 食品添加剂联合专家委员会（JECFA）和 JMPR 对食品安全风险评估工作研究的基础之上，检验检疫食品安全管理的研究人员提出了结合残留监控和膳食暴露评估，以食品安全指数 IFS 计算食品中各种化学污染物对消费者的健康危害程度[6]。IFS 是表示食品安全状态的新方法，可有效地评价某种农药的安全性，进而评价食品中各种农药化学污染物对消费者健康的整体危害程度[7, 8]。从理论上分析，IFS_c 可指出食品中的污染物 c 对消费者健康是否存在危害及危害的程度[9]。其优点在于操作简单且结果容易被接受和理解，不需要大量的数据来对结果进行验证，使用默认的标准假设或者模型即可[10, 11]。

1）IFS_c 的计算

IFS_c 计算公式如下：

$$IFS_c = \frac{EDI_c \times f}{SI_c \times bw} \tag{4-1}$$

式中，c 为所研究的农药；EDI_c 为农药 c 的实际日摄入量估算值，等于 $\Sigma(R_i \times F_i \times E_i \times P_i)$（i 为食品种类；$R_i$ 为食品 i 中农药 c 的残留水平，mg/kg；F_i 为食品 i 的估计日消费量，g/（人·天）；E_i 为食品 i 的可食用部分因子；P_i 为食品 i 的加工处理因子）；SI_c 为安全摄入量，可采用每日允许最大摄入量 ADI；bw 为人平均体重，kg；f 为校正因子，如果安全摄入量采用 ADI，则 f 取 1。

$IFS_c \ll 1$，农药 c 对食品安全没有影响；$IFS_c \leqslant 1$，农药 c 对食品安全的影响可以接受；$IFS_c > 1$，农药 c 对食品安全的影响不可接受。

本次评价中：

$IFS_c \leqslant 0.1$，农药 c 对茶叶安全没有影响；

$0.1 < IFS_c \leqslant 1$，农药 c 对茶叶安全的影响可以接受；

$IFS_c > 1$，农药 c 对茶叶安全的影响不可接受。

本次评价中残留水平 R_i 取值为中国检验检疫科学研究院庞国芳院士课题组利用以高分辨精确质量数（0.0001 m/z）为基准的 GC-Q-TOF/MS 侦测技术于 2018 年 12 月至 2019 年 1 月期间对广州市茶叶农药残留的侦测结果，估计日消费量 F_i 取值 0.0047 kg/（人·天），

$E_i=1$，$P_i=1$，$f=1$，SI_c 采用《食品安全国家标准　食品中农药最大残留限量》(GB 2763—2016)中 ADI 值(具体数值见表 4-3)，人平均体重(bw)取值 60 kg。

表 4-3　广州市茶叶中侦测出农药的 ADI 值

序号	农药	ADI	序号	农药	ADI	序号	农药	ADI
1	联苯菊酯	0.01	20	氯菊酯	0.03	39	萘乙酸	0.15
2	炔螨特	0.01	21	戊唑醇	0.05	40	马拉硫磷	0.3
3	水胺硫磷	0.003	22	腐霉利	0.1	41	敌稗	0.2
4	噻嗪酮	0.009	23	三唑醇	0.03	42	o,p'-滴滴伊	—
5	氟虫腈	0.0002	24	二苯胺	0.08	43	二氧威	—
6	甲氰菊酯	0.03	25	灭蚁灵	0.0002	44	五氯甲氧基苯	—
7	三氯杀螨醇	0.002	26	百菌清	0.02	45	五氯苯	—
8	三唑磷	0.001	27	螺螨酯	0.01	46	五氯苯甲腈	—
9	硫丹	0.006	28	烯唑醇	0.005	47	五氯苯胺	—
10	辛酰溴苯腈	0.015	29	乐果	0.002	48	吡螨胺	—
11	哒螨灵	0.01	30	异丙威	0.002	49	呋菌胺	—
12	毒死蜱	0.01	31	丙溴磷	0.03	50	抑芽唑	—
13	虫螨腈	0.03	32	氟吡菌酰胺	0.01	51	氟丙菊酯	—
14	喹硫磷	0.0005	33	绿麦隆	0.04	52	灭除威	—
15	氯氟氰菊酯	0.02	34	嘧霉胺	0.2	53	猛杀威	—
16	莠去津	0.02	35	戊菌唑	0.03	54	苯胺灵	—
17	仲丁威	0.06	36	异丙隆	0.015	55	西玛通	—
18	西玛津	0.018	37	吡丙醚	0.1	56	邻苯二甲酰亚胺	—
19	醚菊酯	0.03	38	增效醚	0.2	57	除线磷	—

注："—"表示为国家标准中无 ADI 值规定；ADI 值单位为 mg/kg bw

2)计算 IFS_c 的平均值 $\overline{IFS}$，评价农药对食品安全的影响程度

以 $\overline{IFS}$ 评价各种农药对人体健康危害的总程度，评价模型见公式(4-2)。

$$\overline{IFS} = \frac{\sum_{i=1}^{n} IFS_c}{n} \tag{4-2}$$

$\overline{IFS} \ll 1$，所研究消费者人群的食品安全状态很好；$\overline{IFS} \leqslant 1$，所研究消费者人群的食品安全状态可以接受；$\overline{IFS} > 1$，所研究消费者人群的食品安全状态不可接受。

本次评价中：

$\overline{IFS} \leqslant 0.1$，所研究消费者人群的茶叶安全状态很好；

$0.1 < \overline{IFS} \leqslant 1$，所研究消费者人群的茶叶安全状态可以接受；

$\overline{\text{IFS}}>1$，所研究消费者人群的茶叶安全状态不可接受。

4.1.2.2　预警风险评估模型

2003 年，我国检验检疫食品安全管理的研究人员根据 WTO 的有关原则和我国的具体规定，结合危害物本身的敏感性、风险程度及其相应的施检频率，首次提出了食品中危害物风险系数 R 的概念[12]。R 是衡量一个危害物的风险程度大小最直观的参数，即在一定时期内其超标率或阳性检出率的高低，但受其施检频率的高低及其本身的敏感性(受关注程度)影响。该模型综合考察了农药在茶叶中的超标率、施检频率及其本身敏感性，能直观而全面地反映出农药在一段时间内的风险程度[13]。

1) R 计算方法

危害物的风险系数综合考虑了危害物的超标率或阳性检出率、施检频率和其本身的敏感性影响，并能直观而全面地反映出危害物在一段时间内的风险程度。风险系数 R 的计算公式如式(4-3)：

$$R = aP + \frac{b}{F} + S \tag{4-3}$$

式中，P 为该种危害物的超标率；F 为危害物的施检频率；S 为危害物的敏感因子；a,b 分别为相应的权重系数。

本次评价中 $F=1$；$S=1$；$a=100$；$b=0.1$，对参数 P 进行计算，计算时首先判断是否为禁用农药，如果为非禁用农药，P=超标的样品数(侦测出的含量高于食品最大残留限量标准值，即 MRL)除以总样品数(包括超标、不超标、未侦测出)；如果为禁用农药，则侦测出即为超标，P=能侦测出的样品数除以总样品数。判断广州市茶叶农药残留是否超标的标准限值 MRL 分别以 MRL 中国国家标准[14]和 MRL 欧盟标准作为对照，具体值列于本报告附表一中。

2) 评价风险程度

$R \leqslant 1.5$，受检农药处于低度风险；

$1.5 < R \leqslant 2.5$，受检农药处于中度风险；

$R > 2.5$，受检农药处于高度风险。

4.1.2.3　食品膳食暴露风险和预警风险评估应用程序的开发

1) 应用程序开发的步骤

为成功开发膳食暴露风险和预警风险评估应用程序，与软件工程师多次沟通讨论，逐步提出并描述清楚计算需求，开发了初步应用程序。为明确出不同茶叶、不同农药、不同地域和不同季节的风险水平，向软件工程师提出不同的计算需求，软件工程师对计算需求进行逐一分析，经过反复的细节沟通，需求分析得到明确后，开始进行解决方案的设计，在保证需求的完整性、一致性的前提下，编写出程序代码，最后设计出满足需求的风险评估专用计算软件，并通过一系列的软件测试和改进，完成专用程序的开发。

软件开发基本步骤见图 4-3。

图 4-3　专用程序开发总体步骤

2) 膳食暴露风险评估专业程序开发的基本要求

首先直接利用公式(4-1)，分别计算 LC-Q-TOF/MS 和 GC-Q-TOF/MS 仪器侦测出的各茶叶样品中每种农药 IFS_c，将结果列出。为考察超标农药和禁用农药的使用安全性，分别以我国《食品安全国家标准　食品中农药最大残留限量》(GB 2763—2016)和欧盟食品中农药最大残留限量(以下简称 MRL 中国国家标准和 MRL 欧盟标准)为标准，对侦测出的禁用农药和超标的非禁用农药 IFS_c 单独进行评价；按 IFS_c 大小列表，并找出 IFS_c 值排名前 20 的样本重点关注。

对不同茶叶 i 中每一种侦测出的农药 c 的安全指数进行计算，多个样品时求平均值。若监测数据为该市多个月的数据，则逐月、逐季度分别列出每个月、每个季度内每一种茶叶 i 对应的每一种农药 c 的 IFS_c。

按农药种类，计算整个监测时间段内每种农药的 IFS_c，不区分茶叶。若检测数据为该市多个月的数据，则需分别计算每个月、每个季度内每种农药的 IFS_c。

3) 预警风险评估专业程序开发的基本要求

分别以 MRL 中国国家标准和 MRL 欧盟标准，按公式(4-3)逐个计算不同茶叶、不同农药的风险系数，禁用农药和非禁用农药分别列表。

为清楚了解各种农药的预警风险，不分时间，不分茶叶，按禁用农药和非禁用农药分类，分别计算各种侦测出农药全部检测时段内风险系数。由于有 MRL 中国国家标准的农药种类太少，无法计算超标数，非禁用农药的风险系数只以 MRL 欧盟标准为标准，进行计算。若检测数据为多个月的，则按月计算每个月、每个季度内每种禁用农药残留的风险系数和以 MRL 欧盟标准为标准的非禁用农药残留的风险系数。

4) 风险程度评价专业应用程序的开发方法

采用 Python 计算机程序设计语言，Python 是一个高层次地结合了解释性、编译性、互动性和面向对象的脚本语言。风险评价专用程序主要功能包括：分别读入每例样品 LC-Q-TOF/MS 和 GC-Q-TOF/MS 农药残留检测数据，根据风险评价工作要求，依次对不同农药、不同食品、不同时间、不同采样点的 IFS_c 值和 R 值分别进行数据计算，筛选出禁用农药、超标农药(分别与 MRL 中国国家标准、MRL 欧盟标准限值进行对比)单独重点分析，再分别对各农药、各茶叶种类分类处理，设计出计算和排序程序，编写计算机代码，最后将生成的膳食暴露风险评估和超标风险评估定量计算结果列入设计好的各个表格中，并定性判断风险对目标的影响程度，直接用文字描述风险发生的高低，如"不可接受"、"可以接受"、"没有影响"、"高度风险"、"中度风险"、"低度风险"。

4.2　GC-Q-TOF/MS 侦测广州市市售茶叶农药残留膳食暴露风险评估

4.2.1　每例茶叶样品中农药残留安全指数分析

基于 2018 年 12 月至 2019 年 1 月的农药残留侦测数据，发现在 453 例样品中侦测出农药 1089 频次，计算样品中每种残留农药的安全指数 IFS_c，并分析农药对样品安全的影响程度，结果详见附表二，农药残留对茶叶样品安全的影响程度频次分布情况如图 4-4 所示。

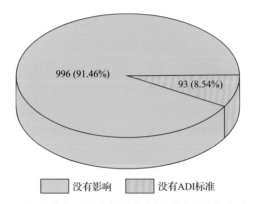

图 4-4　农药残留对茶叶样品安全的影响程度频次分布图

由图 4-4 可以看出，农药残留对样品安全的没有影响的频次为 996，占 91.46%。

部分样品侦测出禁用农药 7 种 119 频次，为了明确残留的禁用农药对样品安全的影响，分析侦测出禁用农药残留的样品安全指数，禁用农药残留对茶叶样品安全的影响程度频次分布情况如图 4-5 所示，农药残留对样品安全没有影响的频次为 119，占 100%。

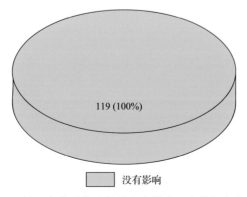

图 4-5　禁用农药对茶叶样品安全影响程度的频次分布图

此外，本次侦测发现部分样品中非禁用农药残留量超过了 MRL 欧盟标准，为了明确超标的非禁用农药对样品安全的影响，分析了非禁用农药残留超标的样品安全指数。

残留量超过 MRL 欧盟标准的非禁用农药对茶叶样品安全的影响程度频次分布情况如图 4-6 所示。可以看出超过 MRL 欧盟标准的非禁用农药共 148 频次，其中农药没有ADI 的频次为 35，占 23.65%；农药残留对样品安全没有影响的频次为 113，占 76.35%。表 4-4 为茶叶样品中安全指数排名前 10 的残留超标非禁用农药列表。

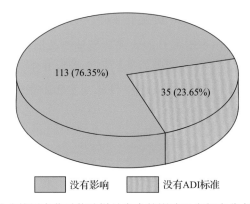

图 4-6　残留超标的非禁用农药对茶叶样品安全的影响程度频次分布图(MRL 欧盟标准)

表 4-4　茶叶样品中安全指数排名前 10 的残留超标非禁用农药列表(MRL 欧盟标准)

序号	样品编号	采样点	基质	农药	含量(mg/kg)	欧盟标准	IFS$_c$	影响程度
1	20190104-440100-FJCIQ-GT-04H	启秀茶城(***店)	绿茶	噻嗪酮	0.9324	0.05	8.12×10^{-3}	没有影响
2	20190105-440100-FJCIQ-GT-03E	***茶行	绿茶	噻嗪酮	0.773	0.05	6.73×10^{-3}	没有影响
3	20190104-440100-FJCIQ-DT-10L	启秀茶城(***店)	黑茶	辛酰溴苯腈	0.9091	0.01	4.75×10^{-3}	没有影响
4	20190104-440100-FJCIQ-DT-16K	启秀茶城(***店)	黑茶	辛酰溴苯腈	0.5912	0.01	3.09×10^{-3}	没有影响
5	20190104-440100-FJCIQ-DT-10F	启秀茶城(***店)	黑茶	辛酰溴苯腈	0.5363	0.01	2.80×10^{-3}	没有影响
6	20190104-440100-FJCIQ-DT-15E	启秀茶城(***店)	黑茶	辛酰溴苯腈	0.4921	0.01	2.57×10^{-3}	没有影响
7	20190104-440100-FJCIQ-DT-10J	启秀茶城(***店)	黑茶	辛酰溴苯腈	0.4655	0.01	2.43×10^{-3}	没有影响
8	20190105-440100-FJCIQ-GT-06M	***超市(三元里店)	绿茶	噻嗪酮	0.2741	0.05	2.39×10^{-3}	没有影响
9	20190105-440100-FJCIQ-OT-03T	***茶行	乌龙茶	噻嗪酮	0.2693	0.05	2.34×10^{-3}	没有影响
10	20190104-440100-FJCIQ-GT-04N	启秀茶城(***店)	绿茶	莠去津	0.5741	0.1	2.25×10^{-3}	没有影响

4.2.2　单种茶叶中农药残留安全指数分析

本次 5 种茶叶侦测 57 种农药，检出频次为 1089 次，其中 16 种农药没有 ADI，41

种农药存在 ADI 标准。5 种茶叶按不同种类分别计算侦测出的具有 ADI 标准的各种农药的 IFS$_c$ 值，农药残留对茶叶的安全指数分布图如图 4-7 所示。

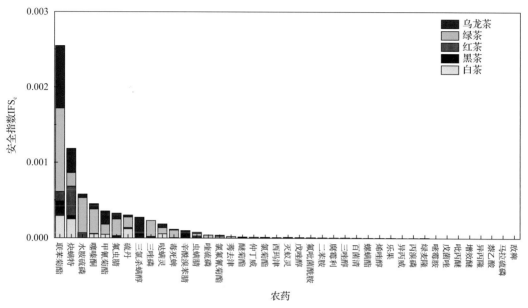

图 4-7　5 种茶叶中 41 种残留农药的安全指数分布图

本次侦测中，5 种茶叶和 57 种残留农药(包括没有 ADI)共涉及 126 个分析样本，农药对单种茶叶安全的影响程度分布情况如图 4-8 所示。可以看出，76.19%的样本中农药对茶叶安全没有影响。

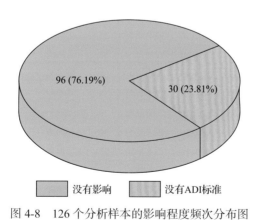

图 4-8　126 个分析样本的影响程度频次分布图

4.2.3　所有茶叶中农药残留安全指数分析

计算所有茶叶中 41 种农药的 IFS$_c$ 值，结果如图 4-9 及表 4-5 所示。

分析发现，所有农药的 IFS$_c$ 均小于 1，即所有农药对茶叶安全的影响程度均为没有影响，说明茶叶中残留的农药不会对茶叶安全造成影响。

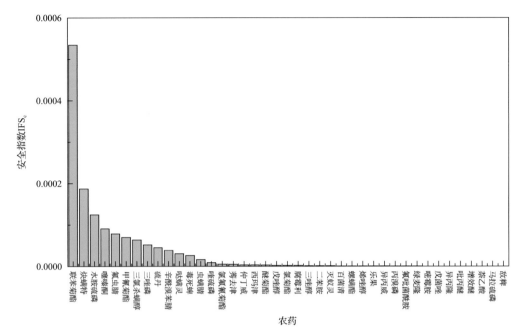

图 4-9　41 种残留农药对茶叶的安全影响程度统计图

表 4-5　茶叶中 41 种农药残留的安全指数表

序号	农药	检出频次	检出率(%)	IFS$_c$	影响程度	序号	农药	检出频次	检出率(%)	IFS$_c$	影响程度
1	联苯菊酯	321	70.86	5.34×10^{-4}	没有影响	22	腐霉利	10	2.21	2.19×10^{-6}	没有影响
2	炔螨特	145	32.01	1.87×10^{-4}	没有影响	23	三唑醇	4	0.88	1.51×10^{-6}	没有影响
3	水胺硫磷	14	3.09	1.25×10^{-4}	没有影响	24	二苯胺	39	8.61	1.38×10^{-6}	没有影响
4	噻嗪酮	35	7.73	9.10×10^{-5}	没有影响	25	灭蚁灵	1	0.22	1.30×10^{-6}	没有影响
5	氟虫腈	4	0.88	7.89×10^{-5}	没有影响	26	百菌清	5	1.10	8.06×10^{-7}	没有影响
6	甲氰菊酯	57	12.58	7.03×10^{-5}	没有影响	27	螺螨酯	1	0.22	7.35×10^{-7}	没有影响
7	三氯杀螨醇	26	5.74	6.42×10^{-5}	没有影响	28	烯唑醇	2	0.44	7.26×10^{-7}	没有影响
8	三唑磷	12	2.65	5.23×10^{-5}	没有影响	29	乐果	1	0.22	7.09×10^{-7}	没有影响
9	硫丹	27	5.96	4.56×10^{-5}	没有影响	30	异丙威	2	0.44	6.23×10^{-7}	没有影响
10	辛酰溴苯腈	12	2.65	3.90×10^{-5}	没有影响	31	丙溴磷	5	1.10	3.27×10^{-7}	没有影响
11	哒螨灵	15	3.31	3.04×10^{-5}	没有影响	32	氟吡菌酰胺	1	0.22	2.25×10^{-7}	没有影响
12	毒死蜱	35	7.73	2.62×10^{-5}	没有影响	33	绿麦隆	1	0.22	1.77×10^{-7}	没有影响
13	虫螨腈	37	8.17	1.64×10^{-5}	没有影响	34	嘧霉胺	3	0.66	1.41×10^{-7}	没有影响
14	喹硫磷	1	0.22	9.03×10^{-6}	没有影响	35	戊菌唑	2	0.44	4.15×10^{-8}	没有影响
15	氯氟氰菊酯	47	10.38	5.34×10^{-6}	没有影响	36	异丙隆	2	0.44	3.34×10^{-8}	没有影响
16	莠去津	1	0.22	4.97×10^{-6}	没有影响	37	吡丙醚	1	0.22	3.18×10^{-8}	没有影响
17	仲丁威	20	4.42	3.57×10^{-6}	没有影响	38	增效醚	2	0.44	2.64×10^{-8}	没有影响
18	西玛津	19	4.19	3.43×10^{-6}	没有影响	39	萘乙酸	1	0.22	1.18×10^{-8}	没有影响
19	醚菊酯	72	15.89	3.08×10^{-6}	没有影响	40	马拉硫磷	1	0.22	8.99×10^{-9}	没有影响
20	戊唑醇	9	1.99	2.25×10^{-6}	没有影响	41	敌稗	1	0.22	6.74×10^{-9}	没有影响
21	氯菊酯	2	0.44	2.25×10^{-6}	没有影响						

4.3　GC-Q-TOF/MS 侦测广州市市售茶叶
农药残留预警风险评估

基于广州市茶叶样品中农药残留 GC-Q-TOF/MS 侦测数据,分析禁用农药的检出率,同时参照中华人民共和国国家标准 GB 2763—2016 和欧盟农药最大残留限量(MRL)标准分析非禁用农药残留的超标率,并计算农药残留风险系数。分析单种茶叶中农药残留以及所有茶叶中农药残留的风险程度。

4.3.1　单种茶叶中农药残留风险系数分析

4.3.1.1　单种茶叶中禁用农药残留风险系数分析

侦测出的 57 种残留农药中有 7 种为禁用农药,且它们分布在 5 种茶叶中,计算 5 种茶叶中禁用农药的检出率,根据检出率计算风险系数 R,进而分析茶叶中禁用农药的风险程度,结果如图 4-10 与表 4-6 所示。分析发现 7 种禁用农药在 5 种茶叶中的残留数据中有 4 处为中度风险,其余均为高度风险。

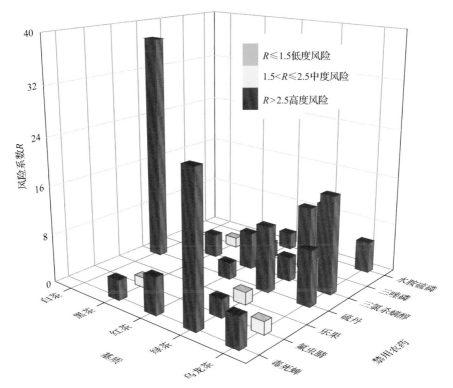

图 4-10　5 种茶叶中 7 种禁用农药的风险系数分布图

表 4-6　5 种茶叶中 7 种禁用农药的风险系数列表

序号	基质	农药	检出频次	检出率(%)	风险系数 R	风险程度
1	白茶	硫丹	4	36.36	37.46	高度风险
2	绿茶	毒死蜱	24	23.3	24.4	高度风险
3	乌龙茶	三氯杀螨醇	15	15	16.1	高度风险
4	绿茶	三唑磷	10	9.71	10.81	高度风险
5	绿茶	硫丹	10	9.71	10.81	高度风险
6	绿茶	水胺硫磷	9	8.74	9.84	高度风险
7	乌龙茶	硫丹	8	8	9.1	高度风险
8	红茶	三氯杀螨醇	3	5	6.1	高度风险
9	红茶	毒死蜱	3	5	6.1	高度风险
10	乌龙茶	毒死蜱	4	4	5.1	高度风险
11	乌龙茶	水胺硫磷	4	4	5.1	高度风险
12	绿茶	三氯杀螨醇	3	2.91	4.01	高度风险
13	黑茶	三氯杀螨醇	5	2.79	3.89	高度风险
14	黑茶	毒死蜱	4	2.23	3.33	高度风险
15	黑茶	硫丹	4	2.23	3.33	高度风险
16	绿茶	氟虫腈	2	1.94	3.04	高度风险
17	红茶	三唑磷	1	1.67	2.77	高度风险
18	红茶	水胺硫磷	1	1.67	2.77	高度风险
19	红茶	硫丹	1	1.67	2.77	高度风险
20	乌龙茶	氟虫腈	1	1	2.1	中度风险
21	绿茶	乐果	1	0.97	2.07	中度风险
22	黑茶	三唑磷	1	0.56	1.66	中度风险
23	黑茶	氟虫腈	1	0.56	1.66	中度风险

4.3.1.2　基于 MRL 中国国家标准的单种茶叶中非禁用农药残留风险系数分析

参照中华人民共和国国家标准 GB 2763—2016 中农药残留限量计算每种茶叶中每种非禁用农药的超标率,进而计算其风险系数,根据风险系数大小判断残留农药的预警风险程度,茶叶中非禁用农药残留风险程度分布情况如图 4-11 所示。

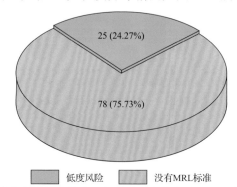

图 4-11　茶叶中非禁用农药残留的风险程度分布图(MRL 中国国家标准)

　　本次分析中，发现在 5 种茶叶检出 57 种残留非禁用农药，涉及样本 103 个，在 103 个样本中，24.27%处于低度风险，此外发现有 78 个样本没有 MRL 中国国家标准值，无法判断其风险程度，有 MRL 中国国家标准值的 25 个样本涉及 5 种茶叶中的 7 种非禁用农药，其风险系数 R 值如图 4-12 所示。

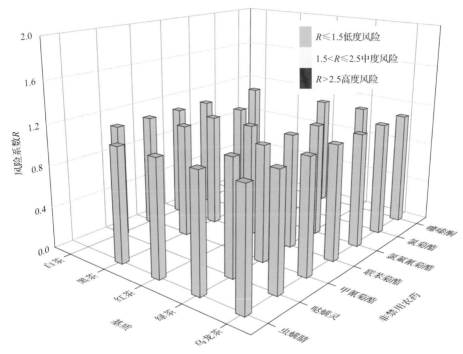

图 4-12　5 种茶叶中 7 种非禁用农药的风险系数分布图（MRL 中国国家标准）

4.3.1.3　基于 MRL 欧盟标准的单种茶叶中非禁用农药残留风险系数分析

　　参照 MRL 欧盟标准计算每种茶叶中每种非禁用农药的超标率，进而计算其风险系数，根据风险系数大小判断农药残留的预警风险程度，茶叶中非禁用农药残留风险程度分布情况如图 4-13 所示。

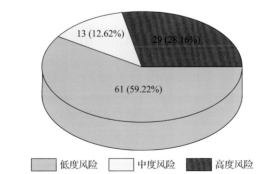

图 4-13　茶叶中非禁用农药残留的风险程度分布图（MRL 欧盟标准）

　　本次分析中，发现在 5 种茶叶中共侦测出 50 种非禁用农药，涉及样本 103 个，其中，28.16%处于高度风险，涉及 5 种茶叶和 14 种农药；12.62%处于中度风险，涉及 3

中国市售茶叶农药残留报告 2019（华南卷）

种茶叶和 9 种农药；59.22%处于低度风险，涉及 5 种茶叶和 37 种农药。单种茶叶中的非禁用农药风险系数分布图如图 4-14 所示。单种茶叶中处于高度风险的非禁用农药风险系数如图 4-15 和表 4-7 所示。

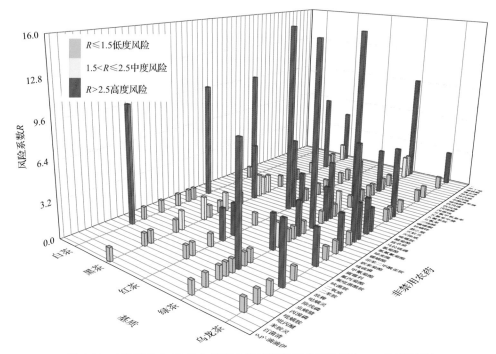

图 4-14　5 种茶叶中 50 种非禁用农药残留的风险系数图（MRL 欧盟标准）

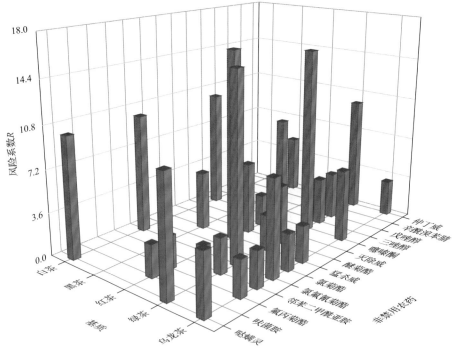

图 4-15　单种茶叶中处于高度风险的非禁用农药的风险系数图（MRL 欧盟标准）

表 4-7　单种茶叶中处于高度风险的非禁用农药残留的风险系数表（MRL 欧盟标准）

序号	基质	农药	超标频次	超标率 $P(\%)$	风险系数 R
1	红茶	猛杀威	9	15.00	16.10
2	绿茶	噻嗪酮	15	14.56	15.66
3	绿茶	氯氟氰菊酯	15	14.56	15.66
4	白茶	哒螨灵	1	9.09	10.19
5	白茶	噻嗪酮	1	9.09	10.19
6	白茶	氯氟氰菊酯	1	9.09	10.19
7	绿茶	仲丁威	9	8.74	9.84
8	绿茶	哒螨灵	9	8.74	9.84
9	乌龙茶	氯氟氰菊酯	7	7.00	8.10
10	黑茶	辛酰溴苯腈	11	6.15	7.25
11	乌龙茶	噻嗪酮	5	5.00	6.10
12	红茶	醚菊酯	3	5.00	6.10
13	乌龙茶	哒螨灵	4	4.00	5.10
14	黑茶	仲丁威	7	3.91	5.01
15	黑茶	猛杀威	7	3.91	5.01
16	绿茶	醚菊酯	4	3.88	4.98
17	绿茶	三唑醇	3	2.91	4.01
18	绿茶	戊唑醇	3	2.91	4.01
19	乌龙茶	仲丁威	2	2.00	3.10
20	乌龙茶	氟丙菊酯	2	2.00	3.10
21	乌龙茶	氯菊酯	2	2.00	3.10
22	乌龙茶	猛杀威	2	2.00	3.10
23	乌龙茶	邻苯二甲酰亚胺	2	2.00	3.10
24	绿茶	氟丙菊酯	2	1.94	3.04
25	绿茶	猛杀威	2	1.94	3.04
26	绿茶	邻苯二甲酰亚胺	2	1.94	3.04
27	红茶	呋菌胺	1	1.67	2.77
28	红茶	氟丙菊酯	1	1.67	2.77
29	红茶	灭除威	1	1.67	2.77

4.3.2　所有茶叶中农药残留风险系数分析

4.3.2.1　所有茶叶中禁用农药残留风险系数分析

在侦测出的 57 种农药中有 7 种为禁用农药，计算所有茶叶中禁用农药的风险系数，结果如表 4-8 所示。禁用农药毒死蜱、硫丹、三氯杀螨醇、水胺硫磷和三唑磷均处于高度风险，氟虫腈禁用农药处于中度风险，剩余 1 种禁用农药乐果处于低度风险。

表 4-8　茶叶中 7 种禁用农药的风险系数表

序号	农药	检出频次	检出率(%)	风险系数 R	风险程度
1	毒死蜱	35	7.73	8.83	高度风险
2	硫丹	27	5.96	7.06	高度风险
3	三氯杀螨醇	26	5.74	6.84	高度风险
4	水胺硫磷	14	3.09	4.19	高度风险
5	三唑磷	12	2.65	3.75	高度风险
6	氟虫腈	4	0.88	1.98	中度风险
7	乐果	1	0.22	1.32	低度风险

4.3.2.2　所有茶叶中非禁用农药残留风险系数分析

参照 MRL 欧盟标准计算所有茶叶中每种非禁用农药残留的风险系数，如图 4-16 与表 4-9 所示。在侦测出的 50 种非禁用农药中，7 种农药(14%)残留处于高度风险，8 种农药(16%)残留处于中度风险，35 种农药(70%)残留处于低度风险。

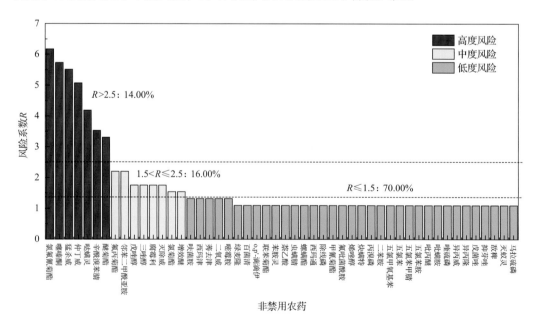

图 4-16　茶叶中 50 种非禁用农药的风险程度统计图

表 4-9　茶叶中 50 种非禁用农药的风险系数表

序号	农药	超标频次	超标率 P(%)	风险系数 R	风险程度
1	氯氟氰菊酯	23	5.08	6.18	高度风险
2	噻嗪酮	21	4.64	5.74	高度风险
3	猛杀威	20	4.42	5.52	高度风险
4	仲丁威	18	3.97	5.07	高度风险
5	哒螨灵	14	3.09	4.19	高度风险
6	辛酰溴苯腈	11	2.43	3.53	高度风险
7	醚菊酯	10	2.21	3.31	高度风险
8	氟丙菊酯	5	1.10	2.20	中度风险
9	邻苯二甲酰亚胺	5	1.10	2.20	中度风险
10	戊唑醇	3	0.66	1.76	中度风险
11	三唑醇	3	0.66	1.76	中度风险
12	腐霉利	3	0.66	1.76	中度风险
13	灭除威	3	0.66	1.76	中度风险
14	氯菊酯	2	0.44	1.54	中度风险
15	增效醚	2	0.44	1.54	中度风险
16	呋菌胺	1	0.22	1.32	低度风险
17	西玛津	1	0.22	1.32	低度风险
18	莠去津	1	0.22	1.32	低度风险
19	二氧威	1	0.22	1.32	低度风险
20	嘧霉胺	1	0.22	1.32	低度风险
21	绿麦隆	0	0	1.10	低度风险
22	百菌清	0	0	1.10	低度风险
23	o,p'-滴滴伊	0	0	1.10	低度风险
24	联苯菊酯	0	0	1.10	低度风险
25	苯胺灵	0	0	1.10	低度风险
26	萘乙酸	0	0	1.10	低度风险
27	虫螨腈	0	0	1.10	低度风险
28	螺螨酯	0	0	1.10	低度风险
29	西玛通	0	0	1.10	低度风险
30	除线磷	0	0	1.10	低度风险
31	甲氰菊酯	0	0	1.10	低度风险
32	氟吡菌酰胺	0	0	1.10	低度风险
33	烯唑醇	0	0	1.10	低度风险

续表

序号	农药	超标频次	超标率 $P(\%)$	风险系数 R	风险程度
34	炔螨特	0	0	1.10	低度风险
35	丙溴磷	0	0	1.10	低度风险
36	二苯胺	0	0	1.10	低度风险
37	五氯甲氧基苯	0	0	1.10	低度风险
38	五氯苯	0	0	1.10	低度风险
39	五氯苯甲腈	0	0	1.10	低度风险
40	五氯苯胺	0	0	1.10	低度风险
41	吡丙醚	0	0	1.10	低度风险
42	吡螨胺	0	0	1.10	低度风险
43	喹硫磷	0	0	1.10	低度风险
44	异丙威	0	0	1.10	低度风险
45	异丙隆	0	0	1.10	低度风险
46	戊菌唑	0	0	1.10	低度风险
47	抑芽唑	0	0	1.10	低度风险
48	敌稗	0	0	1.10	低度风险
49	灭蚁灵	0	0	1.10	低度风险
50	马拉硫磷	0	0	1.10	低度风险

4.4 GC-Q-TOF/MS 侦测广州市市售茶叶农药残留风险评估结论与建议

农药残留是影响茶叶安全和质量的主要因素，也是我国食品安全领域备受关注的敏感话题和亟待解决的重大问题之一[15,16]。各种茶叶均存在不同程度的农药残留现象，本研究主要针对广州市各类茶叶存在的农药残留问题,基于 2018 年 12 月至 2019 年 1 月对广州市 453 例茶叶样品中农药残留侦测得出的 1089 个侦测结果,分别采用食品安全指数模型和风险系数模型,开展茶叶中农药残留的膳食暴露风险和预警风险评估。茶叶样品取自超市和茶叶专营店，符合大众的膳食来源，风险评价时更具有代表性和可信度。

本研究力求通用简单地反映食品安全中的主要问题，且为管理部门和大众容易接受，为政府及相关管理机构建立科学的食品安全信息发布和预警体系提供科学的规律与方法，加强对农药残留的预警和食品安全重大事件的预防，控制食品风险。

4.4.1 广州市茶叶中农药残留膳食暴露风险评价结论

1)茶叶样品中农药残留安全状态评价结论

采用食品安全指数模型，对 2018 年 12 月至 2019 年 1 月期间广州市茶叶农药残留膳食暴露风险进行评价，根据 IFS_c 的计算结果发现，茶叶中农药的 $\overline{IFS}$ 为 3.43×10^{-5}，说明广州市茶叶总体处于可以接受的安全状态，但部分禁用农药、高残留农药在茶叶中仍有侦测出，导致膳食暴露风险的存在，成为不安全因素。

2) 禁用农药膳食暴露风险评价

本次检测发现部分茶叶样品中有禁用农药侦测出，侦测出禁用农药 7 种，侦测出频次为 119，茶叶样品中的禁用农药 IFS_c 计算结果表明，禁用农药残留膳食暴露风险没有影响的频次为 119，占 100%。

4.4.2　广州市茶叶中农药残留预警风险评价结论

1) 单种茶叶中禁用农药残留的预警风险评价结论

本次检测过程中，在 5 种茶叶中检测出 7 种禁用农药，禁用农药为：毒死蜱、氟虫腈、乐果、硫丹、三氯杀螨醇、三唑磷、水胺硫磷，茶叶为：白茶、黑茶、红茶、绿茶、乌龙茶，茶叶中禁用农药的风险系数分析结果显示，7 种禁用农药在 5 种茶叶中的残留均数据中有 4 处为中度风险，其余均为高度风险，说明在单种茶叶中禁用农药的残留会导致较高的预警风险。

2) 单种茶叶中非禁用农药残留的预警风险评价结论

以 MRL 中国国家标准为标准，计算茶叶中非禁用农药风险系数情况下，103 个样本中，25 个处于低度风险(24.27%)，78 个处于没有 MRL 中国国家标准(75.73%)。以 MRL 欧盟标准为标准，计算茶叶中非禁用农药风险系数情况下，发现有 29 个处于高度风险(28.16%)，13 个处于中度风险(12.62%)，61 个处于低度风险(59.22%)。基于两种 MRL 标准，评价的结果差异显著，可以看出 MRL 欧盟标准比中国国家标准更加严格和完善，过于宽松的 MRL 中国国家标准值能否有效保障人体的健康有待研究。

4.4.3　加强广州市茶叶食品安全建议

我国食品安全风险评价体系仍不够健全，相关制度不够完善，多年来，由于农药用药次数多、用药量大或用药间隔时间短，产品残留量大，农药残留所造成的食品安全问题日益严峻，给人体健康带来了直接或间接的危害。据估计，美国与农药有关的癌症患者数约占全国癌症患者总数的 50%，中国更高。同样，农药对其他生物也会形成直接杀伤和慢性危害，植物中的农药可经过食物链逐级传递并不断蓄积，对人和动物构成潜在威胁，并影响生态系统。

基于本次农药残留侦测数据的风险评价结果，提出以下几点建议：

1) 加快食品安全标准制定步伐

我国食品标准中对农药每日允许最大摄入量 ADI 的数据严重缺乏，在本次评价所涉及的 57 种农药中，仅有 71.93% 的农药具有 ADI 值，而 28.07% 的农药中国尚未规定相应的 ADI 值，亟待完善。

我国食品中农药最大残留限量值的规定严重缺乏，对评估涉及的不同茶叶中不同农药 126 个 MRL 限值进行统计来看,我国仅制定出 37 个标准,我国标准完整率仅为 29.37%,欧盟的完整率达到 100%(表 4-10)。因此,中国更应加快 MRL 的制定步伐。

表 4-10　我国国家食品标准农药的 ADI、MRL 值与欧盟标准的数量差异

分类		中国 ADI	MRL 中国国家标准	MRL 欧盟标准
标准限值(个)	有	41	37	126
	无	16	89	0
总数(个)		57	126	126
无标准限值比例(%)		28.07	70.63	0

此外,MRL 中国国家标准限值普遍高于欧盟标准限值,这些标准中共有 19 个高于欧盟。过高的 MRL 值难以保障人体健康,建议继续加强对限值基准和标准的科学研究,将农产品中的危险性减少到尽可能低的水平。

2) 加强农药的源头控制和分类监管

在广州市某些茶叶中仍有禁用农药残留,利用 GC-Q-TOF/MS 技术侦测出 7 种禁用农药,检出频次为 119 次,残留禁用农药均存在较大的膳食暴露风险和预警风险。早已列入黑名单的禁用农药在我国并未真正退出,有些药物由于价格便宜、工艺简单,此类高毒农药一直生产和使用。建议在我国采取严格有效的控制措施,从源头控制禁用农药。

对于非禁用农药,在我国作为"田间地头"最典型单位的县级茶叶产地中,农药残留的检测几乎缺失。建议根据农药的毒性,对高毒、剧毒、中毒农药实现分类管理,减少使用高毒和剧毒高残留农药,进行分类监管。

3) 加强农药生物基准和降解技术研究

市售茶叶中残留农药的品种多、频次高、禁用农药多次检出这一现状,说明了我国的田间土壤和水体因农药长期、频繁、不合理的使用而遭到严重污染。为此,建议中国相关部门出台相关政策,鼓励高校及科研院所积极开展分子生物学、酶学等研究,加强土壤、水体中残留农药的生物修复及降解新技术研究,切实加大农药监管力度,以控制农药的面源污染问题。

综上所述,在本工作基础上,根据茶叶残留危害,可进一步针对其成因提出和采取严格管理、大力推广无公害茶叶种植与生产、健全食品安全控制技术体系、加强茶叶质量检测体系建设和积极推行茶叶质量追溯制度等相应对策。建立和完善食品安全综合评价指数与风险监测预警系统,对食品安全进行实时、全面的监控与分析,为我国的食品安全科学监管与决策提供新的技术支持,可实现各类检验数据的信息化系统管理,降低食品安全事故的发生。

海 口 市

第5章 LC-Q-TOF/MS 侦测海口市 21 例市售茶叶样品农药残留报告

从海口市所属 1 个区，随机采集了 21 例茶叶样品，使用液相色谱-四极杆飞行时间质谱(LC-Q-TOF/MS)对 825 种农药化学污染物示范侦测(7 种负离子模式 ESI⁻未涉及)。

5.1 样品种类、数量与来源

5.1.1 样品采集与检测

为了真实反映百姓日常饮用的茶叶中农药残留污染状况，本次所有检测样品均由检验人员于 2019 年 3 月期间，从海口市所属 2 个采样点，包括 1 个茶叶专营店 1 个超市，以随机购买方式采集，总计 2 批 21 例样品，从中检出农药 32 种，101 频次。采样及监测概况见表 5-1 及图 5-1，样品及采样点明细见表 5-2 及表 5-3(侦测原始数据见附表 1)。

序号	行政区域	茶叶采样量
1	龙华区	21

图 5-1 海口市所属 2 个采样点 21 例样品分布图

表 5-1 农药残留监测总体概况

采样地区	海口市所属 1 个区
采样点(茶叶专营店+超市)	2
样本总数	21
检出农药品种/频次	32/101
各采样点样本农药残留检出率范围	81.3%~100.0%

表 5-2　样品分类及数量

样品分类	样品名称(数量)	数量小计
1. 茶叶		21
1)未发酵类茶叶	绿茶(21)	21
合计	1. 茶叶 1 种	21

表 5-3　海口市采样点信息

采样点序号	行政区域	采样点
茶叶专营店(1)		
1	龙华区	***茶庄
超市(1)		
1	龙华区	***超市(新城吾悦广场店)

5.1.2　检测结果

这次使用的检测方法是庞国芳院士团队最新研发的不需使用标准品对照，而以高分辨精确质量数(0.0001 *m/z*)为基准的 LC-Q-TOF/MS 检测技术，对于 21 例样品，每个样品均侦测了 825 种农药化学污染物的残留现状。通过本次侦测，在 21 例样品中共计检出农药化学污染物 32 种，检出 101 频次。

5.1.2.1　各采样点样品检出情况

统计分析发现 2 个采样点中，被测样品的农药检出率范围为 81.3%～100.0%。其中，***茶庄的检出率最高，为 100.0%。***超市(新城吾悦广场店)的检出率最低，为 81.3%，见图 5-2。

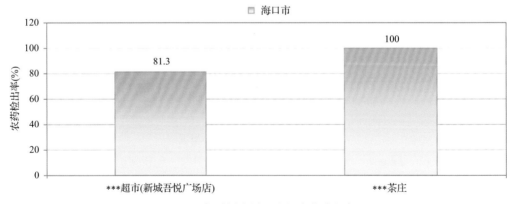

图 5-2　各采样点样品中的农药检出率

5.1.2.2　检出农药的品种总数与频次

统计分析发现，对于 21 例样品中 825 种农药化学污染物的侦测，共检出农药 101

频次，涉及农药 32 种，结果如图 5-3 所示。其中唑虫酰胺检出频次最高，共检出 15 次。检出频次排名前 10 的农药如下：①唑虫酰胺（15），②哒螨灵（11），③苯醚甲环唑（8），④噻嗪酮（8），⑤吡唑醚菌酯（6），⑥啶虫脒（6），⑦多菌灵（6），⑧三唑磷（5），⑨稻瘟灵（3），⑩喹螨醚（3）。

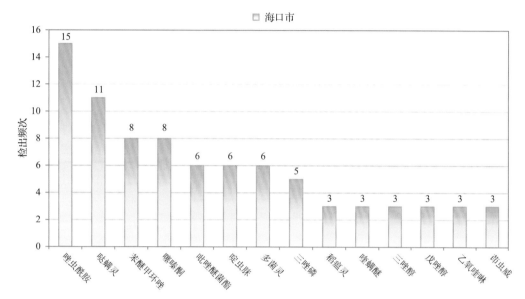

图 5-3　检出农药品种及频次（仅列出 3 频次及以上的数据）

由图 5-4 可见，绿茶这 1 种茶叶样品中检出的农药品种数较高，均超过 30 种，其中，绿茶检出农药品种最多，为 32 种。由图 5-5 可见，绿茶这 1 种茶叶样品中的农药检出频次较高，均超过 100 次，其中，绿茶检出农药频次最高，为 101 次。

5.1.2.3　单例样品农药检出种类与占比

对单例样品检出农药种类和频次进行统计发现，未检出农药的样品占总样品数的 14.3%，检出 1 种农药的样品占总样品数的 4.8%，检出 2~5 种农药的样品占总样品数的 38.1%，检出 6~10 种农药的样品占总样品数的 33.3%，检出大于 10 种农药的样品占总样品数的 9.5%。每例样品中平均检出农药为 4.8 种，数据见表 5-4 及图 5-6。

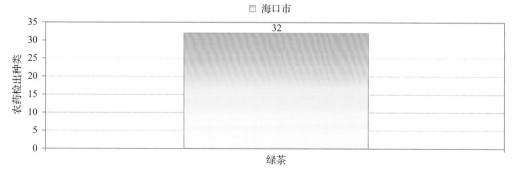

图 5-4　单种茶叶检出农药的种类数

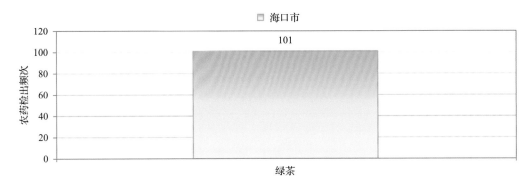

图 5-5　单种茶叶检出农药频次

表 5-4　单例样品检出农药品种占比

检出农药品种数	样品数量/占比(%)
未检出	3/14.3
1 种	1/4.8
2~5 种	8/38.1
6~10 种	7/33.3
大于 10 种	2/9.5
单例样品平均检出农药品种	4.8 种

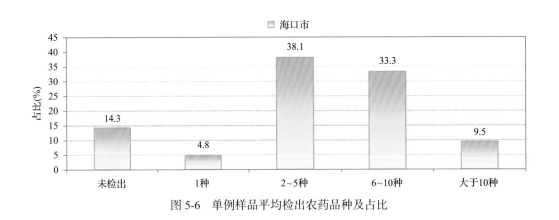

图 5-6　单例样品平均检出农药品种及占比

5.1.2.4　检出农药类别与占比

　　所有检出农药按功能分类，包括杀菌剂、杀虫剂、杀螨剂、除草剂、增效剂共 5 类。其中杀菌剂与杀虫剂为主要检出的农药类别，分别占总数的 40.6%和 34.4%，见表 5-5 及图 5-7。

表 5-5　检出农药所属类别/占比

农药类别	数量/占比(%)
杀菌剂	13/40.6
杀虫剂	11/34.4
杀螨剂	4/12.5
除草剂	3/9.4
增效剂	1/3.1

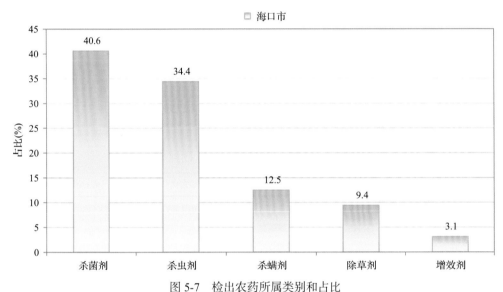

图 5-7　检出农药所属类别和占比

5.1.2.5　检出农药的残留水平

按检出农药残留水平进行统计,残留水平在 1~5 μg/kg(含)的农药占总数的 64.4%,在 5~10 μg/kg(含)的农药占总数的 12.9%,在 10~100 μg/kg(含)的农药占总数的 15.8%,在 100~1000 μg/kg 的农药占总数的 6.9%。

由此可见,这次检测的 2 批 21 例茶叶样品中农药多数处于较低残留水平。结果见表 5-6 及图 5-8,数据见附表 2。

表 5-6　农药残留水平/占比

残留水平(μg/kg)	检出频次数/占比(%)
1~5(含)	65/64.4
5~10(含)	13/12.9
10~100(含)	16/15.8
100~1000	7/6.9

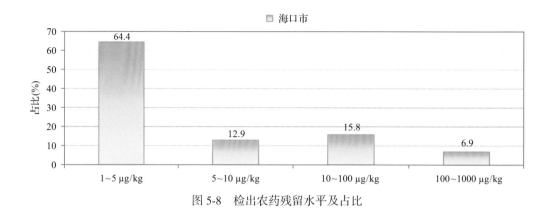

图 5-8　检出农药残留水平及占比

5.1.2.6　检出农药的毒性类别、检出频次和超标频次及占比

对这次检出的 32 种 101 频次的农药,按剧毒、高毒、中毒、低毒和微毒这五个毒性类别进行分类,从中可以看出,海口市目前普遍使用的农药为中低微毒农药,品种占96.9%,频次占95.0%。结果见表 5-7 及图 5-9。

表 5-7　检出农药毒性类别/占比

毒性分类	农药品种/占比(%)	检出频次/占比(%)	超标频次/超标率(%)
剧毒农药	0/0	0/0.0	0/0.0
高毒农药	1/3.1	5/5.0	0/0.0
中毒农药	18/56.3	69/68.3	0/0.0
低毒农药	7/21.9	16/15.8	0/0.0
微毒农药	6/18.8	11/10.9	0/0.0

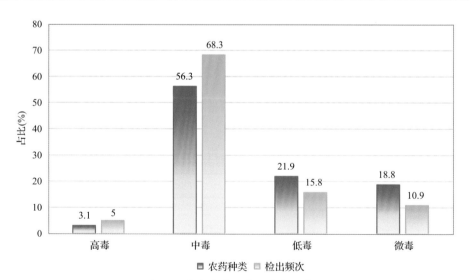

图 5-9　检出农药的毒性分类和占比

5.1.2.7　检出剧毒/高毒类农药的品种和频次

值得特别关注的是，在此次侦测的 21 例样品中有 1 种茶叶的 5 例样品检出了 1 种 5 频次的剧毒和高毒农药，占样品总量的 23.8%，详见图 5-10、表 5-8 及表 5-9。

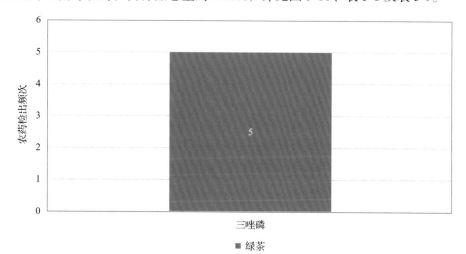

图 5-10　检出剧毒/高毒农药的样品情况

表 5-8　剧毒农药检出情况

序号	农药名称	检出频次	超标频次	超标率
	茶叶中未检出剧毒农药			
	合计	0	0	超标率：0.0%

表 5-9　高毒农药检出情况

序号	农药名称	检出频次	超标频次	超标率
	从 1 种茶叶中检出 1 种高毒农药，共计检出 5 次			
1	三唑磷	5	0	0.0%
	合计	5	0	超标率：0.0%

在检出的剧毒和高毒农药中，有 1 种是我国早已禁止在茶叶上使用的：三唑磷。禁用农药的检出情况见表 5-10。

表 5-10　禁用农药检出情况

序号	农药名称	检出频次	超标频次	超标率
	从 1 种茶叶中检出 1 种禁用农药，共计检出 5 次			
1	三唑磷	5	0	0.0%
	合计	5	0	超标率：0.0%

注：表中*为剧毒农药；超标结果参考 MRL 中国国家标准计算

此次抽检的茶叶样品中，没有检出剧毒农药。

样品中检出剧毒和高毒农药残留水平没有超过 MRL 中国国家标准，但本次检出结果仍表明，高毒、剧毒农药的使用现象依旧存在。详见表 5-11。

表 5-11　各样本中检出剧毒/高毒农药情况

样品名称	农药名称	检出频次	超标频次	检出浓度（μg/kg）
茶叶 1 种				
绿茶	三唑磷▲	5	0	3.8, 1.9, 4.8, 9.4, 2.0
	合计	5	0	超标率: 0.0%

注：表中*为剧毒农药；▲为禁用农药；a 为超标结果(参考 MRL 中国国家标准)

5.2　农药残留检出水平与最大残留限量标准对比分析

我国于 2016 年 12 月 18 日正式颁布并于 2017 年 6 月 18 日正式实施食品农药残留限量国家标准《食品中农药最大残留限量》(GB 2763—2016)。该标准包括 417 个农药条目，涉及最大残留限量(MRL)标准 4140 项。将 101 频次检出农药的浓度水平与 4140 项国家 MRL 标准进行核对，其中只有 47 频次的结果找到了对应的 MRL，占 46.5%，还有 54 频次的结果则无相关 MRL 标准供参考，占 53.5%。

将此次侦测结果与国际上现行 MRL 对比发现，在 101 频次的检出结果中有 101 频次的结果找到了对应的 MRL 欧盟标准，占 100.0%，其中，80 频次的结果有明确对应的 MRL，占 79.2%，其余 21 频次按照欧盟一律标准判定，占 20.8%；有 101 频次的结果找到了对应的 MRL 日本标准，占 100.0%，其中，78 频次的结果有明确对应的 MRL，占 77.2%，其余 23 频次按照日本一律标准判定，占 22.8%；有 35 频次的结果找到了对应的 MRL 中国香港标准，占 34.7%；有 34 频次的结果找到了对应的 MRL 美国标准，占 33.7%；有 29 频次的结果找到了对应的 MRL CAC 标准，占 28.7%(见图 5-11 和图 5-12，数据见附表 3 至附表 8)。

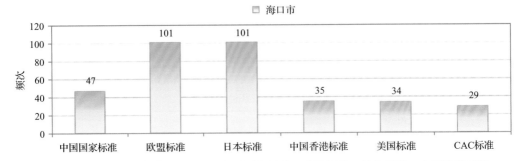

图 5-11　101 频次检出农药可用 MRL 中国国家标准、欧盟标准、日本标准、中国香港标准、美国标准、CAC 标准判定衡量的数量

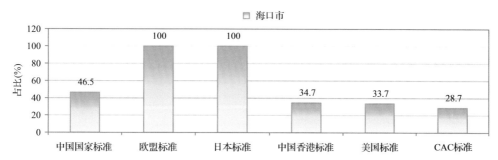

图 5-12　101 频次检出农药可用 MRL 中国国家标准、欧盟标准、日本标准、中国香港标准、
美国标准、CAC 标准衡量的占比

5.2.1　超标农药样品分析

本次侦测的 21 例样品中，3 例样品未检出任何残留农药，占样品总量的 14.3%，18 例样品检出不同水平、不同种类的残留农药，占样品总量的 85.7%。在此，我们将本次侦测的农残检出情况与 MRL 中国国家标准、欧盟标准、日本标准、中国香港标准、美国标准和 CAC 标准这 6 大国际主流标准进行对比分析，样品农残检出与超标情况见表 5-12、图 5-13 和图 5-14，详细数据见附表 9 至附表 14。

表 5-12　各 MRL 标准下样本农残检出与超标数量及占比

	中国国家标准 数量/占比(%)	欧盟标准 数量/占比(%)	日本标准 数量/占比(%)	中国香港标准 数量/占比(%)	美国标准 数量/占比(%)	CAC 标准 数量/占比(%)
未检出	3/14.3	3/14.3	3/14.3	3/14.3	3/14.3	3/14.3
检出未超标	18/85.7	10/47.6	12/57.1	18/85.7	18/85.7	18/85.7
检出超标	0/0.0	8/38.1	6/28.6	0/0.0	0/0.0	0/0.0

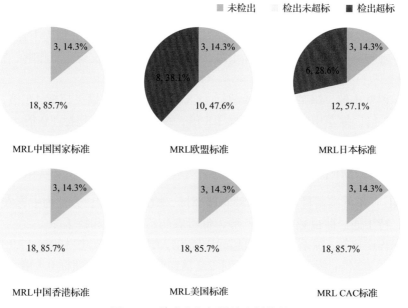

图 5-13　检出和超标样品比例情况

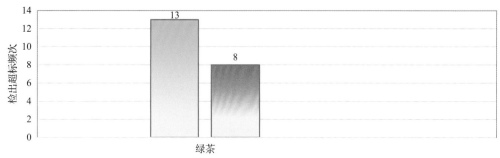

图 5-14　超过 MRL 中国国家标准、欧盟标准、日本标准、中国香港标准、
美国标准和 CAC 标准结果在茶叶中的分布

5.2.2　超标农药种类分析

按照 MRL 中国国家标准、欧盟标准、日本标准、中国香港标准、美国标准和 CAC 标准这 6 大国际主流标准衡量，本次侦测检出的农药超标品种及频次情况见表 5-13。

表 5-13　各 MRL 标准下超标农药品种及频次

	中国国家标准	欧盟标准	日本标准	中国香港标准	美国标准	CAC 标准
超标农药品种	0	9	7	0	0	0
超标农药频次	0	13	8	0	0	0

5.2.2.1　按 MRL 中国国家标准衡量

按 MRL 中国国家标准衡量，无样品检出超标农药残留。

5.2.2.2　按 MRL 欧盟标准衡量

按 MRL 欧盟标准衡量，共有 9 种农药超标，检出 13 频次，分别为中毒农药稻瘟灵、烯丙菊酯、吡唑醚菌酯、特丁通、唑虫酰胺和哒螨灵，低毒农药乙氧喹啉、特丁净和螺螨酯。

按超标程度比较，绿茶中特丁通超标 18.8 倍，绿茶中哒螨灵超标 4.8 倍，绿茶中稻瘟灵超标 2.2 倍，绿茶中唑虫酰胺超标 1.8 倍，绿茶中螺螨酯超标 1.0 倍。检测结果见图 5-15 和附表 16。

5.2.2.3　按 MRL 日本标准衡量

按 MRL 日本标准衡量，共有 7 种农药超标，检出 8 频次，分别为中毒农药稻瘟灵、烯丙菊酯、特丁通、茚虫威和四聚乙醛，低毒农药乙氧喹啉和特丁净。

按超标程度比较，绿茶中特丁通超标 18.8 倍，绿茶中乙氧喹啉超标 17.9 倍，绿茶中四聚乙醛超标 2.2 倍，绿茶中稻瘟灵超标 2.2 倍，绿茶中特丁净超标 0.7 倍。检测结果见图 5-16 和附表 17。

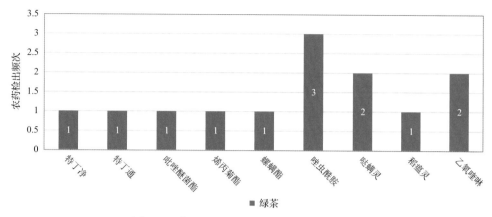

图 5-15　超过 MRL 欧盟标准农药品种及频次

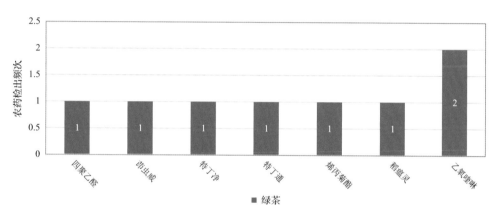

图 5-16　超过 MRL 日本标准农药品种及频次

5.2.2.4　按 MRL 中国香港标准衡量

按 MRL 中国香港标准衡量，无样品检出超标农药残留。

5.2.2.5　按 MRL 美国标准衡量

按 MRL 美国标准衡量，无样品检出超标农药残留。

5.2.2.6　按 MRL CAC 标准衡量

按 MRL CAC 标准衡量，无样品检出超标农药残留。

5.2.3　2 个采样点超标情况分析

5.2.3.1　按 MRL 中国国家标准衡量

按 MRL 中国国家标准衡量，所有采样点的样品均未检出超标农药残留。

5.2.3.2　按 MRL 欧盟标准衡量

按 MRL 欧盟标准衡量，所有采样点的样品存在不同程度的超标农药检出，其中***

超市（新城吾悦广场店）的超标率最高，为 43.8%，如表 5-14 和图 5-17 所示。

表 5-14   超过 MRL 欧盟标准茶叶在不同采样点分布

	采样点	样品总数	超标数量	超标率(%)	行政区域
1	***超市(新城吾悦广场店)	16	7	43.8	龙华区
2	***茶庄	5	1	20.0	龙华区

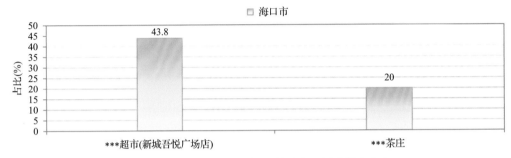

图 5-17   超过 MRL 欧盟标准茶叶在不同采样点分布

5.2.3.3   按 MRL 日本标准衡量

按 MRL 日本标准衡量，有 1 个采样点的样品存在超标农药检出，超标率为 37.5%，如表 5-15 和图 5-18 所示。

表 5-15   超过 MRL 日本标准茶叶在不同采样点分布

	采样点	样品总数	超标数量	超标率(%)	行政区域
1	***超市(新城吾悦广场店)	16	6	37.5	龙华区

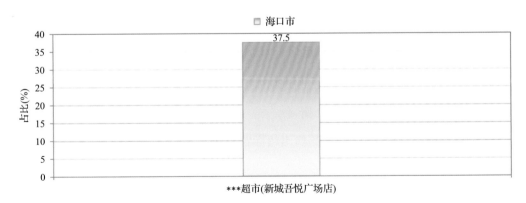

图 5-18   超过 MRL 日本标准茶叶在不同采样点分布

5.2.3.4   按 MRL 中国香港标准衡量

按 MRL 中国香港标准衡量，所有采样点的样品均未检出超标农药残留。

5.2.3.5　按 MRL 美国标准衡量

按 MRL 美国标准衡量，所有采样点的样品均未检出超标农药残留。

5.2.3.6　按 MRL CAC 标准衡量

按 MRL CAC 标准衡量，所有采样点的样品均未检出超标农药残留。

5.3　茶叶中农药残留分布

5.3.1　茶叶按检出农药品种和频次排名

本次残留侦测的茶叶共 1 种，包括绿茶。

根据检出农药品种及频次进行排名，将茶叶样品检出情况列表说明，详见表 5-16。

表 5-16　茶叶按检出农药品种和频次排名

按检出农药品种排名(品种)	①绿茶(32)
按检出农药频次排名(频次)	①绿茶(101)
按检出禁用、高毒及剧毒农药品种排名(品种)	①绿茶(1)
按检出禁用、高毒及剧毒农药频次排名(频次)	①绿茶(5)

5.3.2　茶叶按超标农药品种和频次排名

鉴于欧盟和日本的 MRL 标准制定比较全面且覆盖率较高，我们参照 MRL 中国国家标准、欧盟标准和日本标准衡量茶叶样品中农残检出情况，将茶叶按超标农药品种及频次排名列表说明，详见表 5-17。

表 5-17　茶叶按超标农药品种和频次排名

按超标农药品种排名 (农药品种数)	MRL 中国国家标准	
	MRL 欧盟标准	①绿茶(9)
	MRL 日本标准	①绿茶(7)
按超标农药频次排名 (农药频次数)	MRL 中国标准	
	MRL 欧盟标准	①绿茶(13)
	MRL 日本标准	①绿茶(8)

通过对各品种茶叶样本总数及检出率进行综合分析发现，绿茶的残留污染最为严重，在此，我们参照 MRL 中国国家标准、欧盟标准和日本标准对这 3 种茶叶的农残检出情况进行进一步分析。

5.3.3　农药残留检出率较高的茶叶样品分析

5.3.3.1　绿茶

这次共检测 21 例绿茶样品，18 例样品中检出了农药残留，检出率为 85.7%，检出农药共计 32 种。其中唑虫酰胺、哒螨灵、苯醚甲环唑、噻嗪酮和吡唑醚菌酯检出频次较高，分别检出了 15、11、8、8 和 6 次。绿茶中农药检出品种和频次见图 5-19，超标农药见图 5-20 和表 5-18。

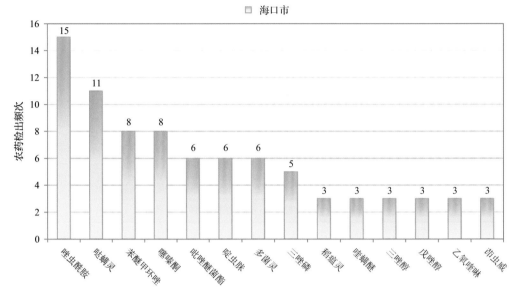

图 5-19 绿茶样品检出农药品种和频次分析(仅列出 3 频次及以上的数据)

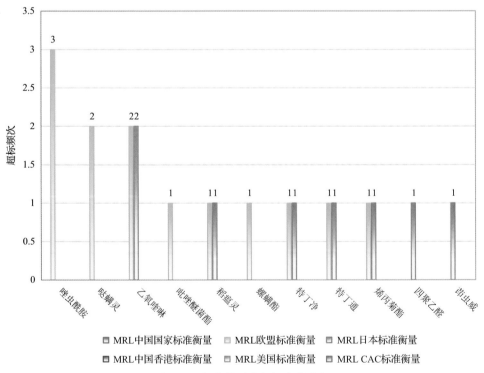

图 5-20 绿茶样品中超标农药分析

表 5-18　绿茶中农药残留超标情况明细表

样品总数		检出农药样品数	样品检出率(%)	检出农药品种总数
21		18	85.7	32
	超标农药品种	超标农药频次	按照 MRL 中国国家标准、欧盟标准和日本标准衡量超标农药名称及频次	
中国国家标准	0	0		
欧盟标准	9	13	唑虫酰胺(3)、哒螨灵(2)、乙氧喹啉(2)、吡唑醚菌酯(1)、稻瘟灵(1)、螺螨酯(1)、特丁净(1)、特丁通(1)、烯丙菊酯(1)	
日本标准	7	8	乙氧喹啉(2)、稻瘟灵(1)、四聚乙醛(1)、特丁净(1)、特丁通(1)、烯丙菊酯(1)、茚虫威(1)	

5.4　初 步 结 论

5.4.1　海口市市售茶叶按 MRL 中国国家标准和国际主要 MRL 标准衡量的合格率

本次侦测的 21 例样品中，3 例样品未检出任何残留农药，占样品总量的 14.3%，18 例样品检出不同水平、不同种类的残留农药，占样品总量的 85.7%。在这 18 例检出农药残留的样品中：

按照 MRL 中国国家标准衡量，有 18 例样品检出残留农药但含量没有超标，占样品总数的 85.7%，无检出残留农药超标的样品。

按照 MRL 欧盟标准衡量，有 10 例样品检出残留农药但含量没有超标，占样品总数的 47.6%，有 8 例样品检出了超标农药，占样品总数的 38.1%。

按照 MRL 日本标准衡量，有 12 例样品检出残留农药但含量没有超标，占样品总数的 57.1%，有 6 例样品检出了超标农药，占样品总数的 28.6%。

按照 MRL 中国香港标准衡量，有 18 例样品检出残留农药但含量没有超标，占样品总数的 85.7%，无检出残留农药超标的样品。

按照 MRL 美国标准衡量，有 18 例样品检出残留农药但含量没有超标，占样品总数的 85.7%，无检出残留农药超标的样品。

按照 MRL CAC 标准衡量，有 18 例样品检出残留农药但含量没有超标，占样品总数的 85.7%，无检出残留农药超标的样品。

5.4.2　海口市市售茶叶中检出农药以中低微毒农药为主，占市场主体的 96.9%

这次侦测的 21 例茶叶样品共检出了 32 种农药，检出农药的毒性以中低微毒为主，详见表 5-19。

表 5-19   市场主体农药毒性分布

毒性	检出品种	占比	检出频次	占比
高毒农药	1	3.1%	5	5.0%
中毒农药	18	56.2%	69	68.3%
低毒农药	7	21.9%	16	15.8%
微毒农药	6	18.8%	11	10.9%

中低微毒农药，品种占比 96.9%，频次占比 95.0%

5.4.3   检出剧毒、高毒和禁用农药现象应该警醒

在此次侦测的 21 例样品中有 1 种茶叶的 5 例样品检出了 1 种 5 频次的剧毒和高毒或禁用农药，占样品总量的 23.8%。其中高毒农药三唑磷检出频次较高。

按 MRL 中国国家标准衡量，高毒农药按超标程度比较未超标。

剧毒、高毒或禁用农药的检出情况及按照 MRL 中国国家标准衡量的超标情况见表 5-20。

表 5-20   剧毒、高毒或禁用农药的检出及超标明细

序号	农药名称	样品名称	检出频次	超标频次	最大超标倍数	超标率
1.1	三唑磷◇▲	绿茶	5	0	0	0.0%
合计			5	0		0.0%

注：表中*为剧毒农药；◇ 为高毒农药；▲为禁用农药；超标倍数参照 MRL 中国国家标准衡量

这些剧毒和高毒农药都是中国政府早有规定禁止在茶叶中使用的，为什么还屡次被检出，应该引起警惕。

5.4.4   残留限量标准与先进国家或地区差距较大

101 频次的检出结果与我国公布的《食品中农药最大残留限量》(GB 2763—2016)对比，有 47 频次能找到对应的 MRL 中国国家标准，占 46.5%；还有 54 频次的侦测数据无相关 MRL 标准供参考，占 53.5%。

与国际上现行 MRL 对比发现：

有 101 频次能找到对应的 MRL 欧盟标准，占 100.0%；

有 101 频次能找到对应的 MRL 日本标准，占 100.0%；

有 35 频次能找到对应的 MRL 中国香港标准，占 34.7%；

有 34 频次能找到对应的 MRL 美国标准，占 33.7%；

有 29 频次能找到对应的 MRL CAC 标准，占 28.7%。

由上可见，MRL 中国国家标准与先进国家或地区还有很大差距，我们无标准，境外有标准，这就会导致我们在国际贸易中，处于受制于人的被动地位。

5.4.5　茶叶单种样品检出 32 种农药残留，拷问农药使用的科学性

通过此次监测发现，绿茶是检出农药品种最多的 1 种茶叶，从中检出农药品种及频次详见表 5-21。

表 5-21　单种样品检出农药品种及频次

样品名称	样品总数	检出农药样品数	检出率	检出农药品种数	检出农药(频次)
绿茶	21	18	85.7%	32	唑虫酰胺(15)，哒螨灵(11)，苯醚甲环唑(8)，噻嗪酮(8)，吡唑醚菌酯(6)，啶虫脒(6)，多菌灵(6)，三唑磷(5)，稻瘟灵(3)，喹螨醚(3)，三唑醇(3)，戊唑醇(3)，乙氧喹啉(3)，茚虫威(3)，吡丙醚(1)，吡虫啉(1)，氟硅唑(1)，氟甲喹(1)，螺螨酯(1)，氯虫苯甲酰胺(1)，咪鲜胺(1)，嘧菌酯(1)，噻虫嗪(1)，三环唑(1)，四聚乙醛(1)，特丁净(1)，特丁通(1)，烯丙菊酯(1)，乙螨唑(1)，异稻瘟净(1)，增效醚(1)，唑啉草酯(1)

上述 1 种茶叶，检出农药 32 种，是多种农药综合防治，还是未严格实施农业良好管理规范(GAP)，抑或根本就是乱施药，值得我们思考。

第6章 LC-Q-TOF/MS 侦测海口市市售茶叶农药残留膳食暴露风险与预警风险评估

6.1 农药残留风险评估方法

6.1.1 海口市农药残留侦测数据分析与统计

庞国芳院士科研团队建立的农药残留高通量侦测技术以高分辨精确质量数(0.0001 *m/z* 为基准)为识别标准,采用 LC-Q-TOF/MS 技术对 825 种农药化学污染物进行侦测。

科研团队于 2019 年 3 月期间在海口市 2 个采样点,包括 1 个茶叶专营店 1 个超市,以随机购买方式采集,总计 2 批 21 例样品,具体位置如图 6-1 所示。

序号	行政区域	茶叶采样量
1	龙华区	21

图 6-1 LC-Q-TOF/MS 侦测海口市 2 个采样点 21 例样品分布示意图

利用 LC-Q-TOF/MS 技术对 21 例样品中的农药进行侦测,侦测出残留农药 32 种,101 频次。侦测出农药残留水平如表 6-1 和图 6-2 所示。检出频次最高的前 10 种农药如表 6-2 所示。从检测结果中可以看出,在茶叶中农药残留普遍存在,且有些茶叶存在高浓度的农药残留,这些可能存在膳食暴露风险,对人体健康产生危害,因此,为了定量地评价茶叶中农药残留的风险程度,有必要对其进行风险评价。

表 6-1 侦测出农药的不同残留水平及其所占比例列表

残留水平(μg/kg)	检出频次	占比(%)
1~5(含)	65	64.4
5~10(含)	13	12.9
10~100(含)	16	15.8
100~1000	7	6.9
合计	101	100

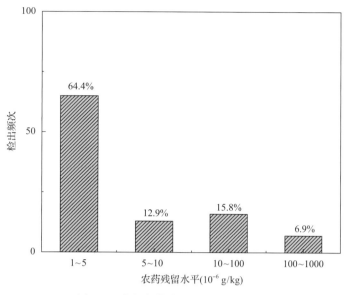

图 6-2　残留农药检出浓度频数分布图

表 6-2　检出频次最高的前 10 种农药列表

序号	农药	检出频次
1	唑虫酰胺	15
2	哒螨灵	11
3	苯醚甲环唑	8
4	噻嗪酮	8
5	吡唑醚菌酯	6
6	啶虫脒	6
7	多菌灵	6
8	三唑磷	5
9	稻瘟灵	3
10	喹螨醚	3

6.1.2　农药残留风险评价模型

对海口市茶叶中农药残留分别开展暴露风险评估和预警风险评估。膳食暴露风险评估利用食品安全指数模型对茶叶中的残留农药对人体可能产生的危害程度进行评价,该模型结合残留监测和膳食暴露评估评价化学污染物的危害;预警风险评价模型运用风险系数(risk index,R),风险系数综合考虑了危害物的超标率、施检频率及其本身敏感性的影响,能直观而全面地反映出危害物在一段时间内的风险程度。

6.1.2.1　食品安全指数模型

为了加强食品安全管理,《中华人民共和国食品安全法》第二章第十七条规定"国家建立食品安全风险评估制度，运用科学方法，根据食品安全风险监测信息、科学数据以及有关信息，对食品、食品添加剂、食品相关产品中生物性、化学性和物理性危害因素进行风险评估"[1]，膳食暴露评估是食品危险度评估的重要组成部分，也是膳食安全性的衡量标准[2]。国际上最早研究膳食暴露风险评估的机构主要是 JMPR(FAO、WHO农药残留联合会议)，该组织自 1995 年就已制定了急性毒性物质的风险评估急性毒性农药残留摄入量的预测。1960 年美国规定食品中不得加入致癌物质进而提出零阈值理论，渐渐零阈值理论发展成在一定概率条件下可接受风险的概念[3]，后衍变为食品中每日允许最大摄入量(ADI)，而国际食品农药残留法典委员会(CCPR)认为 ADI 不是独立风险评估的唯一标准[4]，1995 年 JMPR 开始研究农药急性膳食暴露风险评估，并对食品国际短期摄入量的计算方法进行了修正，亦对膳食暴露评估准则及评估方法进行了修正[5]，2002 年，在对世界上现行的食品安全评价方法，尤其是国际公认的 CAC 评价方法、全球环境监测系统/食品污染监测和评估规划(WHO GEMS/Food)及 FAO、WHO 食品添加剂联合专家委员会(JECFA)和 JMPR 对食品安全风险评估工作研究的基础之上，检验检疫食品安全管理的研究人员提出了结合残留监控和膳食暴露评估，以食品安全指数 IFS 计算食品中各种化学污染物对消费者的健康危害程度[6]。IFS 是表示食品安全状态的新方法，可有效地评价某种农药的安全性，进而评价食品中各种农药化学污染物对消费者健康的整体危害程度[7, 8]。从理论上分析，IFSc 可指出食品中的污染物 c 对消费者健康是否存在危害及危害的程度[9]。其优点在于操作简单且结果容易被接受和理解，不需要大量的数据来对结果进行验证，使用默认的标准假设或者模型即可[10, 11]。

1) IFSc 的计算

IFSc 计算公式如下：

$$IFS_c = \frac{EDI_c \times f}{SI_c \times bw} \tag{6-1}$$

式中，c 为所研究的农药；EDI_c 为农药 c 的实际日摄入量估算值，等于 $\sum(R_i \times F_i \times E_i \times P_i)$ (i 为食品种类；R_i 为食品 i 中农药 c 的残留水平，mg/kg；F_i 为食品 i 的估计日消费量，g/(人·天)；E_i 为食品 i 的可食用部分因子；P_i 为食品 i 的加工处理因子)；SI_c 为安全摄入量，可采用每日允许最大摄入量 ADI；bw 为人平均体重，kg；f 为校正因子，如果安全摄入量采用 ADI，则 f 取 1。

IFSc≪1，农药 c 对食品安全没有影响；IFSc≤1，农药 c 对食品安全的影响可以接受；IFSc>1，农药 c 对食品安全的影响不可接受。

本次评价中：

IFSc≤0.1，农药 c 对茶叶安全没有影响；

0.1<IFSc≤1，农药 c 对茶叶安全的影响可以接受；

IFSc>1，农药 c 对茶叶安全的影响不可接受。

本次评价中残留水平 R_i 取值为中国检验检疫科学研究院庞国芳院士课题组利用以高分辨精确质量数(0.0001 m/z)为基准的 LC-Q-TOF/MS 侦测技术于 2019 年 3 月期间对海口市茶叶农药残留的侦测结果，估计日消费量 F_i 取值 0.0047 kg/(人·天)，E_i=1，P_i=1，

f=1，SI_c采用《食品安全国家标准　食品中农药最大残留限量》（GB 2763—2016）中 ADI 值（具体数值见表 6-3），人平均体重（bw）取值 60 kg。

表 6-3　海口市茶叶中侦测出农药的 ADI 值

序号	农药	ADI	序号	农药	ADI	序号	农药	ADI
1	喹螨醚	0.005	12	多菌灵	0.03	23	噻虫嗪	0.08
2	乙氧喹啉	0.005	13	茚虫威	0.01	24	吡虫啉	0.06
3	哒螨灵	0.01	14	三唑醇	0.03	25	吡丙醚	0.1
4	三唑磷	0.001	15	啶虫脒	0.07	26	增效醚	0.2
5	唑虫酰胺	0.006	16	氟硅唑	0.007	27	唑啉草酯	0.3
6	螺螨酯	0.01	17	戊唑醇	0.03	28	氯虫苯甲酰胺	2
7	噻嗪酮	0.009	18	咪鲜胺	0.01	29	氟甲喹	——
8	吡唑醚菌酯	0.03	19	三环唑	0.04	30	烯丙菊酯	——
9	四聚乙醛	0.01	20	乙螨唑	0.05	31	特丁净	——
10	苯醚甲环唑	0.01	21	嘧菌酯	0.2	32	特丁通	——
11	稻瘟灵	0.016	22	异稻瘟净	0.035			

注："——"表示为国家标准中无 ADI 值规定；ADI 值单位为 mg/kg bw

2）计算 IFS_c 的平均值 $\overline{IFS}$，评价农药对食品安全的影响程度

以 $\overline{IFS}$ 评价各种农药对人体健康危害的总程度，评价模型见公式（6-2）。

$$\overline{IFS} = \frac{\sum_{i=1}^{n} IFS_c}{n} \tag{6-2}$$

$\overline{IFS} \ll 1$，所研究消费者人群的食品安全状态很好；$\overline{IFS} \leq 1$，所研究消费者人群的食品安全状态可以接受；$\overline{IFS} > 1$，所研究消费者人群的食品安全状态不可接受。

本次评价中：

$\overline{IFS} \leq 0.1$，所研究消费者人群的茶叶安全状态很好；

$0.1 < \overline{IFS} \leq 1$，所研究消费者人群的茶叶安全状态可以接受；

$\overline{IFS} > 1$，所研究消费者人群的茶叶安全状态不可接受。

6.1.2.2　预警风险评估模型

2003 年，我国检验检疫食品安全管理的研究人员根据 WTO 的有关原则和我国的具体规定，结合危害物本身的敏感性、风险程度及其相应的施检频率，首次提出了食品中危害物风险系数 R 的概念[12]。R 是衡量一个危害物的风险程度大小最直观的参数，即在一定时期内其超标率或阳性检出率的高低，但受其施检频率的高低及其本身的敏感性（受关注程度）影响。该模型综合考察了农药在茶叶中的超标率、施检频率及其本身敏感性，

能直观而全面地反映出农药在一段时间内的风险程度[13]。

1) R 计算方法

危害物的风险系数综合考虑了危害物的超标率或阳性检出率、施检频率和其本身的敏感性影响，并能直观而全面地反映出危害物在一段时间内的风险程度。风险系数 R 的计算公式如式(6-3)：

$$R = aP + \frac{b}{F} + S \tag{6-3}$$

式中，P 为该种危害物的超标率；F 为危害物的施检频率；S 为危害物的敏感因子；a, b 分别为相应的权重系数。

本次评价中 F=1；S=1；a=100；b=0.1，对参数 P 进行计算，计算时首先判断是否为禁用农药，如果为非禁用农药，P=超标的样品数(侦测出的含量高于食品最大残留限量标准值，即 MRL)除以总样品数(包括超标、不超标、未侦测出)；如果为禁用农药，则侦测出即为超标，P=能侦测出的样品数除以总样品数。判断海口市茶叶农药残留是否超标的标准限值 MRL 分别以 MRL 中国国家标准[14]和 MRL 欧盟标准作为对照，具体值列于本报告附表一中。

2) 评价风险程度

$R \leqslant 1.5$，受检农药处于低度风险；

$1.5 < R \leqslant 2.5$，受检农药处于中度风险；

$R > 2.5$，受检农药处于高度风险。

6.1.2.3 食品膳食暴露风险和预警风险评估应用程序的开发

1) 应用程序开发的步骤

为成功开发膳食暴露风险和预警风险评估应用程序，与软件工程师多次沟通讨论，逐步提出并描述清楚计算需求，开发了初步应用程序。为明确出不同茶叶、不同农药、不同地域的风险水平，向软件工程师提出不同的计算需求，软件工程师对计算需求进行逐一分析，经过反复的细节沟通，需求分析得到明确后，开始进行解决方案的设计，在保证需求的完整性、一致性的前提下，编写出程序代码，最后设计出满足需求的风险评估专用计算软件，并通过一系列的软件测试和改进，完成专用程序的开发。软件开发基本步骤见图 6-3。

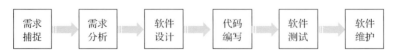

图 6-3　专用程序开发总体步骤

2) 膳食暴露风险评估专业程序开发的基本要求

首先直接利用公式(6-1)，分别计算 LC-Q-TOF/MS 和 GC-Q-TOF/MS 仪器侦测出的各茶叶样品中每种农药 IFS$_c$，将结果列出。为考察超标农药和禁用农药的使用安全性，分别以我国《食品安全国家标准　食品中农药最大残留限量》(GB 2763—2016)和欧盟食品中农药最大残留限量(以下简称 MRL 中国国家标准和 MRL 欧盟标准)为标准，对侦测出的禁用农药和超标的非禁用农药 IFS$_c$ 单独进行评价；按 IFS$_c$ 大小列表，并找出 IFS$_c$ 值排名前 20 的样本重点关注。

对不同茶叶 i 中每一种侦测出的农药 c 的安全指数进行计算，多个样品时求平均值。按农药种类，计算整个监测时间段内每种农药的 IFS$_c$，不区分茶叶种类。

3)预警风险评估专业程序开发的基本要求

分别以 MRL 中国国家标准和 MRL 欧盟标准，按公式(6-3)逐个计算不同茶叶、不同农药的风险系数，禁用农药和非禁用农药分别列表。

为清楚了解各种农药的预警风险，不分时间，不分茶叶，按禁用农药和非禁用农药分类，分别计算各种侦测出农药全部检测时段内风险系数。由于有 MRL 中国国家标准的农药种类太少，无法计算超标数，非禁用农药的风险系数只以 MRL 欧盟标准为标准，进行计算。

4)风险程度评价专业应用程序的开发方法

采用 Python 计算机程序设计语言，Python 是一个高层次地结合了解释性、编译性、互动性和面向对象的脚本语言。风险评价专用程序主要功能包括：分别读入每例样品 LC-Q-TOF/MS 和 GC-Q-TOF/MS 农药残留检测数据，根据风险评价工作要求，依次对不同农药、不同食品、不同时间、不同采样点的 IFS$_c$ 值和 R 值分别进行数据计算，筛选出禁用农药、超标农药(分别与 MRL 中国国家标准、MRL 欧盟标准限值进行对比)单独重点分析，再分别对各农药、各茶叶种类分类处理，设计出计算和排序程序，编写计算机代码，最后将生成的膳食暴露风险评估和超标风险评估定量计算结果列入设计好的各个表格中，并定性判断风险对目标的影响程度，直接用文字描述风险发生的高低，如"不可接受"、"可以接受"、"没有影响"、"高度风险"、"中度风险"、"低度风险"。

6.2　LC-Q-TOF/MS 侦测海口市市售茶叶农药残留膳食暴露风险评估

6.2.1　每例茶叶样品中农药残留安全指数分析

基于 2019 年 3 月的农药残留侦测数据，发现在 21 例样品中侦测出农药 101 频次，计算样品中每种残留农药的安全指数 IFS$_c$，并分析农药对样品安全的影响程度，结果详见附表二，农药残留对茶叶样品安全的影响程度频次分布情况如图 6-4 所示。

由图 6-4 可以看出，农药残留对样品安全的没有影响的频次为 97，占 96.04%；农药残留对样品安全的影响没有 ADI 标准的频次为 4，占 3.96%。

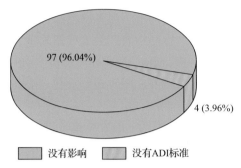

图 6-4　农药残留对茶叶样品安全的影响程度频次分布图

部分样品侦测出禁用农药 1 种 5 频次,为了明确残留的禁用农药对样品安全的影响,分析侦测出禁用农药残留的样品安全指数,禁用农药残留对茶叶样品安全的影响程度频次分布情况如图 6-5 所示,农药残留对样品安全没有影响的频次为 5,占 100%。

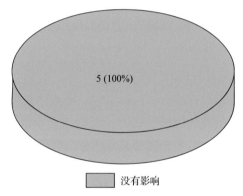

图 6-5　禁用农药对茶叶样品安全影响程度的频次分布图

残留量超过 MRL 欧盟标准的非禁用农药对茶叶样品安全的影响程度频次分布情况如图 6-6 所示。可以看出超过 MRL 欧盟标准的非禁用农药共 13 频次,其中农药没有 ADI 的频次为 3,占 23.08%;农药残留对样品安全没有影响的频次为 10,占 76.92%。表 6-4 为茶叶样品中安全指数排名前 10 的残留超标非禁用农药列表。

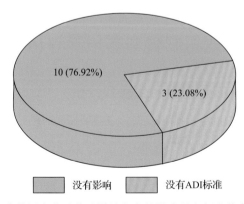

图 6-6　残留超标的非禁用农药对茶叶样品安全的影响程度频次分布图(MRL 欧盟标准)

表 6-4　茶叶样品中安全指数排名前 10 的残留超标非禁用农药列表（MRL 欧盟标准）

序号	样品编号	采样点	基质	农药	含量(mg/kg)	欧盟标准	IFS$_c$	影响程度
1	20190308-460100-FJCIQ-GT-02I	***超市(新城吾悦广场店)	绿茶	乙氧喹啉	0.1893	0.1	0.0030	没有影响
2	20190308-460100-FJCIQ-GT-02B	***超市(新城吾悦广场店)	绿茶	乙氧喹啉	0.1550	0.1	0.0024	没有影响
3	20190308-460100-FJCIQ-GT-01C	***茶庄	绿茶	哒螨灵	0.2908	0.05	0.0023	没有影响
4	20190308-460100-FJCIQ-GT-01C	***茶庄	绿茶	螺螨酯	0.0984	0.05	0.0008	没有影响
5	20190308-460100-FJCIQ-GT-01C	***茶庄	绿茶	吡唑醚菌酯	0.1966	0.1	0.0005	没有影响
6	20190308-460100-FJCIQ-GT-02H	***超市(新城吾悦广场店)	绿茶	哒螨灵	0.0576	0.05	0.0005	没有影响
7	20190308-460100-FJCIQ-GT-02H	***超市(新城吾悦广场店)	绿茶	唑虫酰胺	0.0282	0.01	0.0004	没有影响
8	20190308-460100-FJCIQ-GT-02C	***超市(新城吾悦广场店)	绿茶	唑虫酰胺	0.0182	0.01	0.0002	没有影响
9	20190308-460100-FJCIQ-GT-02A	***超市(新城吾悦广场店)	绿茶	唑虫酰胺	0.0126	0.01	0.0002	没有影响
10	20190308-460100-FJCIQ-GT-02E	***超市(新城吾悦广场店)	绿茶	稻瘟灵	0.0319	0.01	0.0002	没有影响

6.2.2　单种茶叶中农药残留安全指数分析

本次 1 种茶叶侦测 32 种农药，检出频次为 101 次，其中 4 种农药没有 ADI，28 种农药存在 ADI 标准。1 种茶叶按不同种类分别计算侦测出的具有 ADI 标准的各种农药的 IFS$_c$ 值，农药残留对茶叶的安全指数分布图如图 6-7 所示。

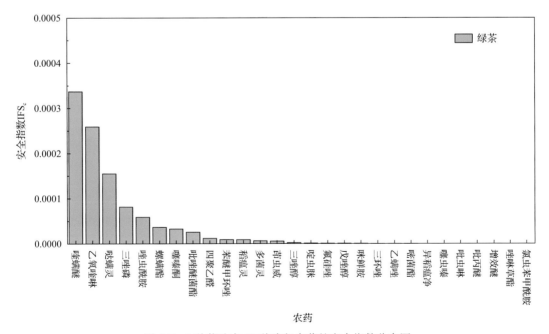

图 6-7　1 种茶叶中 28 种残留农药的安全指数分布图

本次侦测中，1 种茶叶和 32 种残留农药（包括没有 ADI）共涉及 32 个分析样本，农药对单种茶叶安全的影响程度分布情况如图 6-8 所示。可以看出，87.5%的样本中农药对茶叶安全没有影响，12.5%的样本中农药对茶叶安全的影响没有 ADI 标准。

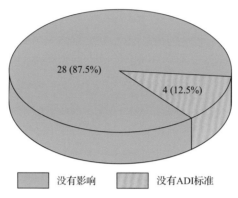

图 6-8　32 个分析样本的影响程度频次分布图

6.2.3　所有茶叶中农药残留安全指数分析

计算所有茶叶中 28 种农药的 IFS_c 值，结果如图 6-9 及表 6-5 所示。

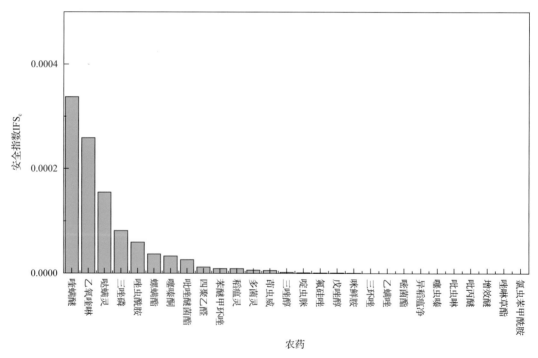

图 6-9　28 种残留农药对茶叶的安全影响程度统计图

分析发现，所有的农药对茶叶安全的影响程度均为没有影响，说明茶叶中残留的农药不会对茶叶安全造成影响。

表 6-5　茶叶中 28 种农药残留的安全指数表

序号	农药	检出频次	检出率(%)	IFSc	影响程度	序号	农药	检出频次	检出率(%)	IFSc	影响程度
1	喹螨醚	3	14.29	$3.37×10^{-4}$	没有影响	15	啶虫脒	6	28.57	$1.10×10^{-6}$	没有影响
2	乙氧喹啉	3	14.29	$2.59×10^{-4}$	没有影响	16	氟硅唑	1	4.762	$7.99×10^{-7}$	没有影响
3	哒螨灵	11	52.38	$1.55×10^{-4}$	没有影响	17	戊唑醇	3	14.29	$7.58×10^{-7}$	没有影响
4	三唑磷	5	23.81	$8.17×10^{-5}$	没有影响	18	咪鲜胺	1	4.76	$7.09×10^{-7}$	没有影响
5	唑虫酰胺	15	71.43	$5.92×10^{-5}$	没有影响	19	三环唑	1	4.76	$1.21×10^{-7}$	没有影响
6	螺螨酯	1	4.76	$3.67×10^{-5}$	没有影响	20	乙螨唑	1	4.76	$1.19×10^{-7}$	没有影响
7	噻嗪酮	8	38.10	$3.30×10^{-5}$	没有影响	21	嘧菌酯	1	4.76	$1.16×10^{-7}$	没有影响
8	吡唑醚菌酯	6	28.57	$2.59×10^{-5}$	没有影响	22	异稻瘟净	1	4.76	$1.07×10^{-7}$	没有影响
9	四聚乙醛	1	4.76	$1.19×10^{-5}$	没有影响	23	噻虫嗪	1	4.76	$8.86×10^{-8}$	没有影响
10	苯醚甲环唑	8	38.10	$9.03×10^{-5}$	没有影响	24	吡虫啉	1	4.76	$7.46×10^{-8}$	没有影响
11	稻瘟灵	3	14.29	$8.98×10^{-6}$	没有影响	25	吡丙醚	1	4.76	$4.85×10^{-8}$	没有影响
12	多菌灵	6	28.57	$6.19×10^{-6}$	没有影响	26	增效醚	1	4.76	$2.24×10^{-8}$	没有影响
13	茚虫威	3	14.29	$5.60×10^{-6}$	没有影响	27	唑啉草酯	1	4.76	$1.62×10^{-8}$	没有影响
14	三唑醇	3	14.29	$2.16×10^{-6}$	没有影响	28	氯虫苯甲酰胺	1	4.76	$3.17×10^{-9}$	没有影响

6.3　LC-Q-TOF/MS 侦测海口市市售茶叶农药残留预警风险评估

　　基于海口市茶叶样品中农药残留 LC-Q-TOF/MS 侦测数据，分析禁用农药的检出率，同时参照中华人民共和国国家标准 GB 2763—2016 和欧盟农药最大残留限量(MRL)标准分析非禁用农药残留的超标率，并计算农药残留风险系数。分析单种茶叶中农药残留以及所有茶叶中农药残留的风险程度。

6.3.1　单种茶叶中农药残留风险系数分析

6.3.1.1　单种茶叶中禁用农药残留风险系数分析

　　侦测出的 32 种残留农药中有 1 种为禁用农药，且它们分布在 1 种茶叶中，计算 1 种茶叶中禁用农药的检出率，根据检出率计算风险系数 R，进而分析茶叶中禁用农药的风险程度，结果如表 6-6 与图 6-10 所示。分析发现 1 种禁用农药在 1 种茶叶中的残留处于高度风险。

表 6-6　1 种茶叶中 1 种禁用农药残留的风险系数表

序号	基质	农药	检出频次	检出率(%)	风险系数 R	风险程度
1	绿茶	三唑磷	5	23.81	24.91	高度风险

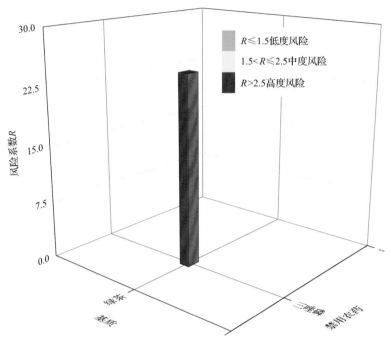

图 6-10　1 种茶叶中 1 种禁用农药残留的风险系数

6.3.1.2　基于 MRL 中国国家标准的单种茶叶中非禁用农药残留风险系数分析

参照中华人民共和国国家标准 GB 2763—2016 中农药残留限量计算每种茶叶中每种非禁用农药的超标率，进而计算其风险系数，根据风险系数大小判断残留农药的预警风险程度，茶叶中非禁用农药残留风险程度分布情况如图 6-11 所示。

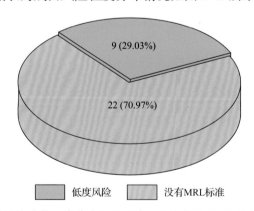

图 6-11　茶叶中非禁用农药残留的风险程度分布图（MRL 中国国家标准）

本次分析中，发现在 1 种茶叶检出 31 种残留非禁用农药，涉及样本 31 个，在 31 个样本中，29.03%处于低度风险，此外发现有 22 个样本没有 MRL 中国国家标准值，无法判断其风险程度，有 MRL 中国国家标准值的 9 个样本涉及 1 种茶叶中的 9 种非禁用农药，其风险系数 R 值如图 6-12 所示。表 6-7 为非禁用农药残留处于高度风险的茶叶列表。

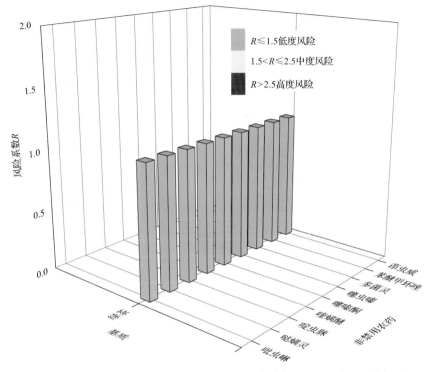

图 6-12　1 种茶叶中 9 种非禁用农药的风险系数分布图（MRL 中国国家标准）

6.3.1.3　基于 MRL 欧盟标准的单种茶叶中非禁用农药残留风险系数分析

参照 MRL 欧盟标准计算每种茶叶中每种非禁用农药的超标率，进而计算其风险系数，根据风险系数大小判断农药残留的预警风险程度，茶叶中非禁用农药残留风险程度分布情况如图 6-13 所示。

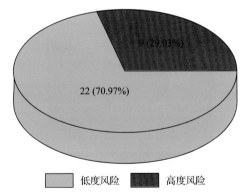

图 6-13　茶叶中非禁用农药残留的风险程度分布图（MRL 欧盟标准）

本次分析中，发现在 1 种茶叶中共侦测出 31 种非禁用农药，涉及样本 31 个，其中，29.03%处于高度风险，涉及 1 种茶叶和 9 种农药；70.97%处于低度风险，涉及 1 种茶叶和 22 种农药。单种茶叶中的非禁用农药风险系数分布图如图 6-14 所示。单种茶叶中处于高度风险的非禁用农药风险系数如图 6-15 和表 6-7 所示。

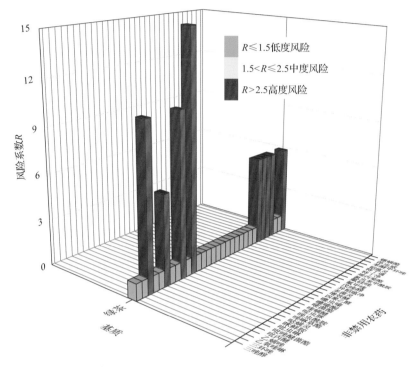

图 6-14　1 种茶叶中 31 种非禁用农药残留的风险系数（MRL 欧盟标准）

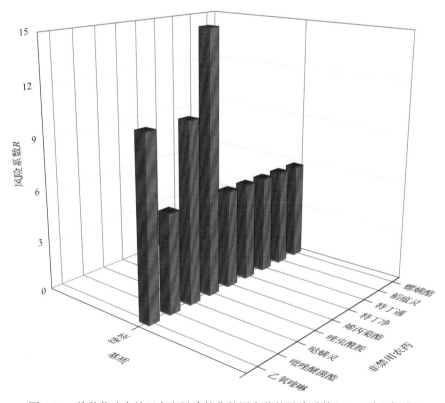

图 6-15　单种茶叶中处于高度风险的非禁用农药的风险系数（MRL 欧盟标准）

表 6-7　单种茶叶中处于高度风险的非禁用农药残留的风险系数表（**MRL** 欧盟标准）

序号	基质	农药	超标频次	超标率 P(%)	风险系数 R
1	绿茶	唑虫酰胺	3	14.29	15.39
2	绿茶	乙氧喹啉	2	9.52	10.62
3	绿茶	哒螨灵	2	9.52	10.62
4	绿茶	吡唑醚菌酯	1	4.76	5.86
5	绿茶	烯丙菊酯	1	4.76	5.86
6	绿茶	特丁净	1	4.76	5.86
7	绿茶	特丁通	1	4.76	5.86
8	绿茶	稻瘟灵	1	4.76	5.86
9	绿茶	螺螨酯	1	4.76	5.86

6.3.2　所有茶叶中农药残留风险系数分析

6.3.2.1　所有茶叶中禁用农药残留风险系数分析

在侦测出的 32 种农药中有 1 种为禁用农药，计算所有茶叶中禁用农药的风险系数，结果如表 6-8 所示。1 种禁用农药，处于高度风险。

表 6-8　茶叶中 **1** 种禁用农药的风险系数表

序号	农药	检出频次	检出率(%)	风险系数 R	风险程度
1	三唑磷	5	23.81	24.91	高度风险

6.3.2.2　所有茶叶中非禁用农药残留风险系数分析

参照 MRL 欧盟标准计算所有茶叶中每种非禁用农药残留的风险系数，如图 6-16 与表 6-9 所示。在侦测出的 31 种非禁用农药中，9 种农药(29.03%)残留处于高度风险，22 种农药(70.97%)残留处于低度风险。

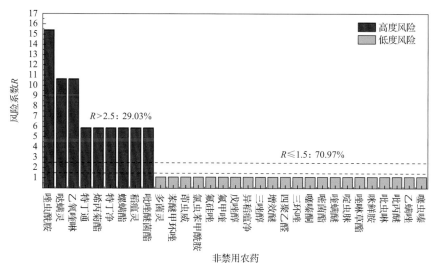

图 6-16　茶叶中 31 种非禁用农药的风险程度统计图

表 6-9　茶叶中 31 种非禁用农药的风险系数表

序号	农药	超标频次	超标率 P(%)	风险系数 R	风险程度
1	唑虫酰胺	3	14.29	15.39	高度风险
2	哒螨灵	2	9.52	10.62	高度风险
3	乙氧喹啉	2	9.52	10.62	高度风险
4	特丁通	1	4.76	5.86	高度风险
5	烯丙菊酯	1	4.76	5.86	高度风险
6	特丁净	1	4.76	5.86	高度风险
7	螺螨酯	1	4.76	5.86	高度风险
8	稻瘟灵	1	4.76	5.86	高度风险
9	吡唑醚菌酯	1	4.76	5.86	高度风险
10	多菌灵	0	0	1.10	低度风险
11	苯醚甲环唑	0	0	1.10	低度风险
12	茚虫威	0	0	1.10	低度风险
13	氯虫苯甲酰胺	0	0	1.10	低度风险
14	氟硅唑	0	0	1.10	低度风险
15	氟甲喹	0	0	1.10	低度风险
16	戊唑醇	0	0	1.10	低度风险
17	异稻瘟净	0	0	1.10	低度风险
18	三唑醇	0	0	1.10	低度风险
19	增效醚	0	0	1.10	低度风险
20	四聚乙醛	0	0	1.10	低度风险
21	三环唑	0	0	1.10	低度风险
22	噻嗪酮	0	0	1.10	低度风险
23	嘧菌酯	0	0	1.10	低度风险
24	喹螨醚	0	0	1.10	低度风险
25	啶虫脒	0	0	1.10	低度风险
26	唑啉草酯	0	0	1.10	低度风险
27	咪鲜胺	0	0	1.10	低度风险
28	吡虫啉	0	0	1.10	低度风险
29	吡丙醚	0	0	1.10	低度风险
30	乙螨唑	0	0	1.10	低度风险
31	噻虫嗪	0	0	1.10	低度风险

6.4　LC-Q-TOF/MS 侦测海口市市售茶叶农药残留风险评估结论与建议

农药残留是影响茶叶安全和质量的主要因素，也是我国食品安全领域备受关注的敏感话题和亟待解决的重大问题之一[15,16]。各种茶叶均存在不同程度的农药残留现象，本研究主要针对海口市各类茶叶存在的农药残留问题，基于 2019 年 3 月对海口市 21 例茶叶样品中农药残留侦测得出的 101 个侦测结果，分别采用食品安全指数模型和风险系数模型，开展茶叶中农药残留的膳食暴露风险和预警风险评估。茶叶样品取自超市和茶叶专营店，符合大众的膳食来源，风险评价时更具有代表性和可信度。

本研究力求通用简单地反映食品安全中的主要问题，且为管理部门和大众容易接受，为政府及相关管理机构建立科学的食品安全信息发布和预警体系提供科学的规律与方法，加强对农药残留的预警和食品安全重大事件的预防，控制食品风险。

6.4.1　海口市茶叶中农药残留膳食暴露风险评价结论

1) 茶叶样品中农药残留安全状态评价结论

采用食品安全指数模型，对 2019 年 3 月期间海口市茶叶农药残留膳食暴露风险进行评价，根据 IFS_c 的计算结果发现，茶叶中农药的 $\overline{IFS}$ 为 3.7×10^{-5}，说明海口市茶叶总体处于可以接受的安全状态，但部分禁用农药、高残留农药在茶叶中仍有侦测出，导致膳食暴露风险的存在，成为不安全因素。

2) 禁用农药膳食暴露风险评价

本次检测发现部分茶叶样品中有禁用农药侦测出，侦测出禁用农药 1 种，侦测出频次为 5，茶叶样品中的禁用农药 IFS_c 计算结果表明，禁用农药残留膳食暴露风险没有影响的频次为 5，占 100%。

6.4.2　海口市茶叶中农药残留预警风险评价结论

1) 单种茶叶中禁用农药残留的预警风险评价结论

本次检测过程中，在 1 种茶叶中检测出 1 种禁用农药，禁用农药为：三唑磷，茶叶为：绿茶，茶叶中禁用农药的风险系数分析结果显示，1 种禁用农药在 1 种茶叶中的残留处于高度风险，说明在单种茶叶中禁用农药的残留会导致较高的预警风险。

2) 单种茶叶中非禁用农药残留的预警风险评价结论

以 MRL 中国国家标准为标准，计算茶叶中非禁用农药风险系数情况下，31 个样本中，9 个处于低度风险(29.03%)，22 个样本没有 MRL 中国国家标准(70.97%)。以 MRL 欧盟标准为标准，计算茶叶中非禁用农药风险系数情况下，发现有 9 个处于高度风险(29.03%)，22 个处于低度风险(70.97%)。基于两种 MRL 标准，评价的结果差异显著，可以看出 MRL 欧盟标准比中国国家标准更加严格和完善,过于宽松的 MRL 中国国家标准值能否有效保障人体的健康有待研究。

6.4.3　加强海口市茶叶食品安全建议

我国食品安全风险评价体系仍不够健全,相关制度不够完善,多年来,由于农药用药次数多、用药量大或用药间隔时间短,产品残留量大,农药残留所造成的食品安全问题日益严峻,给人体健康带来了直接或间接的危害。据估计,美国与农药有关的癌症患者数约占全国癌症患者总数的 50%,中国更高。同样,农药对其他生物也会形成直接杀伤和慢性危害,植物中的农药可经过食物链逐级传递并不断蓄积,对人和动物构成潜在威胁,并影响生态系统。

基于本次农药残留侦测数据的风险评价结果,提出以下几点建议:

1)加快食品安全标准制定步伐

我国食品标准中对农药每日允许最大摄入量 ADI 的数据严重缺乏,在本次评价所涉及的 32 种农药中,仅有 87.5%的农药具有 ADI 值,而 12.5%的农药中国尚未规定相应的 ADI 值,亟待完善。

我国食品中农药最大残留限量值的规定严重缺乏,对评估涉及的不同茶叶中不同农药 32 个 MRL 限值进行统计来看,我国仅制定出 9 个标准,我国标准完整率仅为 28.1%,欧盟的完整率达到 100%(表 6-10)。因此,中国更应加快 MRL 的制定步伐。

表 6-10　我国国家食品标准农药的 ADI、MRL 值与欧盟标准的数量差异

分类		中国 ADI	MRL 中国国家标准	MRL 欧盟标准
标准限值(个)	有	28	9	32
	无	4	23	0
总数(个)		32	32	32
无标准限值比例(%)		12.5	71.9	0

此外,MRL 中国国家标准限值普遍高于欧盟标准限值,这些标准中共有 7 个高于欧盟。过高的 MRL 值难以保障人体健康,建议继续加强对限值基准和标准的科学研究,将农产品中的危险性减少到尽可能低的水平。

2)加强农药的源头控制和分类监管

在海口市某些茶叶中仍有禁用农药残留,利用 LC-Q-TOF/MS 技术侦测出 1 种禁用农药,检出频次为 5 次,残留禁用农药均存在较大的膳食暴露风险和预警风险。早已列入黑名单的禁用农药在我国并未真正退出,有些药物由于价格便宜、工艺简单,此类高毒农药一直生产和使用。建议在我国采取严格有效的控制措施,从源头控制禁用农药。

对于非禁用农药,在我国作为"田间地头"最典型单位的县级茶叶产地中,农药残留的检测几乎缺失。建议根据农药的毒性,对高毒、剧毒、中毒农药实现分类管理,减少使用高毒和剧毒高残留农药,进行分类监管。

3) 加强农药生物基准和降解技术研究

市售茶叶中残留农药的品种多、频次高、禁用农药多次检出这一现状，说明了我国的田间土壤和水体因农药长期、频繁、不合理的使用而遭到严重污染。为此，建议中国相关部门出台相关政策，鼓励高校及科研院所积极开展分子生物学、酶学等研究，加强土壤、水体中残留农药的生物修复及降解新技术研究，切实加大农药监管力度，以控制农药的面源污染问题。

综上所述，在本工作基础上，根据茶叶残留危害，可进一步针对其成因提出和采取严格管理、大力推广无公害茶叶种植与生产、健全食品安全控制技术体系、加强茶叶质量检测体系建设和积极推行茶叶质量追溯制度等相应对策。建立和完善食品安全综合评价指数与风险监测预警系统，对食品安全进行实时、全面的监控与分析，为我国的食品安全科学监管与决策提供新的技术支持，可实现各类检验数据的信息化系统管理，降低食品安全事故的发生。

第7章 GC-Q-TOF/MS侦测海口市21例市售茶叶样品农药残留报告

从海口市所属1个区，随机采集了21例茶叶样品，使用气相色谱-四极杆飞行时间质谱(GC-Q-TOF/MS)对684种农药化学污染物示范侦测。

7.1 样品种类、数量与来源

7.1.1 样品采集与检测

为了真实反映百姓日常饮用的茶叶中农药残留污染状况，本次所有检测样品均由检验人员于2019年3月期间，从海口市所属2个采样点，包括1个茶叶专营店1个超市，以随机购买方式采集，总计2批21例样品，从中检出农药15种，61频次。采样及监测概况见图7-1及表7-1，样品及采样点明细见表7-2及表7-3(侦测原始数据见附表1)。

图7-1 海口市所属2个采样点21例样品分布图

表7-1 农药残留监测总体概况

采样地区	海口市所属1个区
采样点(茶叶专营店+超市)	2
样本总数	21
检出农药品种/频次	15/61
各采样点样本农药残留检出率范围	87.5%~100.0%

表 7-2　样品分类及数量

样品分类	样品名称(数量)	数量小计
1. 茶叶		21
1)未发酵类茶叶	绿茶(21)	21
合计	1. 茶叶 1 种	21

表 7-3　海口市采样点信息

采样点序号	行政区域	采样点
茶叶专营店(1)		
1	龙华区	***茶庄
超市(1)		
1	龙华区	***超市(新城吾悦广场店)

7.1.2　检测结果

这次使用的检测方法是庞国芳院士团队最新研发的不需使用标准品对照，而以高分辨精确质量数(0.0001 *m/z*)为基准的 GC-Q-TOF/MS 检测技术，对于 21 例样品，每个样品均侦测了 684 种农药化学污染物的残留现状。通过本次侦测，在 21 例样品中共计检出农药化学污染物 15 种，检出 61 频次。

7.1.2.1　各采样点样品检出情况

统计分析发现 2 个采样点中，被测样品的农药检出率范围为 87.5%~100.0%。其中，***茶庄的检出率最高，为 100.0%。***超市(新城吾悦广场店)的检出率最低，为 87.5%，见图 7-2。

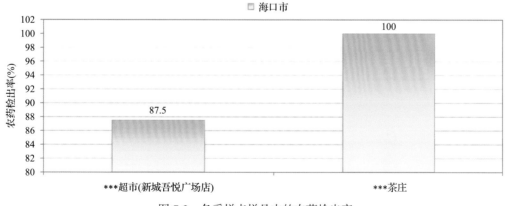

图 7-2　各采样点样品中的农药检出率

7.1.2.2　检出农药的品种总数与频次

统计分析发现，对于 21 例样品中 684 种农药化学污染物的侦测，共检出农药 61 频次，涉及农药 15 种，结果如图 7-3 所示。其中联苯菊酯检出频次最高，共检出 16 次。检出频次排名前 10 的农药如下：①联苯菊酯(16)，②醚菊酯(13)，③噻嗪酮(6)，④虫螨腈(4)，⑤炔螨特(4)，⑥硫丹(3)，⑦猛杀威(3)，⑧稻瘟灵(2)，⑨毒死蜱(2)，⑩甲氰菊酯(2)。

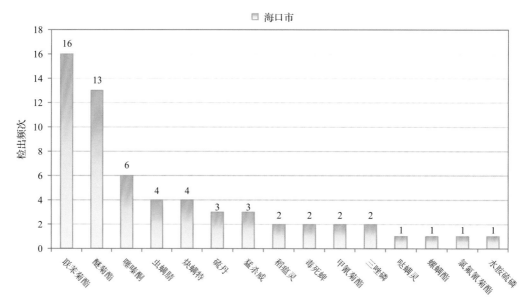

图 7-3　检出农药品种及频次(仅列出 1 频次及以上的数据)

由图 7-4 可见，绿茶这 1 种茶叶样品中检出的农药品种数较高，均超过 15 种，其中，绿茶检出农药品种最多，为 15 种。由图 7-5 可见，绿茶这 1 种茶叶样品中的农药检出频次较高，均超过 60 次，其中，绿茶检出农药频次最高，为 61 次。

7.1.2.3　单例样品农药检出种类与占比

对单例样品检出农药种类和频次进行统计发现，未检出农药的样品占总样品数的 9.5%，检出 1 种农药的样品占总样品数的 9.5%，检出 2~5 种农药的样品占总样品数的 81.0%。每例样品中平均检出农药为 2.9 种，数据见表 7-4 及图 7-6。

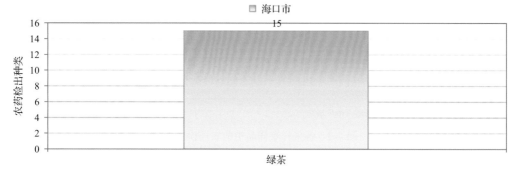

图 7-4　单种茶叶检出农药的种类数

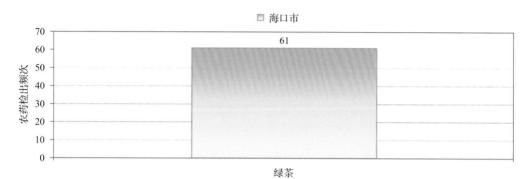

图 7-5　单种茶叶检出农药频次

表 7-4　单例样品检出农药品种占比

检出农药品种数	样品数量/占比(%)
未检出	2/9.5
1 种	2/9.5
2~5 种	17/81.0
单例样品平均检出农药品种	2.9 种

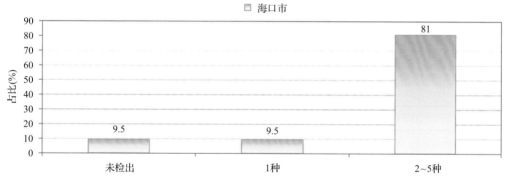

图 7-6　单例样品平均检出农药品种及占比

7.1.2.4　检出农药类别与占比

所有检出农药按功能分类，包括杀虫剂、杀螨剂、杀菌剂共 3 类。其中杀虫剂与杀螨剂为主要检出的农药类别，分别占总数的 66.7%和 26.7%，见表 7-5 及图 7-7。

表 7-5　检出农药所属类别/占比

农药类别	数量/占比(%)
杀虫剂	10/66.7
杀螨剂	4/26.7
杀菌剂	1/6.7

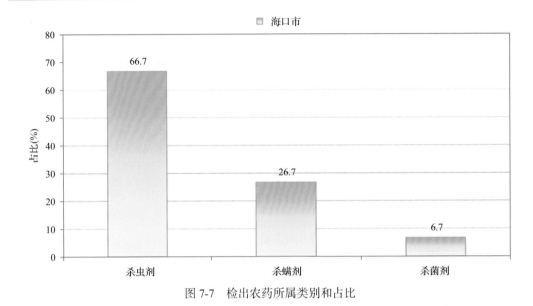

图 7-7　检出农药所属类别和占比

7.1.2.5　检出农药的残留水平

按检出农药残留水平进行统计，残留水平在 1~5 μg/kg（含）的农药占总数的 4.9%，在 5~10 μg/kg（含）的农药占总数的 27.9%，在 10~100 μg/kg（含）的农药占总数的 54.1%，在 100~1000 μg/kg 的农药占总数的 13.1%。

由此可见，这次检测的 2 批 21 例茶叶样品中农药多数处于中高残留水平。结果见表 7-6 及图 7-8，数据见附表 2。

表 7-6　农药残留水平/占比

残留水平（μg/kg）	检出频次数/占比（%）
1~5（含）	3/4.9
5~10（含）	17/27.9
10~100（含）	33/54.1
100~1000	8/13.1

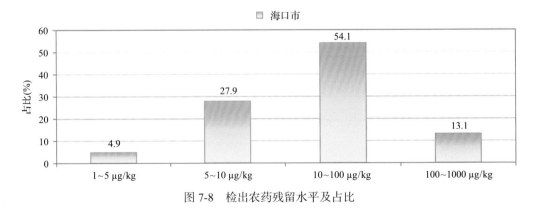

图 7-8　检出农药残留水平及占比

7.1.2.6　检出农药的毒性类别、检出频次和超标频次及占比

对这次检出的 15 种 61 频次的农药，按剧毒、高毒、中毒、低毒和微毒这五个毒性类别进行分类，从中可以看出，海口市目前普遍使用的农药为中低微毒农药，品种占86.7%，频次占 95.1%。结果见表 7-7 及图 7-9。

表 7-7　检出农药毒性类别/占比

毒性分类	农药品种/占比(%)	检出频次/占比(%)	超标频次/超标率(%)
剧毒农药	0/0	0/0.0	0/0.0
高毒农药	2/13.3	3/4.9	0/0.0
中毒农药	8/53.3	31/50.8	0/0.0
低毒农药	4/26.7	14/23.0	0/0.0
微毒农药	1/6.7	13/21.3	0/0.0

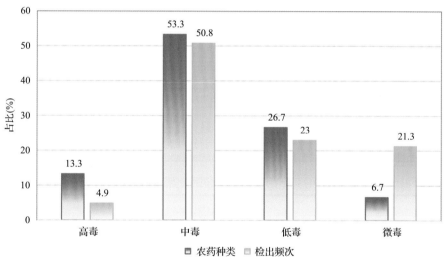

图 7-9　检出农药的毒性分类和占比

7.1.2.7　检出剧毒/高毒类农药的品种和频次

值得特别关注的是，在此次侦测的 21 例样品中有 1 种茶叶的 3 例样品检出了 2 种 3 频次的剧毒和高毒农药，占样品总量的 14.3%，详见图 7-10、表 7-8 及表 7-9。

在检出的剧毒和高毒农药中，有 2 种是我国早已禁止在茶叶上使用的，分别是：三唑磷和水胺硫磷。禁用农药的检出情况见表 7-10。

此次抽检的茶叶样品中，没有检出剧毒农药。

样品中检出剧毒和高毒农药残留水平没有超过 MRL 中国国家标准，但本次检出结果仍表明，高毒、剧毒农药的使用现象依旧存在。详见表 7-11。

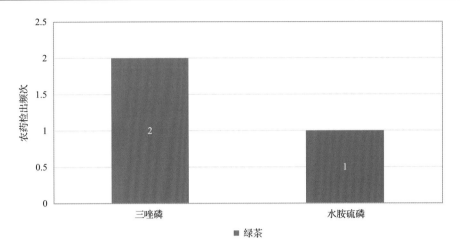

图 7-10　检出剧毒/高毒农药的样品情况

表 7-8　剧毒农药检出情况

序号	农药名称	检出频次	超标频次	超标率
	茶叶中未检出剧毒农药			
	合计	0	0	超标率：0.0%

表 7-9　高毒农药检出情况

序号	农药名称	检出频次	超标频次	超标率
	从 1 种茶叶中检出 2 种高毒农药,共计检出 3 次			
1	三唑磷	2	0	0.0%
2	水胺硫磷	1	0	0.0%
	合计	3	0	超标率：0.0%

表 7-10　禁用农药检出情况

序号	农药名称	检出频次	超标频次	超标率
	从 1 种茶叶中检出 4 种禁用农药,共计检出 8 次			
1	硫丹	3	0	0.0%
2	毒死蜱	2	0	0.0%
3	三唑磷	2	0	0.0%
4	水胺硫磷	1	0	0.0%
	合计	8	0	超标率：0.0%

注：表中*为剧毒农药；超标结果参考 MRL 中国国家标准计算

表 7-11　各样本中检出剧毒/高毒农药情况

样品名称	农药名称	检出频次	超标频次	检出浓度(μg/kg)
	茶叶 1 种			
绿茶	三唑磷▲	2	0	17.7, 10.4
绿茶	水胺硫磷▲	1	0	8.2
	合计	3	0	超标率：0.0%

注：表中*为剧毒农药；▲为禁用农药；a 为超标结果(参考 MRL 中国国家标准)

7.2　农药残留检出水平与最大残留限量标准对比分析

我国于 2016 年 12 月 18 日正式颁布并于 2017 年 6 月 18 日正式实施食品农药残留限量国家标准《食品中农药最大残留限量》(GB 2763—2016)。该标准包括 417 个农药条目，涉及最大残留限量(MRL)标准 4140 项。将 61 频次检出农药的浓度水平与 4140 项国家 MRL 标准进行核对，其中只有 34 频次的结果找到了对应的 MRL，占 55.7%，还有 27 频次的结果则无相关 MRL 标准供参考，占 44.3%。

将此次侦测结果与国际上现行 MRL 对比发现，在 61 频次的检出结果中有 61 频次的结果找到了对应的 MRL 欧盟标准，占 100.0%，其中，57 频次的结果有明确对应的 MRL，占 93.4%，其余 4 频次按照欧盟一律标准判定，占 6.6%；有 61 频次的结果找到了对应的 MRL 日本标准，占 100.0%，其中，53 频次的结果有明确对应的 MRL，占 86.9%，其余 8 频次按照日本一律标准判定，占 13.1%；有 33 频次的结果找到了对应的 MRL 中国香港标准，占 54.1%；有 35 频次的结果找到了对应的 MRL 美国标准，占 57.4%；有 33 频次的结果找到了对应的 MRL CAC 标准，占 54.1%(见图 7-11 和图 7-12，数据见附表 3 至附表 8)。

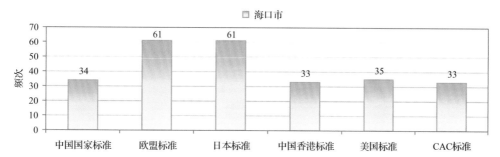

图 7-11　61 频次检出农药可用 MRL 中国国家标准、欧盟标准、日本标准、中国香港标准、
美国标准、CAC 标准判定衡量的数量

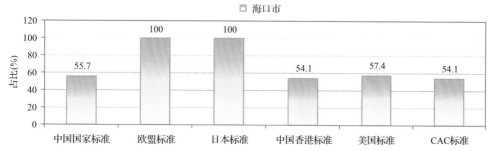

图 7-12　61 频次检出农药可用 MRL 中国国家标准、欧盟标准、日本标准、中国香港标准、
美国标准、CAC 标准衡量的占比

7.2.1　超标农药样品分析

本次侦测的 21 例样品中，2 例样品未检出任何残留农药，占样品总量的 9.5%，19 例样品检出不同水平、不同种类的残留农药，占样品总量的 90.5%。在此，我们将本次

侦测的农残检出情况与 MRL 中国国家标准、欧盟标准、日本标准、中国香港标准、美国标准和 CAC 标准这 6 大国际主流标准进行对比分析，样品农残检出与超标情况见表 7-12、图 7-13 和图 7-14，详细数据见附表 9 至附表 14。

表 7-12　各 MRL 标准下样本农残检出与超标数量及占比

	中国国家标准 数量/占比(%)	欧盟标准 数量/占比(%)	日本标准 数量/占比(%)	中国香港标准 数量/占比(%)	美国标准 数量/占比(%)	CAC 标准 数量/占比(%)
未检出	2/9.5	2/9.5	2/9.5	2/9.5	2/9.5	2/9.5
检出未超标	19/90.5	11/52.4	13/61.9	19/90.5	19/90.5	19/90.5
检出超标	0/0.0	8/38.1	6/28.6	0/0.0	0/0.0	0/0.0

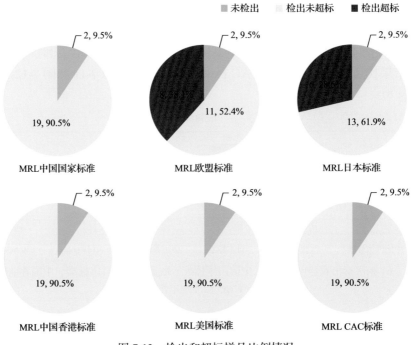

图 7-13　检出和超标样品比例情况

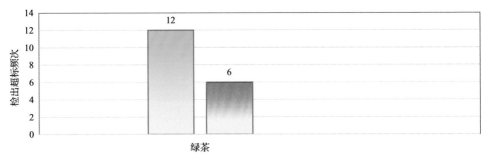

图 7-14　超过 MRL 中国国家标准、欧盟标准、日本标准、中国香港标准、
美国标准和 CAC 标准结果在茶叶中的分布

7.2.2　超标农药种类分析

按照 MRL 中国国家标准、欧盟标准、日本标准、中国香港标准、美国标准和 CAC 标准这 6 大国际主流标准衡量，本次侦测检出的农药超标品种及频次情况见表 7-13。

表 7-13　各 MRL 标准下超标农药品种及频次

	中国国家标准	欧盟标准	日本标准	中国香港标准	美国标准	CAC 标准
超标农药品种	0	6	3	0	0	0
超标农药频次	0	12	6	0	0	0

7.2.2.1　按 MRL 中国国家标准衡量

按 MRL 中国国家标准衡量，无样品检出超标农药残留。

7.2.2.2　按 MRL 欧盟标准衡量

按 MRL 欧盟标准衡量，共有 6 种农药超标，检出 12 频次，分别为中毒农药稻瘟灵、氯氟氰菊酯和哒螨灵，低毒农药猛杀威、噻嗪酮和螺螨酯。

按超标程度比较，绿茶中猛杀威超标 10.3 倍，绿茶中噻嗪酮超标 7.3 倍，绿茶中稻瘟灵超标 5.2 倍，绿茶中哒螨灵超标 4.7 倍，绿茶中氯氟氰菊酯超标 2.4 倍。检测结果见图 7-15 和附表 16。

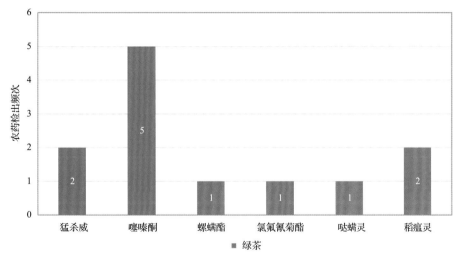

图 7-15　超过 MRL 欧盟标准农药品种及频次

7.2.2.3　按 MRL 日本标准衡量

按 MRL 日本标准衡量，共有 3 种农药超标，检出 6 频次，分别为高毒农药三唑磷，中毒农药稻瘟灵，低毒农药猛杀威。

按超标程度比较，绿茶中猛杀威超标 10.3 倍，绿茶中稻瘟灵超标 5.2 倍，绿茶中三唑磷超标 0.8 倍。检测结果见图 7-16 和附表 17。

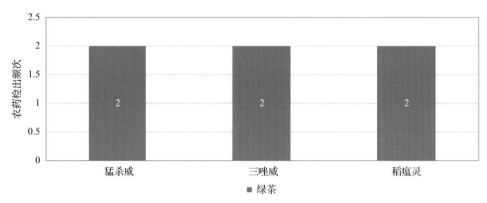

图 7-16　超过 MRL 日本标准农药品种及频次

7.2.2.4　按 MRL 中国香港标准衡量

按 MRL 中国香港标准衡量，无样品检出超标农药残留。

7.2.2.5　按 MRL 美国标准衡量

按 MRL 美国标准衡量，无样品检出超标农药残留。

7.2.2.6　按 MRL CAC 标准衡量

按 MRL CAC 标准衡量，无样品检出超标农药残留。

7.2.3　2 个采样点超标情况分析

7.2.3.1　按 MRL 中国国家标准衡量

按 MRL 中国国家标准衡量，所有采样点的样品均未检出超标农药残留。

7.2.3.2　按 MRL 欧盟标准衡量

按 MRL 欧盟标准衡量，所有采样点的样品均存在不同程度的超标农药检出，其中***茶庄的超标率最高，为 60.0%，如表 7-14 和图 7-17 所示。

7.2.3.3　按 MRL 日本标准衡量

按 MRL 日本标准衡量，有 1 个采样点的样品存在超标农药检出，超标率为 37.5%，如表 7-15 和图 7-18 所示。

表 7-14　超过 MRL 欧盟标准茶叶在不同采样点分布

	采样点	样品总数	超标数量	超标率(%)	行政区域
1	***超市(新城吾悦广场店)	16	5	31.2	龙华区
2	***茶庄	5	3	60.0	龙华区

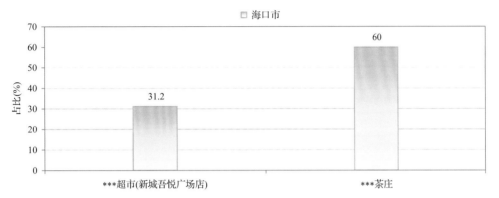

图 7-17　超过 MRL 欧盟标准茶叶在不同采样点分布

表 7-15　超过 MRL 日本标准茶叶在不同采样点分布

	采样点	样品总数	超标数量	超标率(%)	行政区域
1	***超市(新城吾悦广场店)	16	6	37.5	龙华区

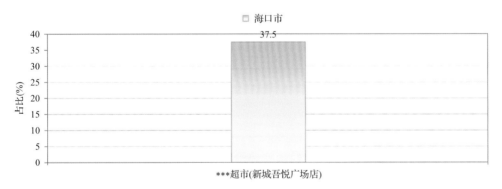

图 7-18　超过 MRL 日本标准茶叶在不同采样点分布

7.2.3.4　按 MRL 中国香港标准衡量

按 MRL 中国香港标准衡量，所有采样点的样品均未检出超标农药残留。

7.2.3.5　按 MRL 美国标准衡量

按 MRL 美国标准衡量，所有采样点的样品均未检出超标农药残留。

7.2.3.6　按 MRL CAC 标准衡量

按 MRL CAC 标准衡量，所有采样点的样品均未检出超标农药残留。

7.3　茶叶中农药残留分布

7.3.1　茶叶按检出农药品种和频次排名

本次残留侦测的茶叶共 1 种,包括绿茶。

根据检出农药品种及频次进行排名,将茶叶样品检出情况列表说明,详见表 7-16。

表 7-16　茶叶按检出农药品种和频次排名

按检出农药品种排名(品种)	①绿茶(15)
按检出农药频次排名(频次)	①绿茶(61)
按检出禁用、高毒及剧毒农药品种排名(品种)	①绿茶(4)
按检出禁用、高毒及剧毒农药频次排名(频次)	①绿茶(8)

7.3.2　茶叶按超标农药品种和频次排名

鉴于 MRL 欧盟标准和日本标准制定比较全面且覆盖率较高,我们参照 MRL 中国国家标准、欧盟标准、日本标准衡量茶叶样品中农残检出情况,将茶叶按超标农药品种及频次排名列表说明,详见表 7-17。

表 7-17　茶叶按超标农药品种和频次排名

按超标农药品种排名(农药品种数)	MRL 中国国家标准	
	MRL 欧盟标准	①绿茶(6)
	MRL 日本标准	①绿茶(3)
按超标农药频次排名(农药频次数)	MRL 中国国家标准	
	MRL 欧盟标准	①绿茶(12)
	MRL 日本标准	①绿茶(6)

通过对各品种茶叶样本总数及检出率进行综合分析发现,绿茶的残留污染最为严重,在此,我们参照 MRL 中国国家标准、欧盟标准和日本标准对这 3 种茶叶的农残检出情况进行进一步分析。

7.3.3　农药残留检出率较高的茶叶样品分析

7.3.3.1　绿茶

这次共检测 21 例绿茶样品,19 例样品中检出了农药残留,检出率为 90.5%,检出农药共计 15 种。其中联苯菊酯、醚菊酯、噻嗪酮、虫螨腈和炔螨特检出频次较高,分别检出了 16、13、6、4 和 4 次。绿茶中农药检出品种和频次见图 7-19,超标农药见图 7-20和表 7-18。

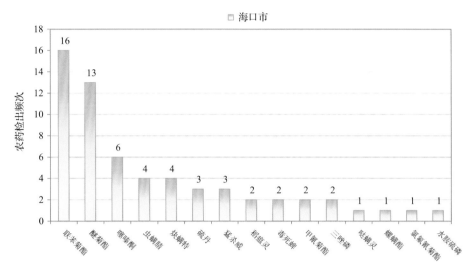

图 7-19　绿茶样品检出农药品种和频次分析

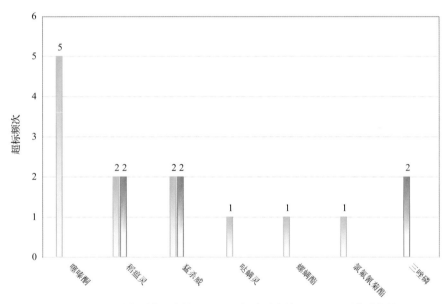

图 7-20　绿茶样品中超标农药分析

表 7-18　绿茶中农药残留超标情况明细表

样品总数		检出农药样品数	样品检出率(%)	检出农药品种总数
21		19	90.5	15
	超标农药品种	超标农药频次	按照 MRL 中国国家标准、欧盟标准和日本标准衡量超标农药名称及频次	
中国国家标准	0	0		
欧盟标准	6	12	噻嗪酮(5)，稻瘟灵(2)，猛杀威(2)，哒螨灵(1)，螺螨酯(1)，氯氟氰菊酯(1)	
日本标准	3	6	稻瘟灵(2)，猛杀威(2)，三唑磷(2)	

7.4　初　步　结　论

7.4.1　海口市市售茶叶按 MRL 中国国家标准和国际主要 MRL 标准衡量的合格率

本次侦测的 21 例样品中，2 例样品未检出任何残留农药，占样品总量的 9.5%，19 例样品检出不同水平、不同种类的残留农药，占样品总量的 90.5%。在这 19 例检出农药残留的样品中：

按照 MRL 中国国家标准衡量，有 19 例样品检出残留农药但含量没有超标，占样品总数的 90.5%，无检出残留农药超标的样品。

按照 MRL 欧盟标准衡量，有 11 例样品检出残留农药但含量没有超标，占样品总数的 52.4%，有 8 例样品检出了超标农药，占样品总数的 38.1%。

按照 MRL 日本标准衡量，有 13 例样品检出残留农药但含量没有超标，占样品总数的 61.9%，有 6 例样品检出了超标农药，占样品总数的 28.6%。

按照 MRL 中国香港标准衡量，有 19 例样品检出残留农药但含量没有超标，占样品总数的 90.5%，无检出残留农药超标的样品。

按照 MRL 美国标准衡量，有 19 例样品检出残留农药但含量没有超标，占样品总数的 90.5%，无检出残留农药超标的样品。

按照 MRL CAC 标准衡量，有 19 例样品检出残留农药但含量没有超标，占样品总数的 90.5%，无检出残留农药超标的样品。

7.4.2　海口市市售茶叶中检出农药以中低微毒农药为主，占市场主体的 86.7%

这次侦测的 21 例茶叶样品共 检出了 15 种农药，检出农药的毒性以中低微毒为主，详见表 7-19。

表 7-19　市场主体农药毒性分布

毒性	检出品种	占比	检出频次	占比
高毒农药	2	13.3%	3	4.9%
中毒农药	8	53.3%	31	50.8%
低毒农药	4	26.7%	14	23.0%
微毒农药	1	6.7%	13	21.3%
中低微毒农药，品种占比 86.7%，频次占比 95.1%				

7.4.3　检出剧毒、高毒和禁用农药现象应该警醒

在此次侦测的 21 例样品中有 1 种茶叶的 6 例样品检出了 4 种 8 频次的剧毒和高毒或禁用农药，占样品总量的 28.6%。其中高毒农药三唑磷和水胺硫磷检出频次较高。

按 MRL 中国国家标准衡量，高毒农药按超标程度比较未超标。

剧毒、高毒或禁用农药的检出情况及按照 MRL 中国国家标准衡量的超标情况见表 7-20。

表 7-20　剧毒、高毒或禁用农药的检出及超标明细

序号	农药名称	样品名称	检出频次	超标频次	最大超标倍数	超标率
1.1	三唑磷◇▲	绿茶	2	0	0	0.0%
2.1	水胺硫磷◇▲	绿茶	1	0	0	0.0%
3.1	毒死蜱▲	绿茶	2	0	0	0.0%
4.1	硫丹▲	绿茶	3	0	0	0.0%
合计			8	0		0.0%

注：表中*为剧毒农药；◇为高毒农药；▲为禁用农药；超标倍数参照 MRL 中国国家标准衡量

这些剧毒和高毒农药都是中国政府早有规定禁止在茶叶中使用的，为什么还屡次被检出，应该引起警惕。

7.4.4　残留限量标准与先进国家或地区差距较大

61 频次的检出结果与我国公布的《食品中农药最大残留限量》(GB 2763—2016)对比，有 34 频次能找到对应的 MRL 中国国家标准，占 55.7%；还有 27 频次的侦测数据无相关 MRL 标准供参考，占 44.3%。

与国际上现行 MRL 对比发现：

有 61 频次能找到对应的 MRL 欧盟标准，占 100.0%；

有 61 频次能找到对应的 MRL 日本标准，占 100.0%；

有 33 频次能找到对应的 MRL 中国香港标准，占 54.1%；

有 35 频次能找到对应的 MRL 美国标准，占 57.4%；

有 33 频次能找到对应的 MRL CAC 标准，占 54.1%。

由上可见，MRL 中国国家标准与先进国家或地区还有很大差距，我们无标准，境外有标准，这就会导致我们在国际贸易中，处于受制于人的被动地位。

7.4.5　茶叶单种样品检出 15 种农药残留，拷问农药使用的科学性

通过此次监测发现，绿茶是检出农药品种最多的 1 种茶叶，从中检出农药品种及频次详见表 7-21。

表 7-21　单种样品检出农药品种及频次

样品名称	样品总数	检出农药样品数	检出率	检出农药品种数	检出农药(频次)
绿茶	21	19	90.5%	15	联苯菊酯(16)、醚菊酯(13)、噻嗪酮(6)、虫螨腈(4)、炔螨特(4)、硫丹(3)、猛杀威(3)、稻瘟灵(2)、毒死蜱(2)、甲氰菊酯(2)、三唑磷(2)、哒螨灵(1)、螺螨酯(1)、氯氟氰菊酯(1)、水胺硫磷(1)

上述 1 种茶叶，检出农药 15 种，是多种农药综合防治，还是未严格实施农业良好管理规范(GAP)，抑或根本就是乱施药，值得我们思考。

第 8 章　GC-Q-TOF/MS 侦测海口市市售茶叶农药残留膳食暴露风险与预警风险评估

8.1　农药残留风险评估方法

8.1.1　海口市农药残留侦测数据分析与统计

庞国芳院士科研团队建立的农药残留高通量侦测技术以高分辨精确质量数(0.0001 m/z 为基准)为识别标准,采用 GC-Q-TOF/MS 技术对 684 种农药化学污染物进行侦测。

科研团队于 2019 年 3 月期间在海口市 2 个采样点,包括 1 个茶叶专营店 1 个超市,以随机购买方式采集,总计 2 批 21 例样品,具体位置如图 8-1 所示。

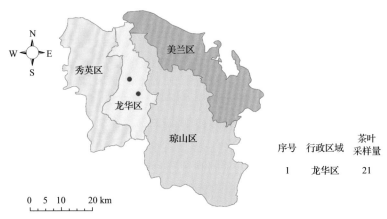

图 8-1　GC-Q-TOF/MS 侦测海口市 2 个采样点 21 例样品分布示意图

利用 GC-Q-TOF/MS 技术对 21 例样品中的农药进行侦测,侦测出残留农药 15 种,61 频次。侦测出农药残留水平如表 8-1 和图 8-2 所示。检出频次最高的前 10 种农药如表 8-2 所示。从检测结果中可以看出,在茶叶中农药残留普遍存在,且有些茶叶存在高浓度的农药残留,这些可能存在膳食暴露风险,对人体健康产生危害,因此,为了定量地评价茶叶中农药残留的风险程度,有必要对其进行风险评价。

表 8-1　侦测出农药的不同残留水平及其所占比例列表

残留水平(μg/kg)	检出频次	占比(%)
1~5(含)	3	4.9
5~10(含)	17	27.9
10~100(含)	33	54.1
100~1000	8	13.1
合计	61	100

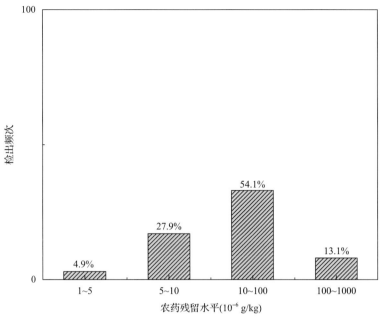

图 8-2　残留农药检出浓度频数分布图

表 8-2　检出频次最高的前 10 种农药列表

序号	农药	检出频次
1	联苯菊酯	16
2	醚菊酯	13
3	噻嗪酮	6
4	虫螨腈	4
5	炔螨特	4
6	硫丹	3
7	猛杀威	3
8	稻瘟灵	2
9	毒死蜱	2
10	甲氰菊酯	2

8.1.2　农药残留风险评价模型

对海口市茶叶中农药残留分别开展暴露风险评估和预警风险评估。膳食暴露风险评估利用食品安全指数模型对茶叶中的残留农药对人体可能产生的危害程度进行评价，该模型结合残留监测和膳食暴露评估评价化学污染物的危害；预警风险评价模型运用风险系数(risk index，R)，风险系数综合考虑了危害物的超标率、施检频率及其本身敏感性的影响，能直观而全面地反映出危害物在一段时间内的风险程度。

8.1.2.1　食品安全指数模型

为了加强食品安全管理，《中华人民共和国食品安全法》第二章第十七条规定"国家建立食品安全风险评估制度，运用科学方法，根据食品安全风险监测信息、科学数据以及有关信息，对食品、食品添加剂、食品相关产品中生物性、化学性和物理性危害因素进行风险评估"[1]，膳食暴露评估是食品危险度评估的重要组成部分，也是膳食安全性的衡量标准[2]。国际上最早研究膳食暴露风险评估的机构主要是 JMPR（FAO、WHO农药残留联合会议），该组织自 1995 年就已制定了急性毒性物质的风险评估急性毒性农药残留摄入量的预测。1960 年美国规定食品中不得加入致癌物质进而提出零阈值理论，渐渐零阈值理论发展成在一定概率条件下可接受风险的概念[3]，后衍变为食品中每日允许最大摄入量（ADI），而国际食品农药残留法典委员会（CCPR）认为 ADI 不是独立风险评估的唯一标准[4]，1995 年 JMPR 开始研究农药急性膳食暴露风险评估，并对食品国际短期摄入量的计算方法进行了修正，亦对膳食暴露评估准则及评估方法进行了修正[5]，2002 年，在对世界上现行的食品安全评价方法，尤其是国际公认的 CAC 评价方法、全球环境监测系统/食品污染监测和评估规划（WHO GEMS/Food）及 FAO、WHO 食品添加剂联合专家委员会（JECFA）和 JMPR 对食品安全风险评估工作研究的基础之上，检验检疫食品安全管理的研究人员提出了结合残留监控和膳食暴露评估，以食品安全指数 IFS 计算食品中各种化学污染物对消费者的健康危害程度[6]。IFS 是表示食品安全状态的新方法，可有效地评价某种农药的安全性，进而评价食品中各种农药化学污染物对消费者健康的整体危害程度[7, 8]。从理论上分析，IFS_c 可指出食品中的污染物 c 对消费者健康是否存在危害及危害的程度[9]。其优点在于操作简单且结果容易被接受和理解，不需要大量的数据来对结果进行验证，使用默认的标准假设或者模型即可[10, 11]。

1）IFS_c 的计算

IFS_c 计算公式如下：

$$IFS_c = \frac{EDI_c \times f}{SI_c \times bw} \tag{8-1}$$

式中，c 为所研究的农药；EDI_c 为农药 c 的实际日摄入量估算值，等于 $\sum(R_i \times F_i \times E_i \times P_i)$（i 为食品种类；$R_i$ 为食品 i 中农药 c 的残留水平，mg/kg；F_i 为食品 i 的估计日消费量，g/（人·天）；E_i 为食品 i 的可食用部分因子；P_i 为食品 i 的加工处理因子）；SI_c 为安全摄入量，可采用每日允许最大摄入量 ADI；bw 为人平均体重，kg；f 为校正因子，如果安全摄入量采用 ADI，则 f 取 1。

$IFS_c \ll 1$，农药 c 对食品安全没有影响；$IFS_c \leqslant 1$，农药 c 对食品安全的影响可以接受；$IFS_c > 1$，农药 c 对食品安全的影响不可接受。

本次评价中：

$IFS_c \leqslant 0.1$，农药 c 对茶叶安全没有影响；

$0.1 < IFS_c \leqslant 1$，农药 c 对茶叶安全的影响可以接受；

$IFS_c > 1$，农药 c 对茶叶安全的影响不可接受。

本次评价中残留水平 R_i 取值为中国检验检疫科学研究院庞国芳院士课题组利用以高分辨精确质量数(0.0001 m/z)为基准的 GC-Q-TOF/MS 侦测技术于 2019 年 3 月期间对海口市茶叶农药残留的侦测结果，估计日消费量 F_i 取值 0.0047 kg/(人·天)，E_i=1，P_i=1，f=1，SI_c 采用《食品安全国家标准　食品中农药最大残留限量》(GB 2763—2016)中 ADI 值(具体数值见表 8-3)，人平均体重(bw)取值 60 kg。

表 8-3　海口市茶叶中侦测出农药的 ADI 值

序号	农药	ADI	序号	农药	ADI	序号	农药	ADI
1	噻嗪酮	0.009	6	螺螨酯	0.01	11	醚菊酯	0.03
2	联苯菊酯	0.01	7	虫螨腈	0.03	12	甲氰菊酯	0.03
3	哒螨灵	0.01	8	稻瘟灵	0.016	13	氯氟氰菊酯	0.02
4	三唑磷	0.001	9	硫丹	0.006	14	毒死蜱	0.01
5	炔螨特	0.01	10	水胺硫磷	0.003	15	猛杀威	—

注："—"表示为国家标准中无 ADI 值规定；ADI 值单位为 mg/kg bw

2) 计算 IFS_c 的平均值 $\overline{IFS}$，评价农药对食品安全的影响程度

以 $\overline{IFS}$ 评价各种农药对人体健康危害的总程度，评价模型见公式(8-2)。

$$\overline{IFS} = \frac{\sum_{i=1}^{n} IFS_c}{n} \tag{8-2}$$

$\overline{IFS} \ll 1$，所研究消费者人群的食品安全状态很好；$\overline{IFS} \leqslant 1$，所研究消费者人群的食品安全状态可以接受；$\overline{IFS} > 1$，所研究消费者人群的食品安全状态不可接受。

本次评价中：

$\overline{IFS} \leqslant 0.1$，所研究消费者人群的茶叶安全状态很好；

$0.1 < \overline{IFS} \leqslant 1$，所研究消费者人群的茶叶安全状态可以接受；

$\overline{IFS} > 1$，所研究消费者人群的茶叶安全状态不可接受。

8.1.2.2　预警风险评估模型

2003 年，我国检验检疫食品安全管理的研究人员根据 WTO 的有关原则和我国的具体规定，结合危害物本身的敏感性、风险程度及其相应的施检频率，首次提出了食品中危害物风险系数 R 的概念[12]。R 是衡量一个危害物的风险程度大小最直观的参数，即在一定时期内其超标率或阳性检出率的高低,但受其施检频率的高低及其本身的敏感性(受关注程度)影响。该模型综合考察了农药在茶叶中的超标率、施检频率及其本身敏感性，能直观而全面地反映出农药在一段时间内的风险程度[13]。

1) R 计算方法

危害物的风险系数综合考虑了危害物的超标率或阳性检出率、施检频率和其本身的敏感性影响，并能直观而全面地反映出危害物在一段时间内的风险程度。风险系数 R 的

计算公式如式(8-3)：

$$R = aP + \frac{b}{F} + S \tag{8-3}$$

式中，P 为该种危害物的超标率；F 为危害物的施检频率；S 为危害物的敏感因子；a, b 分别为相应的权重系数。

本次评价中 $F=1$；$S=1$；$a=100$；$b=0.1$，对参数 P 进行计算，计算时首先判断是否为禁用农药，如果为非禁用农药，$P=$超标的样品数(侦测出的含量高于食品最大残留限量标准值，即 MRL)除以总样品数(包括超标、不超标、未侦测出)；如果为禁用农药，则侦测出即为超标，$P=$能侦测出的样品数除以总样品数。判断海口市茶叶农药残留是否超标的标准限值 MRL 分别以 MRL 中国国家标准[14]和 MRL 欧盟标准作为对照，具体值列于本报告附表一中。

2)评价风险程度

$R \leqslant 1.5$，受检农药处于低度风险；

$1.5 < R \leqslant 2.5$，受检农药处于中度风险；

$R > 2.5$，受检农药处于高度风险。

8.1.2.3　食品膳食暴露风险和预警风险评估应用程序的开发

1)应用程序开发的步骤

为成功开发膳食暴露风险和预警风险评估应用程序，与软件工程师多次沟通讨论，逐步提出并描述清楚计算需求，开发了初步应用程序。为明确出不同茶叶、不同农药、不同地域的风险水平，向软件工程师提出不同的计算需求，软件工程师对计算需求进行逐一分析，经过反复的细节沟通，需求分析得到明确后，开始进行解决方案的设计，在保证需求的完整性、一致性的前提下，编写出程序代码，最后设计出满足需求的风险评估专用计算软件，并通过一系列的软件测试和改进，完成专用程序的开发。软件开发基本步骤见图 8-3。

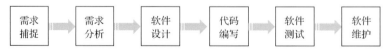

图 8-3　专用程序开发总体步骤

2)膳食暴露风险评估专业程序开发的基本要求

首先直接利用公式(8-1)，分别计算 LC-Q-TOF/MS 和 GC-Q-TOF/MS 仪器侦测出的各茶叶样品中每种农药 IFS_c，将结果列出。为考察超标农药和禁用农药的使用安全性，分别以我国《食品安全国家标准　食品中农药最大残留限量》(GB 2763—2016)和欧盟食品中农药最大残留限量(以下简称 MRL 中国国家标准和 MRL 欧盟标准)为标准，对侦测出的禁用农药和超标的非禁用农药 IFS_c 单独进行评价；按 IFS_c 大小列表，并找出 IFS_c 值排名前 20 的样本重点关注。

对不同茶叶 i 中每一种侦测出的农药 c 的安全指数进行计算，多个样品时求平均值。按农药种类，计算整个监测时间段内每种农药的 IFS_c，不区分茶叶种类。

3) 预警风险评估专业程序开发的基本要求

分别以 MRL 中国国家标准和 MRL 欧盟标准，按公式 (8-3) 逐个计算不同茶叶、不同农药的风险系数，禁用农药和非禁用农药分别列表。

为清楚了解各种农药的预警风险，不分时间，不分茶叶，按禁用农药和非禁用农药分类，分别计算各种侦测出农药全部检测时段内风险系数。由于有 MRL 中国国家标准的农药种类太少，无法计算超标数，非禁用农药的风险系数只以 MRL 欧盟标准为标准，进行计算。

4) 风险程度评价专业应用程序的开发方法

采用 Python 计算机程序设计语言，Python 是一个高层次地结合了解释性、编译性、互动性和面向对象的脚本语言。风险评价专用程序主要功能包括：分别读入每例样品 LC-Q-TOF/MS 和 GC-Q-TOF/MS 农药残留检测数据，根据风险评价工作要求，依次对不同农药、不同食品、不同时间、不同采样点的 IFS_c 值和 R 值分别进行数据计算，筛选出禁用农药、超标农药 (分别与 MRL 中国国家标准、MRL 欧盟标准限值进行对比) 单独重点分析，再分别对各农药、各茶叶种类分类处理，设计出计算和排序程序，编写计算机代码，最后将生成的膳食暴露风险评估和超标风险评估定量计算结果列入设计好的各个表格中，并定性判断风险对目标的影响程度，直接用文字描述风险发生的高低，如"不可接受"、"可以接受"、"没有影响"、"高度风险"、"中度风险"、"低度风险"。

8.2　GC-Q-TOF/MS 侦测海口市市售茶叶农药残留膳食暴露风险评估

8.2.1　每例茶叶样品中农药残留安全指数分析

基于 2019 年 3 月的农药残留侦测数据，发现在 21 例样品中侦测出农药 61 频次，计算样品中每种残留农药的安全指数 IFS_c，并分析农药对样品安全的影响程度，结果详见附表二，农药残留对茶叶样品安全的影响程度频次分布情况如图 8-4 所示。

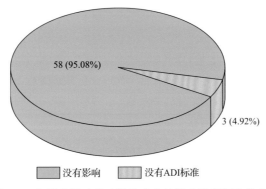

图 8-4　农药残留对茶叶样品安全的影响程度频次分布图

由图 8-4 可以看出，农药残留对样品安全的没有影响的频次为 58，占 95.08%；农药残留对样品安全的没有 ADI 标准的频次为 3，占 4.92%。

部分样品侦测出禁用农药 4 种 8 频次，为了明确残留的禁用农药对样品安全的影响，分析侦测出禁用农药残留的样品安全指数，禁用农药残留对茶叶样品安全的影响程度频次分布情况如图 8-5 所示，农药残留对样品安全没有影响的频次为 8，占 100%。

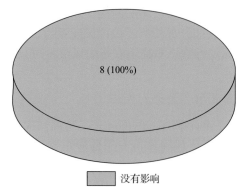

图 8-5　禁用农药对茶叶样品安全影响程度的频次分布图

残留量超过 MRL 欧盟标准的非禁用农药对茶叶样品安全的影响程度频次分布情况如图 8-6 所示。可以看出超过 MRL 欧盟标准的非禁用农药共 12 频次，其中农药没有 ADI 的频次为 2，占 16.67%；农药残留对样品安全没有影响的频次为 10，占 83.33%。表 8-4 为茶叶样品中安全指数排名前 10 的残留超标非禁用农药列表。

表 8-4　茶叶样品中安全指数排名前 10 的残留超标非禁用农药列表（MRL 欧盟标准）

序号	样品编号	采样点	基质	农药	含量 (mg/kg)	欧盟标准	IFS$_c$	影响程度
1	20190308-460100-FJCIQ-GT-01C	***超市(新城吾悦广场店)	绿茶	噻嗪酮	0.416	0.05	$3.62×10^{-3}$	没有影响
2	20190308-460100-FJCIQ-GT-01B	***超市(新城吾悦广场店)	绿茶	噻嗪酮	0.3634	0.05	$3.16×10^{-3}$	没有影响
3	20190308-460100-FJCIQ-GT-01C	***茶庄	绿茶	哒螨灵	0.286	0.05	$2.24×10^{-3}$	没有影响
4	20190308-460100-FJCIQ-GT-02H	***茶庄	绿茶	噻嗪酮	0.17	0.05	$1.48×10^{-3}$	没有影响
5	20190308-460100-FJCIQ-GT-01C	***茶庄	绿茶	螺螨酯	0.1125	0.05	$8.81×10^{-4}$	没有影响
6	20190308-460100-FJCIQ-GT-02C	***超市(新城吾悦广场店)	绿茶	噻嗪酮	0.0985	0.05	$8.57×10^{-4}$	没有影响
7	20190308-460100-FJCIQ-GT-01A	***茶庄	绿茶	噻嗪酮	0.076	0.05	$6.61×10^{-4}$	没有影响
8	20190308-460100-FJCIQ-GT-02E	***超市(新城吾悦广场店)	绿茶	稻瘟灵	0.0619	0.01	$3.03×10^{-4}$	没有影响
9	20190308-460100-FJCIQ-GT-02C	***超市(新城吾悦广场店)	绿茶	氯氟氰菊酯	0.0337	0.01	$1.32×10^{-4}$	没有影响
10	20190308-460100-FJCIQ-GT-02A	***超市(新城吾悦广场店))	绿茶	稻瘟灵	0.0103	0.01	$5.04×10^{-5}$	没有影响

8.2.2　单种茶叶中农药残留安全指数分析

本次 1 种茶叶侦测 15 种农药，检出频次为 61 次，其中 1 种农药没有 ADI，14 种农药存在 ADI 标准。1 种茶叶按不同种类分别计算侦测出的具有 ADI 标准的各种农药的

IFS$_c$ 值，农药残留对茶叶的安全指数分布图如图 8-7 所示。

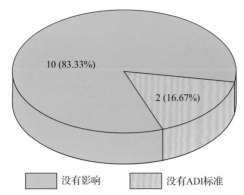

图 8-6　残留超标的非禁用农药对茶叶样品安全的影响程度频次分布图（MRL 欧盟标准）

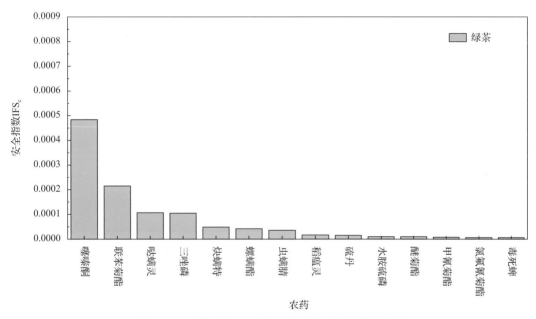

图 8-7　1 种茶叶中 14 种残留农药的安全指数分布图

　　本次侦测中，1 种茶叶和 15 种残留农药（包括没有 ADI）共涉及 15 个分析样本，农药对单种茶叶安全的影响程度分布情况如图 8-8 所示。可以看出，93.33% 的样本中农药对茶叶安全没有影响，6.67% 的样本中农药对茶叶安全的影响没有 ADI 标准。

8.2.3　所有茶叶中农药残留安全指数分析

　　计算所有茶叶中 14 种农药的 IFS$_c$ 值，结果如图 8-9 及表 8-5 所示。

　　分析发现，所有的农药对茶叶安全的影响程度均为没有影响，说明茶叶中残留的农药不会对茶叶安全造成影响。

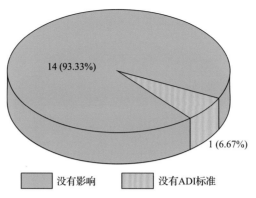

图 8-8 15 个分析样本的影响程度频次分布图

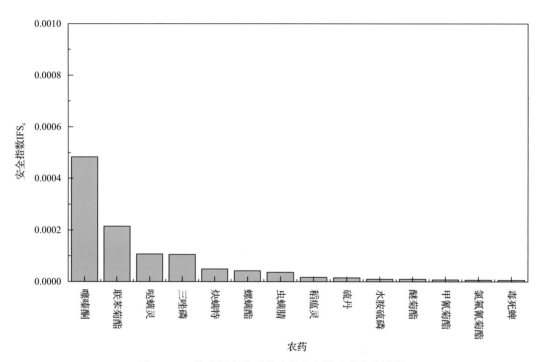

图 8-9 14 种残留农药对茶叶的安全影响程度统计图

表 8-5 茶叶中 14 种农药残留的安全指数表

序号	农药	检出频次	检出率(%)	IFS_c	影响程度	序号	农药	检出频次	检出率(%)	IFS_c	影响程度
1	噻嗪酮	6	28.57	4.84×10^{-4}	没有影响	8	稻瘟灵	2	9.52	1.68×10^{-5}	没有影响
2	联苯菊酯	16	76.19	2.15×10^{-4}	没有影响	9	硫丹	3	14.29	1.52×10^{-5}	没有影响
3	哒螨灵	1	4.76	1.07×10^{-4}	没有影响	10	水胺硫磷	1	4.76	1.02×10^{-5}	没有影响
4	三唑磷	2	9.52	1.05×10^{-4}	没有影响	11	醚菊酯	13	61.90	9.98×10^{-6}	没有影响
5	炔螨特	4	19.05	4.89×10^{-5}	没有影响	12	甲氰菊酯	2	9.52	7.70×10^{-6}	没有影响
6	螺螨酯	1	4.76	4.20×10^{-5}	没有影响	13	氯氟氰菊酯	1	4.76	6.29×10^{-6}	没有影响
7	虫螨腈	4	19.05	3.60×10^{-5}	没有影响	14	毒死蜱	2	9.52	6.04×10^{-6}	没有影响

8.3　GC-Q-TOF/MS 侦测海口市市售茶叶农药残留预警风险评估

基于海口市茶叶样品中农药残留 GC-Q-TOF/MS 侦测数据, 分析禁用农药的检出率, 同时参照中华人民共和国国家标准 GB 2763—2016 和欧盟农药最大残留限量(MRL)标准分析非禁用农药残留的超标率, 并计算农药残留风险系数。分析单种茶叶中农药残留以及所有茶叶中农药残留的风险程度。

8.3.1　单种茶叶中农药残留风险系数分析

8.3.1.1　单种茶叶中禁用农药残留风险系数分析

侦测出的 15 种残留农药中有 4 种为禁用农药, 且它们分布在 1 种茶叶中, 计算 1 种茶叶中禁用农药的检出率, 根据检出率计算风险系数 R, 进而分析茶叶中禁用农药的风险程度, 结果如图 8-10 与表 8-6 所示。分析发现 4 种禁用农药在 1 种茶叶中的残留处均于高度风险。

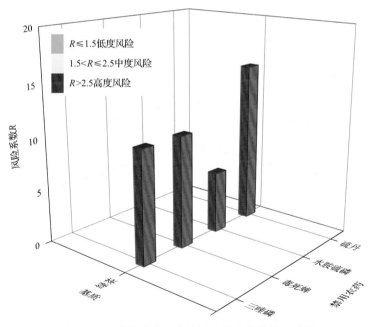

图 8-10　1 种茶叶中 4 种禁用农药残留的风险系数

表 8-6　1 种茶叶中 4 种禁用农药残留的风险系数表

序号	基质	农药	检出频次	检出率(%)	风险系数 R	风险程度
1	绿茶	三唑磷	2	9.52	10.62	高度风险
2	绿茶	毒死蜱	2	9.52	10.62	高度风险
3	绿茶	水胺硫磷	1	4.76	5.86	高度风险
4	绿茶	硫丹	3	14.29	15.39	高度风险

8.3.1.2　基于 MRL 中国国家标准的单种茶叶中非禁用农药残留风险系数 分析

参照中华人民共和国国家标准 GB 2763—2016 中农药残留限量计算每种茶叶中每种非禁用农药的超标率,进而计算其风险系数,根据风险系数大小判断残留农药的预警风险程度,茶叶中非禁用农药残留风险程度分布情况如图 8-11 所示。

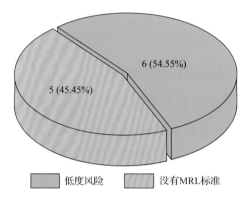

图 8-11　茶叶中非禁用农药残留的风险程度分布图(MRL 中国国家标准)

本次分析中,发现在 1 种茶叶检出 11 种残留非禁用农药,涉及样本 11 个,在 11 个样本中,54.55%处于低度风险,此外发现有 5 个样本没有 MRL 中国国家标准值,无法判断其风险程度,有 MRL 中国国家标准值的 6 个样本涉及 1 种茶叶中的 6 种非禁用农药,其风险系数 R 值如图 8-12 所示。

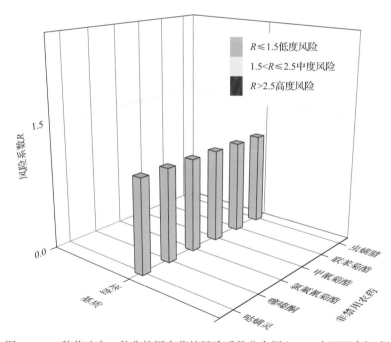

图 8-12　1 种茶叶中 6 种非禁用农药的风险系数分布图(MRL 中国国家标准)

8.3.1.3　基于 MRL 欧盟标准的单种茶叶中非禁用农药残留风险系数分析

参照 MRL 欧盟标准计算每种茶叶中每种非禁用农药的超标率，进而计算其风险系数，根据风险系数大小判断农药残留的预警风险程度，茶叶中非禁用农药残留风险程度分布情况如图 8-13 所示。

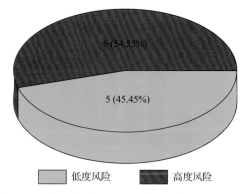

图 8-13　茶叶中非禁用农药残留的风险程度分布图（MRL 欧盟标准）

本次分析中，发现在 1 种茶叶中共侦测出 11 种非禁用农药，涉及样本 11 个，其中，54.55%处于高度风险，涉及 1 种茶叶和 6 种农药；45.45%处于低度风险，涉及 1 种茶叶和 5 种农药。单种茶叶中的非禁用农药风险系数分布图如图 8-14 所示。单种茶叶中处于高度风险的非禁用农药风险系数如图 8-15 和表 8-7 所示。

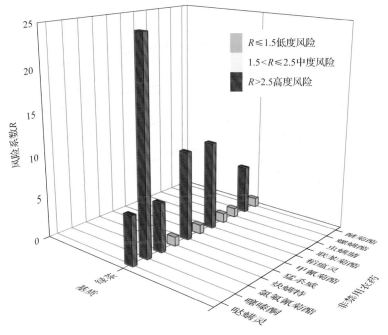

图 8-14　1 种茶叶中 11 种非禁用农药残留的风险系数（MRL 欧盟标准）

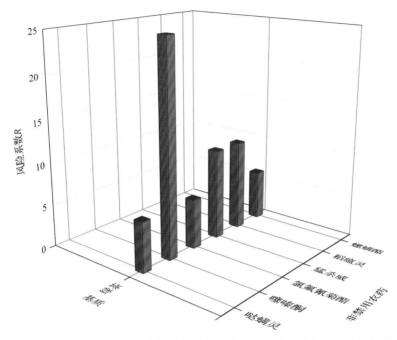

图 8-15　单种茶叶中处于高度风险的非禁用农药的风险系数(MRL 欧盟标准)

表 8-7　单种茶叶中处于高度风险的非禁用农药残留的风险系数表(**MRL 欧盟标准**)

序号	基质	农药	超标频次	超标率 $P(\%)$	风险系数 R
1	绿茶	哒螨灵	1	4.76	5.86
2	绿茶	噻嗪酮	5	23.81	24.91
3	绿茶	氯氟氰菊酯	1	4.76	5.86
4	绿茶	猛杀威	2	9.52	10.62
5	绿茶	稻瘟灵	2	9.52	10.62
6	绿茶	螺螨酯	1	4.76	5.86

8.3.2　所有茶叶中农药残留风险系数分析

8.3.2.1　所有茶叶中禁用农药残留风险系数分析

在侦测出的 15 种农药中有 4 种为禁用农药, 计算所有茶叶中禁用农药的风险系数, 结果如表 8-8 所示。在 4 种禁用农药中, 均处于高度风险。

表 8-8　茶叶中 4 种禁用农药的风险系数表

序号	农药	检出频次	检出率(%)	风险系数 R	风险程度
1	硫丹	3	14.29	15.39	高度风险
2	三唑磷	2	9.52	10.62	高度风险
3	毒死蜱	2	9.52	10.62	高度风险
4	水胺硫磷	1	4.76	5.86	高度风险

8.3.2.2　所有茶叶中非禁用农药残留风险系数分析

参照 MRL 欧盟标准计算所有茶叶中每种非禁用农药残留的风险系数，如图 8-16 与表 8-9 所示。在侦测出的 11 种非禁用农药中，6 种农药(54.55%)残留处于高度风险，5 种农药(45.45%)残留处于低度风险。

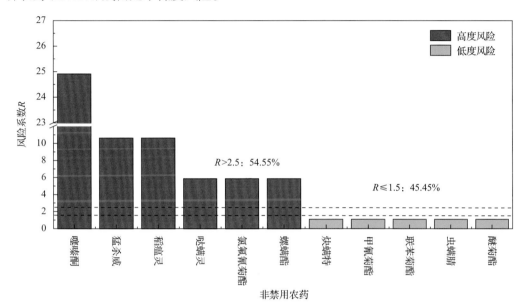

图 8-16　茶叶中 11 种非禁用农药的风险程度统计图

表 8-9　茶叶中 11 种非禁用农药的风险系数表

序号	农药	超标频次	超标率 P(%)	风险系数 R	风险程度
1	噻嗪酮	5	23.81	24.91	高度风险
2	猛杀威	2	9.52	10.62	高度风险
3	稻瘟灵	2	9.52	10.62	高度风险
4	哒螨灵	1	4.76	5.86	高度风险
5	氯氟氰菊酯	1	4.76	5.86	高度风险
6	螺螨酯	1	4.76	5.86	高度风险
7	炔螨特	0	0	1.10	低度风险
8	甲氰菊酯	0	0	1.10	低度风险
9	联苯菊酯	0	0	1.10	低度风险
10	虫螨腈	0	0	1.10	低度风险
11	醚菊酯	0	0	1.10	低度风险

8.4 GC-Q-TOF/MS 侦测海口市市售茶叶农药 残留风险评估结论与建议

农药残留是影响茶叶安全和质量的主要因素，也是我国食品安全领域备受关注的敏感话题和亟待解决的重大问题之一[15,16]。各种茶叶均存在不同程度的农药残留现象，本研究主要针对海口市各类茶叶存在的农药残留问题，基于 2019 年 3 月对海口市 21 例茶叶样品中农药残留侦测得出的 61 个侦测结果，分别采用食品安全指数模型和风险系数模型，开展茶叶中农药残留的膳食暴露风险和预警风险评估。茶叶样品取自超市和茶叶专营店，符合大众的膳食来源，风险评价时更具有代表性和可信度。

本研究力求通用简单地反映食品安全中的主要问题，且为管理部门和大众容易接受，为政府及相关管理机构建立科学的食品安全信息发布和预警体系提供科学的规律与方法，加强对农药残留的预警和食品安全重大事件的预防，控制食品风险。

8.4.1 海口市茶叶中农药残留膳食暴露风险评价结论

1) 茶叶样品中农药残留安全状态评价结论

采用食品安全指数模型，对 2019 年 3 月期间海口市茶叶农药残留膳食暴露风险进行评价，根据 IFS_c 的计算结果发现，茶叶中农药的 $\overline{IFS}$ 为 7.92×10^{-5}，说明海口市茶叶总体处于可以接受的安全状态，但部分禁用农药、高残留农药在茶叶中仍有侦测出，导致膳食暴露风险的存在，成为不安全因素。

2) 禁用农药膳食暴露风险评价

本次检测发现部分茶叶样品中有禁用农药侦测出，侦测出禁用农药 4 种，侦测出频次为 8，茶叶样品中的禁用农药 IFS_c 计算结果表明，禁用农药残留膳食暴露风险没有影响的频次为 8，占 100%。

8.4.2 海口市茶叶中农药残留预警风险评价结论

1) 单种茶叶中禁用农药残留的预警风险评价结论

本次检测过程中，在 1 种茶叶中检测出 4 种禁用农药，禁用农药为：三唑磷、毒死蜱、水胺硫磷、硫丹，茶叶为：绿茶，茶叶中禁用农药的风险系数分析结果显示，4 种禁用农药在 1 种茶叶中的残留均处于高度风险，说明在单种茶叶中禁用农药的残留会导致较高的预警风险。

2) 单种茶叶中非禁用农药残留的预警风险评价结论

以 MRL 中国国家标准为标准，计算茶叶中非禁用农药风险系数情况下，11 个样本中，6 个处于低度风险(54.55%)，5 个样本没有 MRL 中国国家标准(45.45%)。以 MRL 欧盟标准为标准，计算茶叶中非禁用农药风险系数情况下，发现有 6 个处于高度风险(54.55%)，5 个处于低度风险(45.45%)。基于两种 MRL 标准，评价的结果差异显著，可以看出 MRL 欧盟标准比中国国家标准更加严格和完善，过于宽松的 MRL 中国国家标准值能否有效保障人体的健康有待研究。

8.4.3　加强海口市茶叶食品安全建议

我国食品安全风险评价体系仍不够健全，相关制度不够完善，多年来，由于农药用药次数多、用药量大或用药间隔时间短，产品残留量大，农药残留所造成的食品安全问题日益严峻，给人体健康带来了直接或间接的危害。据估计，美国与农药有关的癌症患者数约占全国癌症患者总数的 50%，中国更高。同样，农药对其他生物也会形成直接杀伤和慢性危害，植物中的农药可经过食物链逐级传递并不断蓄积，对人和动物构成潜在威胁，并影响生态系统。

基于本次农药残留侦测数据的风险评价结果，提出以下几点建议：

1) 加快食品安全标准制定步伐

我国食品标准中对农药每日允许最大摄入量 ADI 的数据严重缺乏，在本次评价所涉及的 15 种农药中，仅有 93.3%的农药具有 ADI 值，而 6.7%的农药中国尚未规定相应的 ADI 值，亟待完善。

我国食品中农药最大残留限量值的规定严重缺乏，对评估涉及的不同茶叶中不同农药 15 个 MRL 限值进行统计来看，我国仅制定出 8 个标准，我国标准完整率仅为 53.3%，欧盟的完整率达到 100%(表 8-10)。因此，中国更应加快 MRL 的制定步伐。

表 8-10　我国国家食品标准农药的 ADI、MRL 值与欧盟标准的数量差异

分类		中国 ADI	MRL 中国国家标准	MRL 欧盟标准
标准限值(个)	有	14	8	15
	无	1	7	0
总数(个)		15	15	15
无标准限值比例(%)		6.7	46.7	0

此外，MRL 中国国家标准限值普遍高于欧盟标准限值，这些标准中共有 5 个高于欧盟。过高的 MRL 值难以保障人体健康，建议继续加强对限值基准和标准的科学研究，将农产品中的危险性减少到尽可能低的水平。

2) 加强农药的源头控制和分类监管

在海口市某些茶叶中仍有禁用农药残留，利用 GC-Q-TOF/MS 技术侦测出 4 种禁用农药，检出频次为 8 次，残留禁用农药均存在较大的膳食暴露风险和预警风险。早已列入黑名单的禁用农药在我国并未真正退出，有些药物由于价格便宜、工艺简单，此类高毒农药一直生产和使用。建议在我国采取严格有效的控制措施，从源头控制禁用农药。

对于非禁用农药，在我国作为"田间地头"最典型单位的县级茶叶产地中，农药残留的检测几乎缺失。建议根据农药的毒性，对高毒、剧毒、中毒农药实现分类管理，减少使用高毒和剧毒高残留农药，进行分类监管。

3) 加强农药生物基准和降解技术研究

市售茶叶中残留农药的品种多、频次高、禁用农药多次检出这一现状，说明了我国的田间土壤和水体因农药长期、频繁、不合理的使用而遭到严重污染。为此，建议中国相关部门出台相关政策，鼓励高校及科研院所积极开展分子生物学、酶学等研究，加强土壤、水体中残留农药的生物修复及降解新技术研究，切实加大农药监管力度，以控制农药的面源污染问题。

综上所述，在本工作基础上，根据茶叶残留危害，可进一步针对其成因提出和采取严格管理、大力推广无公害茶叶种植与生产、健全食品安全控制技术体系、加强茶叶质量检测体系建设和积极推行茶叶质量追溯制度等相应对策。建立和完善食品安全综合评价指数与风险监测预警系统，对食品安全进行实时、全面的监控与分析，为我国的食品安全科学监管与决策提供新的技术支持，可实现各类检验数据的信息化系统管理，降低食品安全事故的发生。

南 宁 市

第 9 章 LC-Q-TOF/MS 侦测南宁市 61 例市售茶叶样品农药残留报告

从南宁市所属 1 个区，随机采集了 61 例茶叶样品，使用液相色谱-四极杆飞行时间质谱(LC-Q-TOF/MS)对 825 种农药化学污染物示范侦测(7 种负离子模式 ESI 未涉及)。

9.1 样品种类、数量与来源

9.1.1 样品采集与检测

为了真实反映百姓日常饮用的茶叶中农药残留污染状况，本次所有检测样品均由检验人员于 2019 年 3 月期间，从南宁市所属 3 个采样点，包括 3 个茶叶专营店，以随机购买方式采集，总计 3 批 61 例样品，从中检出农药 71 种，377 频次。采样及监测概况见图 9-1 及表 9-1，样品及采样点明细见表 9-2 及表 9-3(侦测原始数据见附表 1)。

序号	行政区域	茶叶采样量
1	青秀区	61

图 9-1 南宁市所属 3 个采样点 61 例样品分布图

表 9-1 农药残留监测总体概况

采样地区	南宁市所属 1 个区
采样点(茶叶专营店)	3
样本总数	61
检出农药品种/频次	71/377
各采样点样本农药残留检出率范围	62.5%~93.3%

表 9-2　样品分类及数量

样品分类	样品名称(数量)	数量小计
1. 茶叶		61
1)发酵类茶叶	黑茶(10)	10
2)未发酵类茶叶	花茶(10)，绿茶(41)	51
合计	1.茶叶 3 种	61

表 9-3　南宁市采样点信息

采样点序号	行政区域	采样点
茶叶专营店(3)		
1	青秀区	***茶庄(喜相逢店)
2	青秀区	***批发零售店
3	青秀区	***茶叶店

9.1.2　检测结果

这次使用的检测方法是庞国芳院士团队最新研发的不需使用标准品对照，而以高分辨精确质量数(0.0001 m/z)为基准的 LC-Q-TOF/MS 检测技术，对于 61 例样品，每个样品均侦测了 825 种农药化学污染物的残留现状。通过本次侦测，在 61 例样品中共计检出农药化学污染物 71 种，检出 377 频次。

9.1.2.1　各采样点样品检出情况

统计分析发现 3 个采样点中，被测样品的农药检出率范围为 62.5% ~ 93.3%。其中，***茶叶店的检出率最高，为 93.3%。***茶庄(喜相逢店)的检出率最低，为 62.5%，见图 9-2。

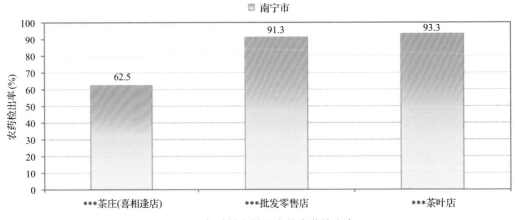

图 9-2　各采样点样品中的农药检出率

9.1.2.2　检出农药的品种总数与频次

统计分析发现，对于 61 例样品中 825 种农药化学污染物的侦测，共检出农药 377 频次，涉及农药 71 种，结果如图 9-3 所示。其中唑虫酰胺检出频次最高，共检出 34 次。检出频次排名前 10 的农药如下：①唑虫酰胺(34)，②噻嗪酮(31)，③哒螨灵(29)，④啶虫脒(28)，⑤烯丙菊酯(20)，⑥苯醚甲环唑(18)，⑦毒死蜱(16)，⑧抑芽丹(15)，⑨吡虫啉(14)，⑩吡唑醚菌酯(11)。

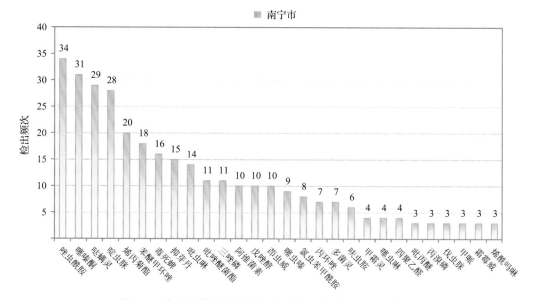

图 9-3　检出农药品种及频次(仅列出 3 频次及以上的数据)

由图 9-4 可见，花茶、绿茶和黑茶这 3 种茶叶样品中检出的农药品种数较高，均超过 10 种，其中，花茶检出农药品种最多，为 48 种。由图 9-5 可见，绿茶、花茶和黑茶这 3 种茶叶样品中的农药检出频次较高，均超过 20 次，其中，绿茶检出农药频次最高，为 237 次。

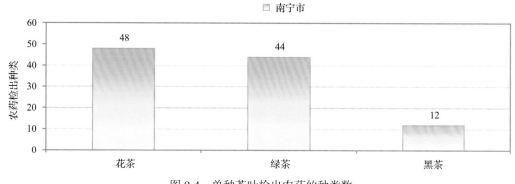

图 9-4　单种茶叶检出农药的种类数

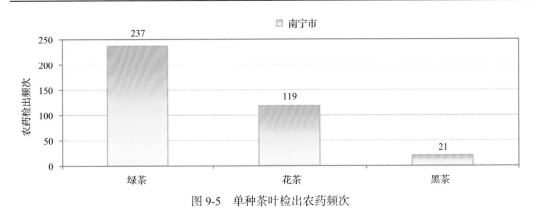

图 9-5　单种茶叶检出农药频次

9.1.2.3　单例样品农药检出种类与占比

对单例样品检出农药种类和频次进行统计发现，未检出农药的样品占总样品数的 11.5%，检出 1 种农药的样品占总样品数的 11.5%，检出 2～5 种农药的样品占总样品数的 31.1%，检出 6～10 种农药的样品占总样品数的 24.6%，检出大于 10 种农药的样品占总样品数的 21.3%。每例样品中平均检出农药为 6.2 种，数据见表 9-4 及图 9-6。

表 9-4　单例样品检出农药品种占比

检出农药品种数	样品数量/占比(%)
未检出	7/11.5
1 种	7/11.5
2～5 种	19/31.1
6～10 种	15/24.6
大于 10 种	13/21.3
单例样品平均检出农药品种	6.2 种

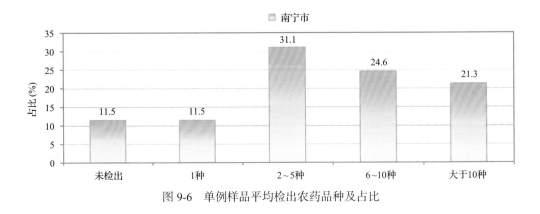

图 9-6　单例样品平均检出农药品种及占比

9.1.2.4　检出农药类别与占比

所有检出农药按功能分类，包括杀虫剂、杀菌剂、除草剂、植物生长调节剂、杀螨剂、灭鼠剂、增效剂共 7 类。其中杀虫剂与杀菌剂为主要检出的农药类别，分别占总数的 36.6%和 32.4%，见表 9-5 及图 9-7。

表 9-5　检出农药所属类别/占比

农药类别	数量/占比(%)
杀虫剂	26/36.6
杀菌剂	23/32.4
除草剂	7/9.9
植物生长调节剂	7/9.9
杀螨剂	6/8.5
灭鼠剂	1/1.4
增效剂	1/1.4

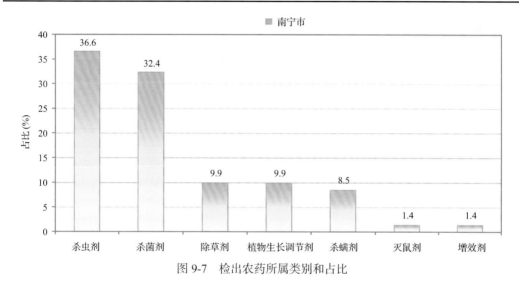

图 9-7　检出农药所属类别和占比

9.1.2.5　检出农药的残留水平

按检出农药残留水平进行统计，残留水平在 1～5 μg/kg(含)的农药占总数的 37.7%，在 5～10 μg/kg(含)的农药占总数的 17.2%，在 10～100 μg/kg(含)的农药占总数的 37.9%，在 100～1000 μg/kg(含)的农药占总数的 6.9%，在>1000 μg/kg 的农药占总数的 0.3%。

由此可见，这次检测的 3 批 61 例茶叶样品中农药多数处于较低残留水平。结果见表 9-6 及图 9-8，数据见附表 2。

表 9-6　农药残留水平/占比

残留水平(μg/kg)	检出频次数/占比(%)
1～5(含)	142/37.7
5～10(含)	65/17.2
10～100(含)	143/37.9
100～1000(含)	26/6.9
>1000	1/0.3

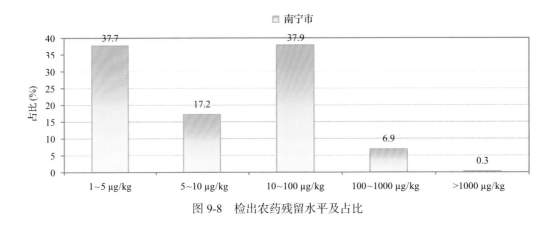

图 9-8　检出农药残留水平及占比

9.1.2.6　检出农药的毒性类别、检出频次和超标频次及占比

对这次检出的 71 种 377 频次的农药，按剧毒、高毒、中毒、低毒和微毒这五个毒性类别进行分类，从中可以看出，南宁市目前普遍使用的农药为中低微毒农药，品种占 88.7%，频次占 91.8%。结果见表 9-7 及图 9-9。

表 9-7　检出农药毒性类别/占比

毒性分类	农药品种/占比(%)	检出频次/占比(%)	超标频次/超标率(%)
剧毒农药	2/2.8	3/0.8	0/0.0
高毒农药	6/8.5	28/7.4	0/0.0
中毒农药	31/43.7	233/61.8	0/0.0
低毒农药	21/29.6	70/18.6	0/0.0
微毒农药	11/15.5	43/11.4	0/0.0

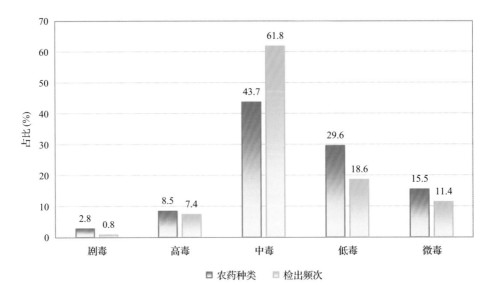

图 9-9　检出农药的毒性分类和占比

9.1.2.7　检出剧毒/高毒类农药的品种和频次

值得特别关注的是，在此次侦测的 61 例样品中有 3 种茶叶的 23 例样品检出了 8 种 31 频次的剧毒和高毒农药，占样品总量的 37.7%，详见图 9-10、表 9-8 及表 9-9。

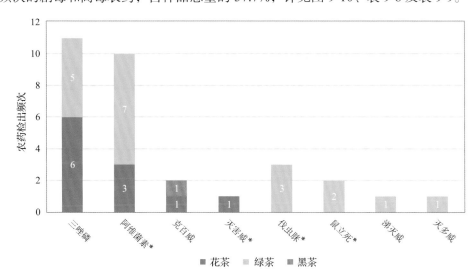

图 9-10　检出剧毒/高毒农药的样品情况

注：*表示允许在茶叶上使用的农药

表 9-8　剧毒农药检出情况

序号	农药名称	检出频次	超标频次	超标率
从 1 种茶叶中检出 2 种剧毒农药，共计检出 3 次				
1	鼠立死*	2	0	0.0%
2	涕灭威*	1	0	0.0%
	合计	3	0	超标率：0.0%

表 9-9　高毒农药检出情况

序号	农药名称	检出频次	超标频次	超标率
从 3 种茶叶中检出 6 种高毒农药，共计检出 28 次				
1	三唑磷	11	0	0.0%
2	阿维菌素	10	0	0.0%
3	伐虫脒	3	0	0.0%
4	克百威	2	0	0.0%
5	灭多威	1	0	0.0%
6	灭害威	1	0	0.0%
	合计	28	0	超标率：0.0%

在检出的剧毒和高毒农药中，有 4 种是我国早已禁止在茶叶上使用的，分别是：灭多威、克百威、三唑磷和涕灭威。禁用农药的检出情况见表 9-10。

表 9-10　禁用农药检出情况

序号	农药名称	检出频次	超标频次	超标率
		从 3 种茶叶中检出 5 种禁用农药，共计检出 31 次		
1	毒死蜱	16	0	0.0%
2	三唑磷	11	0	0.0%
3	克百威	2	0	0.0%
4	灭多威	1	0	0.0%
5	涕灭威*	1	0	0.0%
	合计	31	0	超标率：0.0%

注：表中*为剧毒农药；超标结果参考 MRL 中国国家标准计算

此次抽检的茶叶样品中，有 1 种茶叶检出了剧毒农药，为：绿茶中检出涕灭威 1 次，检出鼠立死 2 次。

样品中检出剧毒和高毒农药残留水平没有超过 MRL 中国国家标准，但本次检出结果仍表明，高毒、剧毒农药的使用现象依旧存在。详见表 9-11。

表 9-11　各样本中检出剧毒/高毒农药情况

样品名称	农药名称	检出频次	超标频次	检出浓度（μg/kg）
		茶叶 3 种		
黑茶	克百威▲	1	0	1.7
花茶	三唑磷▲	6	0	1.1, 1.4, 3.9, 1.2, 2.0, 12.0
花茶	阿维菌素	3	0	37.0, 181.1, 115.3
花茶	克百威▲	1	0	1.2
花茶	灭害威	1	0	5.7
绿茶	鼠立死*	2	0	11.6, 9.2
绿茶	涕灭威*▲	1	0	1.2
绿茶	阿维菌素	7	0	36.7, 54.6, 11.5, 34.4, 8.1, 8.3, 9.0
绿茶	三唑磷▲	5	0	1.5, 3.1, 5.9, 25.5, 1.1
绿茶	伐虫脒	3	0	421.5, 434.1, 443.2
绿茶	灭多威▲	1	0	22.6
	合计	31	0	超标率：0.0%

注：表中*为剧毒农药；▲为禁用农药；a 为超标结果（参考 MRL 中国国家标准）

9.2　农药残留检出水平与最大残留限量标准对比分析

我国于 2016 年 12 月 18 日正式颁布并于 2017 年 6 月 18 日正式实施食品农药残留

限量国家标准 GB 2763—2016《食品中农药最大残留限量》。该标准包括 417 个农药条目，涉及最大残留限量（MRL）标准 4140 项。将 377 频次检出农药的浓度水平与 4140 项 MRL 中国国家标准进行核对，其中只有 151 频次的结果找到了对应的 MRL，占 40.1%，还有 226 频次的结果则无相关 MRL 标准供参考，占 59.9%。

将此次侦测结果与国际上现行 MRL 对比发现，在 377 频次的检出结果中有 377 频次的结果找到了对应的 MRL 欧盟标准，占 100.0%，其中，295 频次的结果有明确对应的 MRL，占 78.2%，其余 82 频次按照欧盟一律标准判定，占 21.8%；有 377 频次的结果找到了对应的 MRL 日本标准，占 100.0%，其中，282 频次的结果有明确对应的 MRL，占 74.8%，其余 95 频次按照日本一律标准判定，占 25.2%；有 141 频次的结果找到了对应的 MRL 中国香港标准，占 37.4%；有 141 频次的结果找到了对应的 MRL 美国标准，占 37.4%；有 105 频次的结果找到了对应的 MRL CAC 标准，占 27.9%（见图 9-11 和图 9-12，数据见附表 3 至附表 8）。

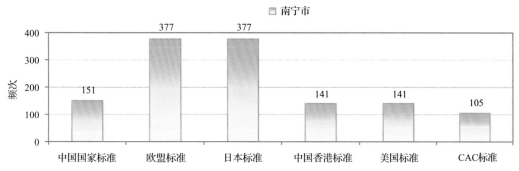

图 9-11　377 频次检出农药可用 MRL 中国国家标准、欧盟标准、日本标准、中国香港标准、美国标准、CAC 标准判定衡量的数量

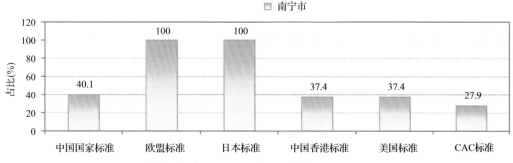

图 9-12　377 频次检出农药可用 MRL 中国国家标准、欧盟标准、日本标准、中国香港标准、美国标准、CAC 标准衡量的占比

9.2.1　超标农药样品分析

本次侦测的 61 例样品中，7 例样品未检出任何残留农药，占样品总量的 11.5%，54 例样品检出不同水平、不同种类的残留农药，占样品总量的 88.5%。在此，我们将本次侦测的农残检出情况与 MRL 中国国家标准、欧盟标准、日本标准、中国香港标准、美

国标准和CAC标准这6大国际主流标准进行对比分析,样品农残检出与超标情况见表9-12、图9-13和图9-14,详细数据见附表9至附表14。

表9-12 各MRL标准下样本农残检出与超标数量及占比

	中国国家标准 数量/占比(%)	欧盟标准 数量/占比(%)	日本标准 数量/占比(%)	中国香港标准 数量/占比(%)	美国标准 数量/占比(%)	CAC标准 数量/占比(%)
未检出	7/11.5	7/11.5	7/11.5	7/11.5	7/11.5	7/11.5
检出未超标	54/88.5	19/31.1	20/32.8	54/88.5	54/88.5	54/88.5
检出超标	0/0.0	35/57.4	34/55.7	0/0.0	0/0.0	0/0.0

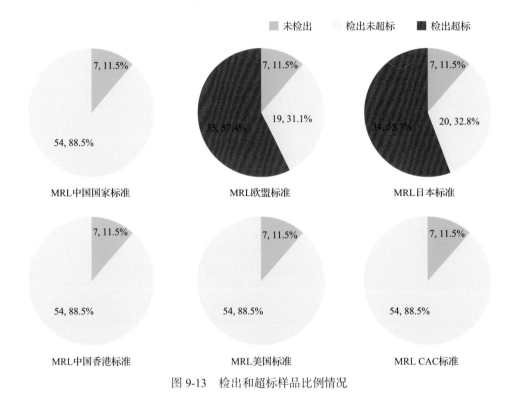

图9-13 检出和超标样品比例情况

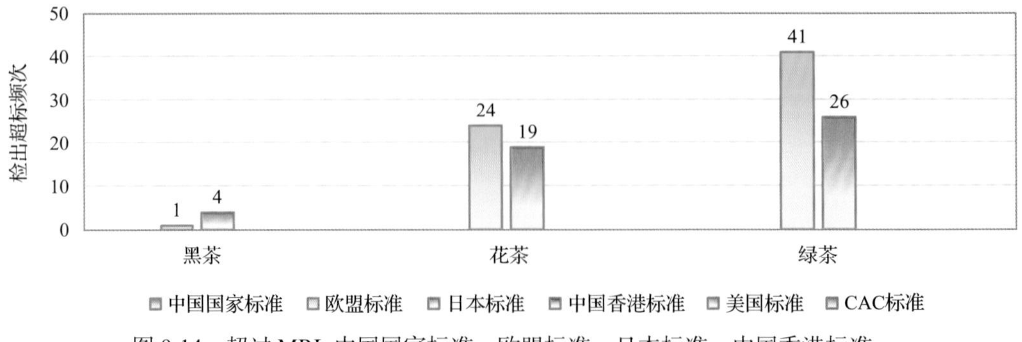

图9-14 超过MRL中国国家标准、欧盟标准、日本标准、中国香港标准、
美国标准和CAC标准判定结果在茶叶中的分布

9.2.2　超标农药种类分析

按照 MRL 中国国家标准、欧盟标准、日本标准、中国香港标准、美国标准和 CAC 标准这 6 大国际主流标准衡量,本次侦测检出的农药超标品种及频次情况见表 9-13。

表 9-13　各 MRL 标准下超标农药品种及频次

	中国国家标准	欧盟标准	日本标准	中国香港标准	美国标准	CAC 标准
超标农药品种	0	20	18	0	0	0
超标农药频次	0	66	49	0	0	0

9.2.2.1　按 MRL 中国国家标准衡量

按 MRL 中国国家标准衡量,无样品检出超标农药残留。

9.2.2.2　按 MRL 欧盟标准衡量

按 MRL 欧盟标准衡量,共有 20 种农药超标,检出 66 频次,分别为剧毒农药鼠立死,高毒农药三唑磷、阿维菌素和伐虫脒,中毒农药丙环唑、烯丙菊酯、腈菌唑、异丙威、唑虫酰胺和哒螨灵,低毒农药异戊乙净、氟唑环菌胺、特丁净、噻嗪酮、敌草净、抗倒酯、呋虫胺和烯酰吗啉,微毒农药啶酰菌胺和霜霉威。

按超标程度比较,花茶中啶酰菌胺超标 46.3 倍,花茶中霜霉威超标 21.9 倍,花茶中异戊乙净超标 18.8 倍,花茶中唑虫酰胺超标 9.9 倍,绿茶中唑虫酰胺超标 9.7 倍。检测结果见图 9-15 和附表 15。

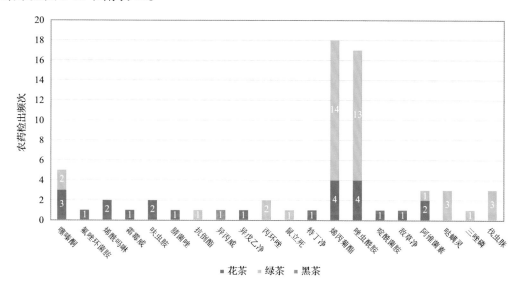

图 9-15　超过 MRL 欧盟标准农药品种及频次

9.2.2.3　按 MRL 日本标准衡量

按 MRL 日本标准衡量,共有 18 种农药超标,检出 49 频次,分别为剧毒农药鼠立死，高毒农药三唑磷和伐虫脒，中毒农药丙环唑、甲霜灵、烯丙菊酯、异丙威、茚虫威和四聚乙醛，低毒农药异戊乙净、氟唑环菌胺、特丁净、敌草净、抗倒酯、烯酰吗啉和螺虫乙酯，微毒农药霜霉威和抑芽丹。

按超标程度比较，花茶中霜霉威超标 113.6 倍，绿茶中抗倒酯超标 52.3 倍，绿茶中伐虫脒超标 43.3 倍，花茶中烯酰吗啉超标 36.8 倍，花茶中异戊乙净超标 18.8 倍。检测结果见图 9-16 和附表 16。

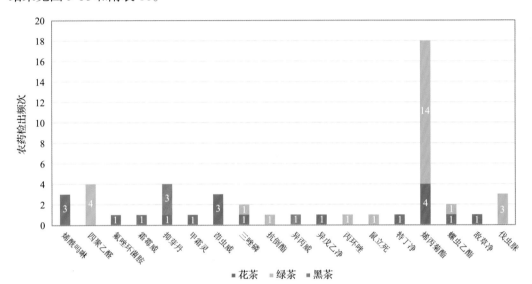

图 9-16　超过 MRL 日本标准农药品种及频次

9.2.2.4　按 MRL 中国香港标准衡量

按 MRL 中国香港标准衡量，无样品检出超标农药残留。

9.2.2.5　按 MRL 美国标准衡量

按 MRL 美国标准衡量，无样品检出超标农药残留。

9.2.2.6　按 MRL CAC 标准衡量

按 MRL CAC 标准衡量，无样品检出超标农药残留。

9.2.3　3 个采样点超标情况分析

9.2.3.1　按 MRL 中国国家标准衡量

按 MRL 中国国家标准衡量，所有采样点的样品均未检出超标农药残留。

9.2.3.2　按 MRL 欧盟标准衡量

按 MRL 欧盟标准衡量，所有采样点的样品均存在不同程度的超标农药检出，其中***茶叶店的超标率最高，为 63.3%，如表 9-14 和图 9-17 所示。

表 9-14 超过 MRL 欧盟标准茶叶在不同采样点分布

	采样点	样品总数	超标数量	超标率(%)	行政区域
1	***茶叶店	30	19	63.3	青秀区
2	***批发零售店	23	13	56.5	青秀区
3	***茶庄(喜相逢店)	8	3	37.5	青秀区

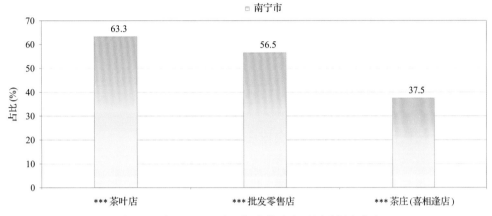

图 9-17 超过 MRL 欧盟标准茶叶在不同采样点分布

9.2.3.3 按 MRL 日本标准衡量

按 MRL 日本标准衡量，所有采样点的样品均存在不同程度的超标农药检出，其中***批发零售店的超标率最高，为 60.9%，如表 9-15 和图 9-18 所示。

表 9-15 超过 MRL 日本标准茶叶在不同采样点分布

序号	采样点	样品总数	超标数量	超标率(%)	行政区域
1	***茶叶店	30	17	56.7	青秀区
2	***批发零售店	23	14	60.9	青秀区
3	***茶庄(喜相逢店)	8	3	37.5	青秀区

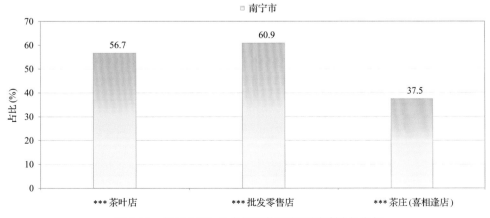

图 9-18 超过 MRL 日本标准茶叶在不同采样点分布

9.2.3.4　按 MRL 中国香港标准衡量

按 MRL 中国香港标准衡量，所有采样点的样品均未检出超标农药残留。

9.2.3.5　按 MRL 美国标准衡量

按 MRL 美国标准衡量，所有采样点的样品均未检出超标农药残留。

9.2.3.6　按 MRL CAC 标准衡量

按 MRL CAC 标准衡量，所有采样点的样品均未检出超标农药残留。

9.3　茶叶中农药残留分布

9.3.1　茶叶按检出农药品种和频次排名

本次残留侦测的茶叶共 3 种，包括黑茶、花茶和绿茶。

根据检出农药品种及频次进行排名，将茶叶样品检出情况列表说明，详见表 9-16。

表 9-16　茶叶按检出农药品种和频次排名

按检出农药品种排名(品种)	①花茶(48)，②绿茶(44)，③黑茶(12)
按检出农药频次排名(频次)	①绿茶(237)，②花茶(119)，③黑茶(21)
按检出禁用、高毒及剧毒农药品种排名(品种)	①绿茶(7)，②花茶(5)，③黑茶(1)
按检出禁用、高毒及剧毒农药频次排名(频次)	①绿茶(32)，②花茶(14)，③黑茶(1)

9.3.2　茶叶按超标农药品种和频次排名

鉴于 MRL 欧盟标准和日本标准的制定比较全面且覆盖率较高，我们参照 MRL 中国国家标准、欧盟标准和日本标准衡量茶叶样品中农残检出情况，将茶叶按超标农药品种及频次排名列表说明，详见表 9-17。

表 9-17　茶叶按超标农药品种和频次排名

	MRL 中国国家标准	
按超标农药品种排名(农药品种数)	MRL 欧盟标准	①花茶(13)，②绿茶(10)，③黑茶(1)
	MRL 日本标准	①花茶(12)，②绿茶(8)，③黑茶(2)
	MRL 中国国家标准	
按超标农药频次排名(农药频次数)	MRL 欧盟标准	①绿茶(41)，②花茶(24)，③黑茶(1)
	MRL 日本标准	①绿茶(26)，②花茶(19)，③黑茶(4)

通过对各品种茶叶样本总数及检出率进行综合分析发现，绿茶的残留污染最为严

重，在此，我们参照 MRL 中国国家标准、欧盟标准和日本标准对这 3 种茶叶的农残检出情况进行进一步分析。

9.3.3　农药残留检出率较高的茶叶样品分析

9.3.3.1　绿茶

这次共检测 41 例绿茶样品，36 例样品中检出了农药残留，检出率为 87.8%，检出农药共计 44 种。其中唑虫酰胺、噻嗪酮、哒螨灵、啶虫脒和烯丙菊酯检出频次较高，分别检出了 27、23、21、18 和 16 次。绿茶中农药检出品种和频次见图 9-19，超标农药见表 9-18 和图 9-20。

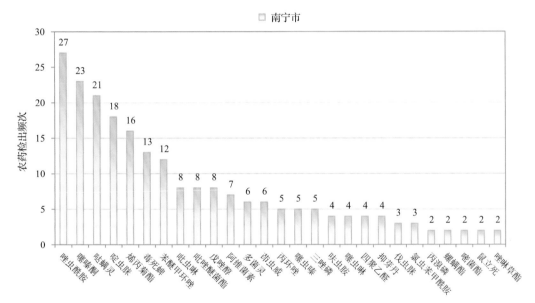

图 9-19　绿茶样品检出农药品种和频次分析(仅列出 2 频次及以上的数据)

表 9-18　绿茶中农药残留超标情况明细表

样品总数	检出农药样品数	样品检出率(%)	检出农药品种总数
41	36	87.8	44

	超标农药品种	超标农药频次	按照 MRL 中国国家标准、欧盟标准和日本标准衡量超标农药名称及频次
中国国家标准	0	0	
欧盟标准	10	41	烯丙菊酯(14)、唑虫酰胺(13)、哒螨灵(3)、伐虫脒(3)、丙环唑(2)、噻嗪酮(2)、阿维菌素(1)、抗倒酯(1)、三唑磷(1)、鼠立死(1)
日本标准	8	26	烯丙菊酯(14)、四聚乙醛(4)、伐虫脒(3)、丙环唑(1)、抗倒酯(1)、螺虫乙酯(1)、三唑磷(1)、鼠立死(1)

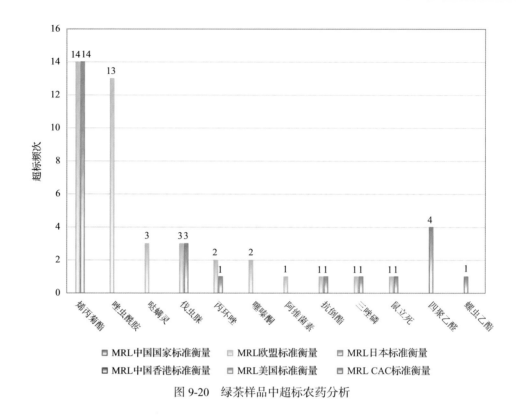

图 9-20 绿茶样品中超标农药分析

9.4 初 步 结 论

9.4.1 南宁市市售茶叶按 MRL 中国国家标准和国际主要 MRL 标准衡量的合格率

本次侦测的 61 例样品中，7 例样品未检出任何残留农药，占样品总量的 11.5%，54 例样品检出不同水平、不同种类的残留农药，占样品总量的 88.5%。在这 54 例检出农药残留的样品中：

按照 MRL 中国国家标准衡量，有 54 例样品检出残留农药但含量没有超标，占样品总数的 88.5%，无检出残留农药超标的样品。

按照 MRL 欧盟标准衡量，有 19 例样品检出残留农药但含量没有超标，占样品总数的 31.1%，有 35 例样品检出了超标农药，占样品总数的 57.4%。

按照 MRL 日本标准衡量，有 20 例样品检出残留农药但含量没有超标，占样品总数的 32.8%，有 34 例样品检出了超标农药，占样品总数的 55.7%。

按照 MRL 中国香港标准衡量，有 54 例样品检出残留农药但含量没有超标，占样品总数的 88.5%，无检出残留农药超标的样品。

按照 MRL 美国标准衡量，有 54 例样品检出残留农药但含量没有超标，占样品总数的 88.5%，无检出残留农药超标的样品。

按照 MRL CAC 标准衡量,有 54 例样品检出残留农药但含量没有超标,占样品总数的 88.5%,无检出残留农药超标的样品。

9.4.2　南宁市市售茶叶中检出农药以中低微毒农药为主,占市场主体的 88.7%

这次侦测的 61 例茶叶样品共检出了 71 种农药,检出农药的毒性以中低微毒为主,详见表 9-19。

表 9-19　市场主体农药毒性分布

毒性	检出品种	占比	检出频次	占比
剧毒农药	2	2.8%	3	0.8%
高毒农药	6	8.5%	28	7.4%
中毒农药	31	43.7%	233	61.8%
低毒农药	21	29.6%	70	18.6%
微毒农药	11	15.5%	43	11.4%
中低微毒农药,品种占比 88.7%,频次占比 91.8%				

9.4.3　检出剧毒、高毒和禁用农药现象应该警醒

在此次侦测的 61 例样品中有 3 种茶叶的 29 例样品检出了 9 种 47 频次的剧毒和高毒或禁用农药,占样品总量的 47.5%。其中剧毒农药鼠立死和涕灭威以及高毒农药三唑磷、阿维菌素和伐虫脒检出频次较高。

按 MRL 中国国家标准衡量,检出剧毒农药高毒农药按超标程度比较均未超标。

剧毒、高毒或禁用农药的检出情况及按照 MRL 中国国家标准衡量的超标情况见表 9-20。

表 9-20　剧毒、高毒或禁用农药的检出及超标明细

序号	农药名称	样品名称	检出频次	超标频次	最大超标倍数	超标率
1.1	鼠立死*	绿茶	2	0	0	0.0%
2.1	涕灭威*▲	绿茶	1	0	0	0.0%
3.1	阿维菌素◇	绿茶	7	0	0	0.0%
3.2	阿维菌素◇	花茶	3	0	0	0.0%
4.1	伐虫脒◇	绿茶	3	0	0	0.0%
5.1	克百威◇▲	黑茶	1	0	0	0.0%
5.2	克百威◇▲	花茶	1	0	0	0.0%
6.1	灭多威◇▲	绿茶	1	0	0	0.0%
7.1	灭害威◇	花茶	1	0	0	0.0%
8.1	二唑磷◇▲	花茶	6	0	0	0.0%

续表

序号	农药名称	样品名称	检出频次	超标频次	最大超标倍数	超标率
8.2	三唑磷◇▲	绿茶	5	0	0	0.0%
9.1	毒死蜱▲	绿茶	13	0	0	0.0%
9.2	毒死蜱▲	花茶	3	0	0	0.0%
合计			47	0		0.0%

注：表中*为剧毒农药；◇为高毒农药；▲为禁用农药；超标倍数参照 MRL 中国国家标准衡量

这些剧毒和高毒农药都是中国政府早有规定禁止在茶叶中使用的，为什么还屡次被检出，应该引起警惕。

9.4.4 残留限量标准与先进国家或地区差距较大

377 频次的检出结果与我国公布的《食品中农药最大残留限量》（GB 2763—2016）对比，有 151 频次能找到对应的 MRL 中国国家标准，占 40.1%；还有 226 频次的侦测数据无相关 MRL 标准供参考，占 59.9%。

与国际上现行 MRL 对比发现：

有 377 频次能找到对应的 MRL 欧盟标准，占 100.0%；

有 377 频次能找到对应的 MRL 日本标准，占 100.0%；

有 141 频次能找到对应的 MRL 中国香港标准，占 37.4%；

有 141 频次能找到对应的 MRL 美国标准，占 37.4%；

有 105 频次能找到对应的 MRL CAC 标准，占 27.9%。

由上可见，MRL 中国国家标准与国际标准还有很大差距，我们无标准，境外有标准，这就会导致我们在国际贸易中，处于受制于人的被动地位。

9.4.5 茶叶单种样品检出 12~48 种农药残留，拷问农药使用的科学性

通过此次监测发现，花茶、绿茶和黑茶是检出农药品种最多的 3 种茶叶，从中检出农药品种及频次详见表 9-21。

表 9-21 单种样品检出农药品种及频次

样品名称	样品总数	检出农药样品数	检出率	检出农药品种数	检出农药（频次）
花茶	10	10	100.0%	48	啶虫脒(7)、抑芽丹(7)、苯醚甲环唑(6)、吡虫啉(6)、三唑磷(6)、唑虫酰胺(6)、哒螨灵(5)、氯虫苯甲酰胺(5)、噻嗪酮(5)、噻虫嗪(4)、烯丙菊酯(4)、茚虫威(4)、阿维菌素(3)、吡唑醚菌酯(3)、毒死蜱(3)、甲哌(3)、甲霜灵(3)、霜霉威(3)、烯酰吗啉(3)、吡丙醚(2)、丙环唑(2)、呋虫胺(2)、戊唑醇(2)、N~去甲基啶虫脒(1)、胺鲜酯(1)、丙溴磷(1)、虫酰肼(1)、稻瘟灵(1)、敌草净(1)、啶酰菌胺(1)、多菌灵(1)、多效唑(1)、非草隆(1)、氟吡菌胺(1)、氟唑环菌胺(1)、腈菌唑(1)、克百威(1)、喹螨醚(1)、螺虫乙酯(1)、嘧霉胺(1)、灭害威(1)、三唑醇(1)、三唑酮(1)、特丁净(1)、烯效唑(1)、异戊乙净(1)、莠去津(1)、唑螨酯(1)

续表

样品名称	样品总数	检出农药样品数	检出率	检出农药品种数	检出农药(频次)
绿茶	41	36	87.8%	44	唑虫酰胺(27)，噻嗪酮(23)，哒螨灵(21)，啶虫脒(18)，烯丙菊酯(16)，毒死蜱(13)，苯醚甲环唑(12)，吡虫啉(8)，吡唑醚菌酯(8)，戊唑醇(8)，阿维菌素(7)，多菌灵(6)，茚虫威(6)，丙环唑(5)，噻虫嗪(5)，三唑磷(5)，呋虫胺(4)，噻虫啉(4)，四聚乙醛(4)，抑芽丹(4)，伐虫脒(3)，氯虫苯甲酰胺(3)，丙溴磷(2)，螺螨酯(2)，嘧菌酯(2)，鼠立死(2)，唑啉草酯(2)，N~去甲基啶虫脒(1)，胺鲜酯(1)，吡丙醚(1)，调环酸(1)，丁苯吗啉(1)，氟硅唑(1)，氟甲喹(1)，甲氰菊酯(1)，甲霜灵(1)，腈菌唑(1)，抗倒酯(1)，苦参碱(1)，螺虫乙酯(1)，灭多威(1)，噻虫胺(1)，特丁通(1)，涕灭威(1)
黑茶	10	8	80.0%	12	抑芽丹(4)，哒螨灵(3)，啶虫脒(3)，噻嗪酮(3)，苯氧菌胺~(Z)(1)，克百威(1)，苦参碱(1)，烯肟菌酯(1)，氧环唑(1)，异丙威(1)，增效醚(1)，唑虫酰胺(1)

上述 3 种茶叶，检出农药 12～48 种，是多种农药综合防治，还是未严格实施农业良好管理规范(GAP)，抑或根本就是乱施药，值得我们思考。

第10章 LC-Q-TOF/MS侦测南宁市市售茶叶农药残留膳食暴露风险与预警风险评估

10.1 农药残留风险评估方法

10.1.1 南宁市农药残留侦测数据分析与统计

庞国芳院士科研团队建立的农药残留高通量侦测技术以高分辨精确质量数（0.0001 m/z 为基准）为识别标准，采用 LC-Q-TOF/MS 技术对 825 种农药化学污染物进行侦测。

科研团队于 2019 年 3 月期间在南宁市 3 个采样点，随机采集了 61 例茶叶样品，具体位置如图 10-1 所示。

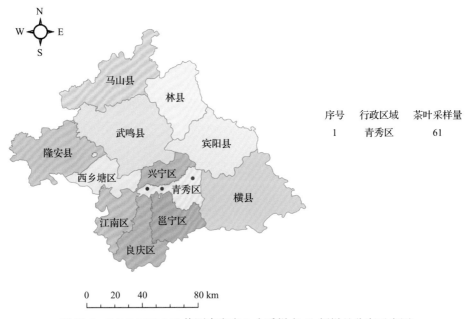

序号	行政区域	茶叶采样量
1	青秀区	61

图 10-1　LC-Q-TOF/MS 侦测南宁市 3 个采样点 61 例样品分布示意图

利用 LC-Q-TOF/MS 技术对 61 例样品中的农药进行侦测，侦测出残留农药 71 种，377 频次。侦测出农药残留水平如表 10-1 和图 10-2 所示。检出频次最高的前 10 种农药如表 10-2 所示。从检测结果中可以看出，在茶叶中农药残留普遍存在，且有些茶叶存在高浓度的农药残留，这些可能存在膳食暴露风险，对人体健康产生危害，因此，为了定量地评价茶叶中农药残留的风险程度，有必要对其进行风险评价。

表 10-1　侦测出农药的不同残留水平及其所占比例列表

残留水平(μg/kg)	检出频次	占比(%)
≤1	2	0.53
1～5(含)	140	37.14
5～10(含)	65	17.24
10～100(含)	143	37.93
100～1000(含)	26	6.90
>1000	1	0.26
合计	377	100

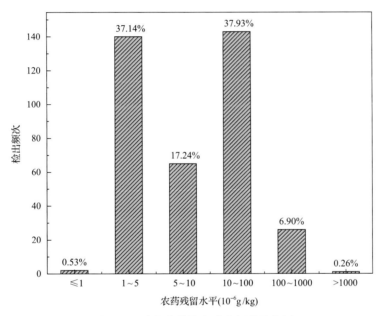

图 10-2　残留农药检出浓度频数分布图

表 10-2　检出频次最高的前 10 种农药列表

序号	农药	检出频次
1	唑虫酰胺	34
2	噻嗪酮	31
3	哒螨灵	29
4	啶虫脒	28
5	烯丙菊酯	20
6	苯醚甲环唑	18
7	毒死蜱	16
8	抑芽丹	15
9	吡虫啉	14
10	吡唑醚菌酯	11
11	三唑磷	11

10.1.2 农药残留风险评价模型

对南宁市茶叶中农药残留分别开展暴露风险评估和预警风险评估。膳食暴露风险评估利用食品安全指数模型对茶叶中的残留农药对人体可能产生的危害程度进行评价，该模型结合残留监测和膳食暴露评估评价化学污染物的危害；预警风险评价模型运用风险系数（risk index，R），风险系数综合考虑了危害物的超标率、施检频率及其本身敏感性的影响，能直观而全面地反映出危害物在一段时间内的风险程度。

10.1.2.1 食品安全指数模型

为了加强食品安全管理，《中华人民共和国食品安全法》第二章第十七条规定"国家建立食品安全风险评估制度，运用科学方法，根据食品安全风险监测信息、科学数据以及有关信息，对食品、食品添加剂、食品相关产品中生物性、化学性和物理性危害因素进行风险评估"[1]，膳食暴露评估是食品危险度评估的重要组成部分，也是膳食安全性的衡量标准[2]。国际上最早研究膳食暴露风险评估的机构主要是 JMPR（FAO、WHO农药残留联合会议），该组织自 1995 年就已制定了急性毒性物质的风险评估急性毒性农药残留摄入量的预测。1960 年美国规定食品中不得加入致癌物质进而提出零阈值理论，渐渐零阈值理论发展成在一定概率条件下可接受风险的概念[3]，后衍变为食品中每日允许最大摄入量（ADI），而国际食品农药残留法典委员会（CCPR）认为 ADI 不是独立风险评估的唯一标准[4]，1995 年 JMPR 开始研究农药急性膳食暴露风险评估，并对食品国际短期摄入量的计算方法进行了修正，亦对膳食暴露评估准则及评估方法进行了修正[5]，2002 年，在对世界上现行的食品安全评价方法，尤其是国际公认的 CAC 评价方法、全球环境监测系统/食品污染监测和评估规划（WHO GEMS/Food）及 FAO、WHO 食品添加剂联合专家委员会（JECFA）和 JMPR 对食品安全风险评估工作研究的基础之上，检验检疫食品安全管理的研究人员提出了结合残留监控和膳食暴露评估，以食品安全指数 IFS 计算食品中各种化学污染物对消费者的健康危害程度[6]。IFS 是表示食品安全状态的新方法，可有效地评价某种农药的安全性，进而评价食品中各种农药化学污染物对消费者健康的整体危害程度[7,8]。从理论上分析，IFS_c 可指出食品中的污染物 c 对消费者健康是否存在危害及危害的程度[9]。其优点在于操作简单且结果容易被接受和理解，不需要大量的数据来对结果进行验证，使用默认的标准假设或者模型即可[10,11]。

1）IFS_c 的计算

IFS_c 计算公式如下：

$$IFS_c = \frac{EDI_c \times f}{SI_c \times bw} \quad (10\text{-}1)$$

式中，c 为所研究的农药；EDI_c 为农药 c 的实际日摄入量估算值，等于 $\sum(R_i \times F_i \times E_i \times P_i)$（i 为食品种类；$R_i$ 为食品 i 中农药 c 的残留水平，mg/kg；F_i 为食品 i 的估计日消费量，g/（人·天）；E_i 为食品 i 的可食用部分因子；P_i 为食品 i 的加工处理因子）；SI_c 为安全摄入量，可采用每日允许最大摄入量 ADI；bw 为人平均体重，kg；f 为校正因子，如果安全摄入量采用 ADI，则 f 取 1。

　　$IFS_c \ll 1$，农药 c 对食品安全没有影响；$IFS_c \leqslant 1$，农药 c 对食品安全的影响可以接受；$IFS_c > 1$，农药 c 对食品安全的影响不可接受。

　　本次评价中：

　　$IFS_c \leqslant 0.1$，农药 c 对茶叶安全没有影响；

　　$0.1 < IFS_c \leqslant 1$，农药 c 对茶叶安全的影响可以接受；

　　$IFS_c > 1$，农药 c 对茶叶安全的影响不可接受。

　　本次评价中残留水平 R_i 取值为中国检验检疫科学研究院庞国芳院士课题组利用以高分辨精确质量数 (0.0001 m/z) 为基准的 LC-Q-TOF/MS 侦测技术于 2019 年 3 月期间对南宁市茶叶农药残留的侦测结果，估计日消费量 F_i 取值 0.0047 kg/(人·天)，$E_i=1$，$P_i=1$，$f=1$，SI_c 采用《食品安全国家标准　食品中农药最大残留限量》(GB 2763—2016) 中 ADI 值 (具体数值见表 10-3)，人平均体重 (bw) 取值 60 kg。

表 10-3　南宁市茶叶中侦测出农药的 ADI 值

序号	农药	ADI	序号	农药	ADI	序号	农药	ADI
1	克百威	0.001	25	烯肟菌酯	0.024	49	烯酰吗啉	0.2
2	三唑磷	0.001	26	吡唑醚菌酯	0.03	50	增效醚	0.2
3	阿维菌素	0.002	27	丙溴磷	0.03	51	抑芽丹	0.3
4	异丙威	0.002	28	多菌灵	0.03	52	唑啉草酯	0.3
5	丁苯吗啉	0.003	29	甲氰菊酯	0.03	53	抗倒酯	0.32
6	涕灭威	0.003	30	腈菌唑	0.03	54	霜霉威	0.4
7	喹螨醚	0.005	31	三唑醇	0.03	55	氯虫苯甲酰胺	2
8	唑虫酰胺	0.006	32	三唑酮	0.03	56	N-去甲基啶虫脒	—
9	氟硅唑	0.007	33	戊唑醇	0.03	57	苯氧菌胺-(Z)	—
10	噻嗪酮	0.009	34	啶酰菌胺	0.04	58	敌草净	—
11	苯醚甲环唑	0.01	35	螺虫乙酯	0.05	59	伐虫脒	—
12	哒螨灵	0.01	36	吡虫啉	0.06	60	非草隆	—
13	毒死蜱	0.01	37	丙环唑	0.07	61	氟甲喹	—
14	螺螨酯	0.01	38	啶虫脒	0.07	62	氟唑环菌胺	—
15	噻虫啉	0.01	39	氟吡菌胺	0.08	63	甲哌	—
16	四聚乙醛	0.01	40	甲霜灵	0.08	64	灭害威	—
17	茚虫威	0.01	41	噻虫嗪	0.08	65	鼠立死	—
18	唑螨酯	0.01	42	吡丙醚	0.1	66	特丁净	—
19	稻瘟灵	0.016	43	多效唑	0.1	67	特丁通	—
20	虫酰肼	0.02	44	苦参碱	0.1	68	调环酸	—
21	灭多威	0.02	45	噻虫胺	0.1	69	烯丙菊酯	—
22	烯效唑	0.02	46	呋虫胺	0.2	70	氧环唑	—
23	莠去津	0.02	47	嘧菌酯	0.2	71	异戊乙净	—
24	胺鲜酯	0.023	48	嘧霉胺	0.2			

注："—"表示为国家标准中无 ADI 值规定；ADI 值单位为 mg/kg bw

2)计算 IFS_c 的平均值 $\overline{\text{IFS}}$，评价农药对食品安全的影响程度

以 $\overline{\text{IFS}}$ 评价各种农药对人体健康危害的总程度，评价模型见公式(10-2)。

$$\overline{\text{IFS}} = \frac{\sum_{i=1}^{n}\text{IFS}_c}{n} \qquad (10\text{-}2)$$

$\overline{\text{IFS}} \ll 1$，所研究消费者人群的食品安全状态很好；$\overline{\text{IFS}} \leq 1$，所研究消费者人群的食品安全状态可以接受；$\overline{\text{IFS}} > 1$，所研究消费者人群的食品安全状态不可接受。

本次评价中：

$\overline{\text{IFS}} \leq 0.1$，所研究消费者人群的茶叶安全状态很好；

$0.1 < \overline{\text{IFS}} \leq 1$，所研究消费者人群的茶叶安全状态可以接受；

$\overline{\text{IFS}} > 1$，所研究消费者人群的茶叶安全状态不可接受。

10.1.2.2 预警风险评估模型

2003 年，我国检验检疫食品安全管理的研究人员根据 WTO 的有关原则和我国的具体规定，结合危害物本身的敏感性、风险程度及其相应的施检频率，首次提出了食品中危害物风险系数 R 的概念[12]。R 是衡量一个危害物的风险程度大小最直观的参数，即在一定时期内其超标率或阳性检出率的高低,但受其施检频率的高低及其本身的敏感性(受关注程度)影响。该模型综合考察了农药在茶叶中的超标率、施检频率及其本身敏感性，能直观而全面地反映出农药在一段时间内的风险程度[13]。

1) R 计算方法

危害物的风险系数综合考虑了危害物的超标率或阳性检出率、施检频率和其本身的敏感性影响，并能直观而全面地反映出危害物在一段时间内的风险程度。风险系数 R 的计算公式如式(10-3)：

$$R = aP + \frac{b}{F} + S \qquad (10\text{-}3)$$

式中，P 为该种危害物的超标率；F 为危害物的施检频率；S 为危害物的敏感因子；a, b 分别为相应的权重系数。

本次评价中 $F=1$；$S=1$；$a=100$；$b=0.1$，对参数 P 进行计算，计算时首先判断是否为禁用农药，如果为非禁用农药，$P=$超标的样品数(侦测出的含量高于食品最大残留限量标准值，即 MRL)除以总样品数(包括超标、不超标、未侦测出)；如果为禁用农药，则侦测出即为超标，$P=$能侦测出的样品数除以总样品数。判断南宁市茶叶农药残留是否超标的标准限值 MRL 分别以 MRL 中国国家标准[14]和 MRL 欧盟标准作为对照，具体值列于本报告附表一中。

2)评价风险程度

$R \leq 1.5$，受检农药处于低度风险；

$1.5 < R \leq 2.5$，受检农药处于中度风险；

$R>2.5$，受检农药处于高度风险。

10.1.2.3　食品膳食暴露风险和预警风险评估应用程序的开发

1）应用程序开发的步骤

为成功开发膳食暴露风险和预警风险评估应用程序，与软件工程师多次沟通讨论，逐步提出并描述清楚计算需求，开发了初步应用程序。为明确出不同茶叶、不同农药、不同地域的风险水平，向软件工程师提出不同的计算需求，软件工程师对计算需求进行逐一分析，经过反复的细节沟通，需求分析得到明确后，开始进行解决方案的设计，在保证需求的完整性、一致性的前提下，编写出程序代码，最后设计出满足需求的风险评估专用计算软件，并通过一系列的软件测试和改进，完成专用程序的开发。软件开发基本步骤见图 10-3。

图 10-3　专用程序开发总体步骤

2）膳食暴露风险评估专业程序开发的基本要求

首先直接利用公式(10-1)，分别计算 LC-Q-TOF/MS 和 GC-Q-TOF/MS 仪器侦测出的各茶叶样品中每种农药 IFS_c，将结果列出。为考察超标农药和禁用农药的使用安全性，分别以我国《食品安全国家标准　食品中农药最大残留限量》(GB 2763—2016)和欧盟食品中农药最大残留限量(以下简称 MRL 中国国家标准和 MRL 欧盟标准)为标准，对侦测出的禁用农药和超标的非禁用农药 IFS_c 单独进行评价；按 IFS_c 大小列表，并找出 IFS_c 值排名前 20 的样本重点关注。

对不同茶叶 i 中每一种侦测出的农药 c 的安全指数进行计算，多个样品时求平均值。按农药种类，计算整个监测时间段内每种农药的 IFS_c，不区分茶叶。

3）预警风险评估专业程序开发的基本要求

分别以 MRL 中国国家标准和 MRL 欧盟标准，按公式(10-3)逐个计算不同茶叶、不同农药的风险系数，禁用农药和非禁用农药分别列表。

为清楚了解各种农药的预警风险，不分时间，不分茶叶，按禁用农药和非禁用农药分类，分别计算各种侦测出农药全部检测时段内风险系数。由于有 MRL 中国国家标准的农药种类太少，无法计算超标数，非禁用农药的风险系数只以 MRL 欧盟标准为标准，进行计算。

4）风险程度评价专业应用程序的开发方法

采用 Python 计算机程序设计语言，Python 是一个高层次地结合了解释性、编译性、互动性和面向对象的脚本语言。风险评价专用程序主要功能包括：分别读入每例样品 LC-Q-TOF/MS 和 GC-Q-TOF/MS 农药残留检测数据，根据风险评价工作要求，依次对不同农药、不同食品、不同时间、不同采样点的 IFS_c 值和 R 值分别进行数据计算，筛选出禁用农药、超标农药(分别与 MRL 中国国家标准、MRL 欧盟标准限值进行对比)单独重点分析，再分别对各农药、各茶叶种类分类处理，设计出计算和排序程序，编写计算机代码，最后将生成的膳食暴露风险评估和超标风险评估定量计算结果列入设计好的各个表格中，并定性判断风险对目标的影响程度，直接用文字描述风险发生的高低，如"不可接受"、"可以接受"、"没有影响"、"高度风险"、"中度风险"、"低度风险"。

10.2　LC-Q-TOF/MS 侦测南宁市市售茶叶农药残留膳食暴露风险评估

10.2.1　每例茶叶样品中农药残留安全指数分析

基于 2019 年 3 月的农药残留侦测数据，发现在 61 例样品中侦测出农药 377 频次，计算样品中每种残留农药的安全指数 IFS_c，并分析农药对样品安全的影响程度，结果详见附表二，农药残留对茶叶样品安全的影响程度频次分布情况如图 10-4 所示。

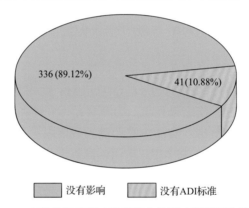

图 10-4　农药残留对茶叶样品安全的影响程度频次分布图

由图 10-4 可以看出，农药残留对样品安全的没有影响的频次为 336，占 89.12%。

部分样品侦测出禁用农药 5 种 31 频次，为了明确残留的禁用农药对样品安全的影响，分析侦测出禁用农药残留的样品安全指数，禁用农药残留对茶叶样品安全的影响程度频次分布情况如图 10-5 所示，农药残留对样品安全没有影响的频次为 31，占 100%。

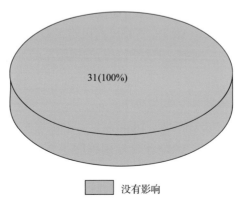

图 10-5　禁用农药对茶叶样品安全影响程度的频次分布图

残留量超过 MRL 欧盟标准的非禁用农药对茶叶样品安全的影响程度频次分布情况如图 10-6 所示。可以看出超过 MRL 欧盟标准的非禁用农药共 65 频次,其中农药没有 ADI 的频次为 26,占 40%;农药残留对样品安全没有影响的频次为 39,占 60%。表 10-4 为茶叶样品中安全指数排名前 10 的残留超标非禁用农药列表。

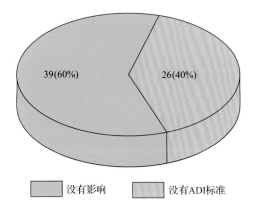

图 10-6　残留超标的非禁用农药对茶叶样品安全的影响程度频次分布图(MRL 欧盟标准)

表 10-4　茶叶样品中安全指数排名前 10 的残留超标非禁用农药列表(MRL 欧盟标准)

序号	样品编号	采样点	基质	农药	含量(mg/kg)	欧盟标准	IFS$_c$	影响程度
1	20190302-450100-FJCIQ-FT-01H	***批发零售店	花茶	阿维菌素	0.1811	0.05	7.09×10^{-3}	没有影响
2	20190302-450100-FJCIQ-FT-01A	***批发零售店	花茶	阿维菌素	0.1153	0.05	4.52×10^{-3}	没有影响
3	20190302-450100-FJCIQ-DT-01C	***批发零售店	黑茶	异丙威	0.0697	0.01	2.73×10^{-3}	没有影响
4	20190303-450100-FJCIQ-GT-03F	***茶叶店	绿茶	哒螨灵	0.3252	0.05	2.55×10^{-3}	没有影响
5	20190302-450100-FJCIQ-GT-01B	***批发零售店	绿茶	阿维菌素	0.0546	0.05	2.14×10^{-3}	没有影响
6	20190302-450100-FJCIQ-FT-01H	***批发零售店	花茶	唑虫酰胺	0.1093	0.01	1.43×10^{-3}	没有影响
7	20190302-450100-FJCIQ-GT-01B	***批发零售店	绿茶	唑虫酰胺	0.1069	0.01	1.40×10^{-3}	没有影响
8	20190302-450100-FJCIQ-FT-01A	***批发零售店	花茶	唑虫酰胺	0.101	0.01	1.32×10^{-3}	没有影响
9	20190302-450100-FJCIQ-GT-01B	***批发零售店	绿茶	哒螨灵	0.15	0.05	1.18×10^{-3}	没有影响
10	20190303-450100-FJCIQ-GT-03T	***茶叶店	绿茶	唑虫酰胺	0.088	0.01	1.15×10^{-3}	没有影响

10.2.2　单种茶叶中农药残留安全指数分析

本次 3 种茶叶侦测 71 种农药,检出频次为 377 次,其中 16 种农药没有 ADI,55 种农药存在 ADI 标准。3 种茶叶按不同种类分别计算侦测出的具有 ADI 标准的各种农药的

IFS$_c$值，农药残留对茶叶的安全指数分布图如图 10-7 所示。

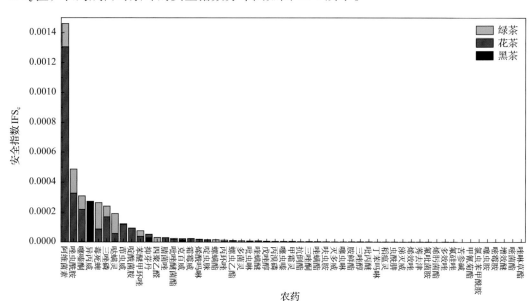

图 10-7　3 种茶叶中 55 种残留农药的安全指数分布图

本次侦测中，3 种茶叶和 71 种残留农药(包括没有 ADI)共涉及 104 个分析样本，农药对单种茶叶安全的影响程度分布情况如图 10-8 所示。可以看出，82.69%的样本中农药对茶叶安全没有影响。

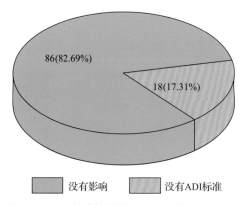

图 10-8　104 个分析样本的影响程度频次分布图

10.2.3　所有茶叶中农药残留安全指数分析

计算所有茶叶中 55 种农药的 IFS$_c$值，结果如图 10-9 及表 10-5 所示。

分析发现，所有农药对茶叶安全的影响程度均为没有影响，说明茶叶中残留的农药不会对茶叶的安全造成影响。

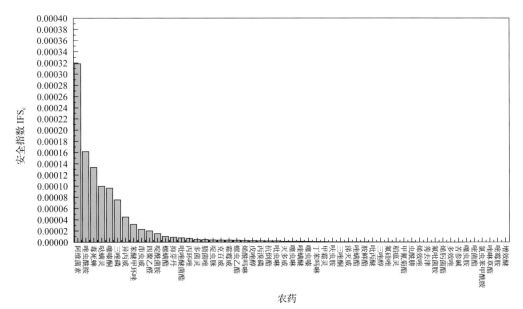

图 10-9　55 种残留农药对茶叶的安全影响程度统计图

表 10-5　茶叶中 55 种农药残留的安全指数表

序号	农药	检出频次	检出率(%)	IFS$_c$	影响程度	序号	农药	检出频次	检出率(%)	IFS$_c$	影响程度
1	阿维菌素	10	16.39	3.18×10^{-4}	没有影响	23	戊唑醇	10	16.39	2.55×10^{-6}	没有影响
2	唑虫酰胺	34	55.74	1.62×10^{-4}	没有影响	24	丙溴磷	3	4.92	2.43×10^{-6}	没有影响
3	毒死蜱	16	26.23	1.34×10^{-4}	没有影响	25	抗倒酯	1	1.64	2.14×10^{-6}	没有影响
4	哒螨灵	29	47.54	9.96×10^{-5}	没有影响	26	吡虫啉	14	22.95	2.01×10^{-6}	没有影响
5	噻嗪酮	31	50.82	9.65×10^{-5}	没有影响	27	灭多威	1	1.64	1.45×10^{-6}	没有影响
6	三唑磷	11	18.03	7.54×10^{-5}	没有影响	28	噻虫啉	4	6.56	1.40×10^{-6}	没有影响
7	异丙威	1	1.64	4.48×10^{-5}	没有影响	29	喹螨醚	1	1.64	1.28×10^{-6}	没有影响
8	苯醚甲环唑	18	29.51	3.18×10^{-5}	没有影响	30	噻虫嗪	9	14.75	1.20×10^{-6}	没有影响
9	茚虫威	10	16.39	2.28×10^{-5}	没有影响	31	丁苯吗啉	1	1.64	8.99×10^{-7}	没有影响
10	四聚乙醛	4	6.56	2.00×10^{-5}	没有影响	32	甲霜灵	4	6.56	7.59×10^{-7}	没有影响
11	啶酰菌胺	1	1.64	1.52×10^{-5}	没有影响	33	呋虫胺	6	9.84	5.30×10^{-7}	没有影响
12	螺螨酯	2	3.28	1.03×10^{-5}	没有影响	34	三唑酮	1	1.64	5.18×10^{-7}	没有影响
13	抑芽丹	15	24.59	8.97×10^{-6}	没有影响	35	涕灭威	1	1.64	5.14×10^{-7}	没有影响
14	吡唑醚菌酯	11	18.03	7.79×10^{-6}	没有影响	36	唑螨酯	1	1.64	4.75×10^{-7}	没有影响
15	丙环唑	7	11.48	6.85×10^{-6}	没有影响	37	胺鲜酯	2	3.28	3.91×10^{-7}	没有影响
16	多菌灵	7	11.48	5.02×10^{-6}	没有影响	38	吡丙醚	3	4.92	3.30×10^{-7}	没有影响
17	腈菌唑	2	3.28	4.73×10^{-6}	没有影响	39	三唑醇	1	1.64	2.95×10^{-7}	没有影响
18	啶虫脒	28	45.90	3.89×10^{-6}	没有影响	40	氟硅唑	1	1.64	2.20×10^{-7}	没有影响
19	克百威	2	3.28	3.72×10^{-6}	没有影响	41	稻瘟灵	1	1.64	1.44×10^{-7}	没有影响
20	霜霉威	3	4.92	3.71×10^{-6}	没有影响	42	甲氰菊酯	1	1.64	1.28×10^{-7}	没有影响
21	螺虫乙酯	2	3.28	3.39×10^{-6}	没有影响	43	虫酰肼	1	1.64	1.28×10^{-7}	没有影响
22	烯酰吗啉	3	4.92	3.01×10^{-6}	没有影响	44	烯效唑	1	1.64	1.16×10^{-7}	没有影响

续表

序号	农药	检出频次	检出率(%)	IFS$_c$	影响程度	序号	农药	检出频次	检出率(%)	IFS$_c$	影响程度
45	莠去津	1	1.64	1.03×10^{-7}	没有影响	51	嘧菌酯	2	3.28	2.31×10^{-8}	没有影响
46	氟吡菌胺	1	1.64	7.22×10^{-8}	没有影响	52	氯虫苯甲酰胺	8	13.11	1.98×10^{-8}	没有影响
47	烯肟菌酯	1	1.64	6.96×10^{-8}	没有影响	53	唑啉草酯	2	3.28	9.42×10^{-9}	没有影响
48	多效唑	1	1.64	6.68×10^{-8}	没有影响	54	嘧霉胺	1	1.64	7.06×10^{-9}	没有影响
49	苦参碱	2	3.28	5.39×10^{-8}	没有影响	55	增效醚	1	1.64	7.06×10^{-9}	没有影响
50	噻虫胺	1	1.64	4.62×10^{-8}	没有影响						

10.3　LC-Q-TOF/MS 侦测南宁市市售茶叶农药残留预警风险评估

基于南宁市茶叶样品中农药残留 LC-Q-TOF/MS 侦测数据,分析禁用农药的检出率,同时参照中华人民共和国国家标准 GB 2763—2016 和欧盟农药最大残留限量(MRL)标准分析非禁用农药残留的超标率,并计算农药残留风险系数。分析单种茶叶中农药残留以及所有茶叶中农药残留的风险程度。

10.3.1　单种茶叶中农药残留风险系数分析

10.3.1.1　单种茶叶中禁用农药残留风险系数分析

侦测出的 71 种残留农药中有 5 种为禁用农药,且它们分布在 3 种茶叶中,计算 3 种茶叶中禁用农药的超标率,根据超标率计算风险系数 R,进而分析茶叶中禁用农药的风险程度,结果如图 10-10 与表 10-6 所示。分析发现 5 种禁用农药在 3 种茶叶中的残留处均于高度风险。

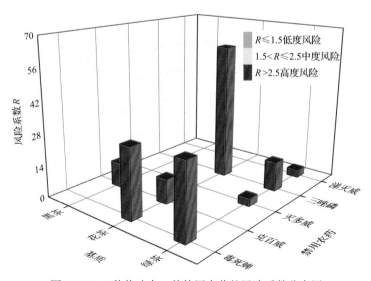

图 10-10　3 种茶叶中 5 种禁用农药的风险系数分布图

表 10-6　3 种茶叶中 5 种禁用农药的风险系数列表

序号	基质	农药	检出频次	检出率(%)	风险系数 R	风险程度
1	绿茶	三唑磷	5	12.20	13.30	高度风险
2	绿茶	毒死蜱	13	31.71	32.81	高度风险
3	绿茶	涕灭威	1	2.44	3.54	高度风险
4	绿茶	灭多威	1	2.44	3.54	高度风险
5	花茶	三唑磷	6	60.00	61.1	高度风险
6	花茶	克百威	1	10.00	11.1	高度风险
7	花茶	毒死蜱	3	30.00	31.1	高度风险
8	黑茶	克百威	1	10.00	11.1	高度风险

10.3.1.2　基于 MRL 中国国家标准的单种茶叶中非禁用农药残留风险系数分析

参照中华人民共和国国家标准 GB 2763—2016 中农药残留限量计算每种茶叶中每种非禁用农药的超标率，进而计算其风险系数，根据风险系数大小判断残留农药的预警风险程度，茶叶中非禁用农药残留风险程度分布情况如图 10-11 所示。

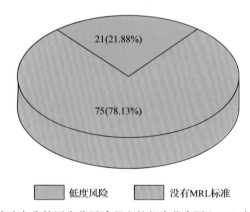

21(21.88%)

75(78.13%)

■ 低度风险　■ 没有MRL标准

图 10-11　茶叶中非禁用农药风险程度的频次分布图（MRL 中国国家标准）

本次分析中，发现在 3 种茶叶检出 66 种残留非禁用农药，涉及样本 96 个，在 96 个样本中，21.88%处于低度风险，此外发现有 75 个样本没有 MRL 中国国家标准值，无法判断其风险程度，有 MRL 中国国家标准值的 21 个样本涉及 3 种茶叶中的 10 种非禁用农药，其风险系数 R 值如图 10-12 所示。

10.3.1.3　基于 MRL 欧盟标准的单种茶叶中非禁用农药残留风险系数分析

参照 MRL 欧盟标准计算每种茶叶中每种非禁用农药的超标率，进而计算其风险系数，根据风险系数大小判断农药残留的预警风险程度，茶叶中非禁用农药残留风险程度分布情况如图 10-13 所示。

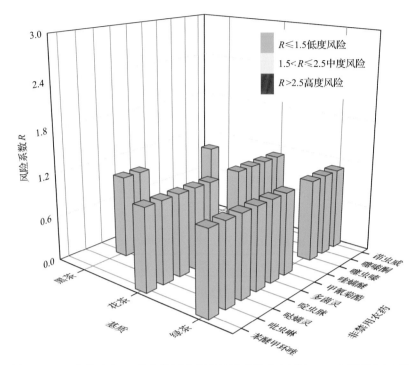

图 10-12　3 种茶叶中 10 种非禁用农药的风险系数分布图(MRL 中国国家标准)

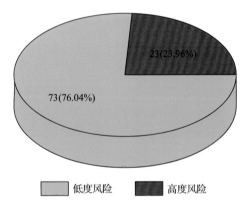

图 10-13　茶叶中非禁用农药的风险程度的频次分布图(MRL 欧盟标准)

　　本次分析中，发现在 3 种茶叶中共侦测出 66 种非禁用农药，涉及样本 96 个，其中，23.96%处于高度风险，涉及 3 种茶叶和 19 种农药；76.04%处于低度风险，涉及 3 种茶叶和 53 种农药。单种茶叶中的非禁用农药风险系数分布图如图 10-14 所示。单种茶叶中处于高度风险的非禁用农药风险系数如图 10-15 和表 10-7 所示。

10.3.2　所有茶叶中农药残留风险系数分析

10.3.2.1　所有茶叶中禁用农药残留风险系数分析

　　在侦测出的 71 种农药中有 5 种为禁用农药，计算所有茶叶中禁用农药的风险系数，结果如表 10-8 所示。5 种禁用农药均处于高度风险。

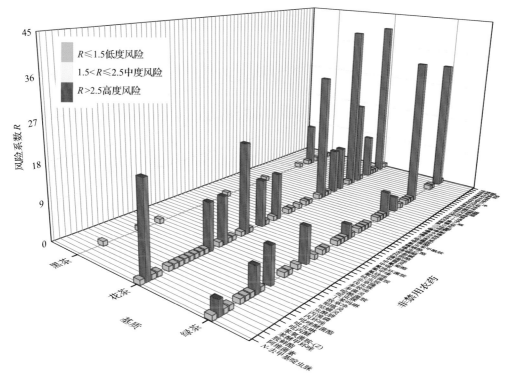

图 10-14 3 种茶叶中 66 种非禁用农药的风险系数分布图(MRL 欧盟标准)

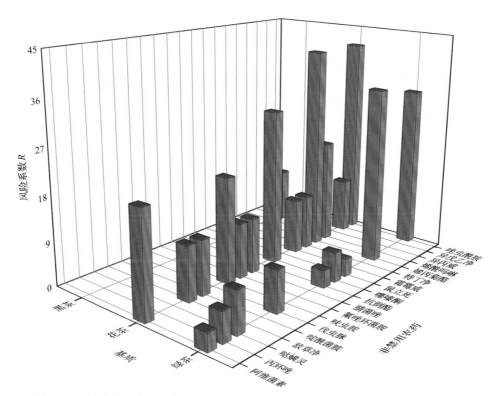

图 10-15 单种茶叶中处于高度风险的非禁用农药的风险系数分布图(MRL 欧盟标准)

表 10-7　单种茶叶中处于高度风险的非禁用农药的风险系数表(MRL 欧盟标准)

序号	基质	农药	超标频次	超标率 P(%)	风险系数 R
1	花茶	唑虫酰胺	4	40.00	41.10
2	花茶	烯丙菊酯	4	40.00	41.10
3	绿茶	烯丙菊酯	14	34.15	35.25
4	绿茶	唑虫酰胺	13	31.71	32.81
5	花茶	噻嗪酮	3	30.00	31.10
6	花茶	呋虫胺	2	20.00	21.10
7	花茶	烯酰吗啉	2	20.00	21.10
8	花茶	阿维菌素	2	20.00	21.10
9	花茶	啶酰菌胺	1	10.00	11.10
10	花茶	异戊乙净	1	10.00	11.10
11	花茶	敌草净	1	10.00	11.10
12	花茶	氟唑环菌胺	1	10.00	11.10
13	花茶	特丁净	1	10.00	11.10
14	花茶	腈菌唑	1	10.00	11.10
15	花茶	霜霉威	1	10.00	11.10
16	黑茶	异丙威	1	10.00	11.10
17	绿茶	伐虫脒	3	7.32	8.42
18	绿茶	哒螨灵	3	7.32	8.42
19	绿茶	丙环唑	2	4.88	5.98
20	绿茶	噻嗪酮	2	4.88	5.98
21	绿茶	抗倒酯	1	2.44	3.54
22	绿茶	阿维菌素	1	2.44	3.54
23	绿茶	鼠立死	1	2.44	3.54

表 10-8　茶叶中 5 种禁用农药的风险系数表

序号	农药	检出频次	检出率(%)	风险系数 R	风险程度
1	毒死蜱	16	26.23	27.33	高度风险
2	三唑磷	11	18.03	19.13	高度风险
3	克百威	2	3.28	4.38	高度风险
4	涕灭威	1	1.64	2.74	高度风险
5	灭多威	1	1.64	2.74	高度风险

10.3.2.2　所有茶叶中非禁用农药残留风险系数分析

参照 MRL 欧盟标准计算所有茶叶中每种非禁用农药残留的风险系数，如图 10-16

与表 10-9 所示。在侦测出的 66 种非禁用农药中，19 种农药(28.7%)残留处于高度风险，47 种农药(71.3%)残留处于低度风险。

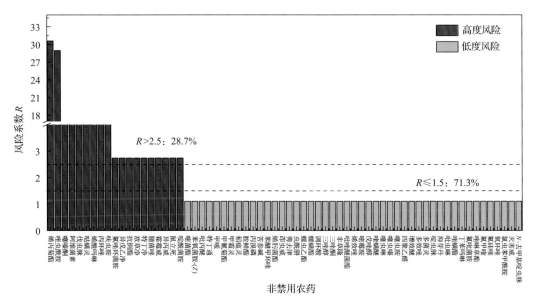

图 10-16　茶叶中 66 种非禁用农药的风险程度统计图

表 10-9　茶叶中 66 种非禁用农药的风险系数表

序号	农药	超标频次	超标率 P(%)	风险系数 R	风险程度
1	烯丙菊酯	18	29.51	30.61	高度风险
2	唑虫酰胺	17	27.87	28.97	高度风险
3	噻嗪酮	5	8.20	9.30	高度风险
4	阿维菌素	3	4.92	6.09	高度风险
5	伐虫脒	3	4.92	6.02	高度风险
6	哒螨灵	3	4.92	6.02	高度风险
7	烯酰吗啉	2	3.28	4.38	高度风险
8	丙环唑	2	3.28	4.38	高度风险
9	呋虫胺	2	3.28	4.38	高度风险
10	氟唑环菌胺	1	1.64	2.74	高度风险
11	异戊乙净	1	1.64	2.74	高度风险
12	抗倒酯	1	1.64	2.74	高度风险
13	敌草净	1	1.64	2.74	高度风险
14	特丁净	1	1.64	2.74	高度风险
15	腈菌唑	1	1.64	2.74	高度风险
16	霜霉威	1	1.64	2.74	高度风险
17	异丙威	1	1.64	2.74	高度风险

序号	农药	超标频次	超标率 P(%)	风险系数 R	风险程度
18	鼠立死	1	1.64	2.74	高度风险
19	啶酰菌胺	1	1.64	2.74	高度风险
20	嘧菌酯	0	0.00	1.1	低度风险
21	苯氧菌胺-（Z）	0	0.00	1.1	低度风险
22	吡丙醚	0	0.00	1.1	低度风险
23	特丁通	0	0.00	1.1	低度风险
24	甲哌	0	0.00	1.1	低度风险
25	甲氰菊酯	0	0.00	1.1	低度风险
26	甲霜灵	0	0.00	1.1	低度风险
27	稻瘟灵	0	0.00	1.1	低度风险
28	胺鲜酯	0	0.00	1.1	低度风险
29	丙溴磷	0	0.00	1.1	低度风险
30	苦参碱	0	0.00	1.1	低度风险
31	苯醚甲环唑	0	0.00	1.1	低度风险
32	烯肟菌酯	0	0.00	1.1	低度风险
33	茚虫威	0	0.00	1.1	低度风险
34	莠去津	0	0.00	1.1	低度风险
35	虫酰肼	0	0.00	1.1	低度风险
36	螺虫乙酯	0	0.00	1.1	低度风险
37	螺螨酯	0	0.00	1.1	低度风险
38	调环酸	0	0.00	1.1	低度风险
39	三唑醇	0	0.00	1.1	低度风险
40	三唑酮	0	0.00	1.1	低度风险
41	非草隆	0	0.00	1.1	低度风险
42	吡唑醚菌酯	0	0.00	1.1	低度风险
43	烯效唑	0	0.00	1.1	低度风险
44	嘧霉胺	0	0.00	1.1	低度风险
45	戊唑醇	0	0.00	1.1	低度风险
46	苯螨醚	0	0.00	1.1	低度风险
47	噻虫啉	0	0.00	1.1	低度风险
48	噻虫嗪	0	0.00	1.1	低度风险
49	噻虫胺	0	0.00	1.1	低度风险
50	四聚乙醛	0	0.00	1.1	低度风险
51	增效醚	0	0.00	1.1	低度风险

续表

序号	农药	超标频次	超标率 P(%)	风险系数 R	风险程度
52	多效唑	0	0.00	1.1	低度风险
53	多菌灵	0	0.00	1.1	低度风险
54	啶虫脒	0	0.00	1.1	低度风险
55	抑芽丹	0	0.00	1.1	低度风险
56	吡虫啉	0	0.00	1.1	低度风险
57	唑螨酯	0	0.00	1.1	低度风险
58	丁苯吗啉	0	0.00	1.1	低度风险
59	氟吡菌胺	0	0.00	1.1	低度风险
60	唑啉草酯	0	0.00	1.1	低度风险
61	氟甲喹	0	0.00	1.1	低度风险
62	氟硅唑	0	0.00	1.1	低度风险
63	氧环唑	0	0.00	1.1	低度风险
64	氯虫苯甲酰胺	0	0.00	1.1	低度风险
65	灭害威	0	0.00	1.1	低度风险
66	N-去甲基啶虫脒	0	0.00	1.1	低度风险

10.4 LC-Q-TOF/MS 侦测南宁市市售茶叶农药残留风险评估结论与建议

农药残留是影响茶叶安全和质量的主要因素，也是我国食品安全领域备受关注的敏感话题和亟待解决的重大问题之一[15,16]。各种茶叶均存在不同程度的农药残留现象，本研究主要针对南宁市各类茶叶存在的农药残留问题，基于 2019 年 3 月对南宁市 61 例茶叶样品中农药残留侦测得出的 377 个侦测结果，分别采用食品安全指数模型和风险系数模型，开展茶叶中农药残留的膳食暴露风险和预警风险评估。茶叶样品取自超市和茶叶专营店，符合大众的膳食来源，风险评价时更具有代表性和可信度。

本研究力求通用简单地反映食品安全中的主要问题，且为管理部门和大众容易接受，为政府及相关管理机构建立科学的食品安全信息发布和预警体系提供科学的规律与方法，加强对农药残留的预警和食品安全重大事件的预防，控制食品风险。

10.4.1 南宁市茶叶中农药残留膳食暴露风险评价结论

1)茶叶样品中农药残留安全状态评价结论

采用食品安全指数模型，对 2019 年 3 月期间南宁市茶叶农药残留膳食暴露风险进行评价，根据 IFS_c 的计算结果发现，茶叶中农药的 $\overline{IFS}$ 为 2.00×10^{-5}，说明南宁市茶叶总体处于可以接受的安全状态，但部分禁用农药、高残留农药在茶叶中仍有侦测出，导致膳食暴露风险的存在，成为不安全因素。

2) 禁用农药膳食暴露风险评价

本次检测发现部分茶叶样品中有禁用农药侦测出，侦测出禁用农药 5 种，侦测出频次为 31，茶叶样品中的禁用农药 IFS_c 计算结果表明，禁用农药残留膳食暴露风险均没有影响。

10.4.2　南宁市茶叶中农药残留预警风险评价结论

1) 单种茶叶中禁用农药残留的预警风险评价结论

本次检测过程中，在 3 种茶叶中检测出 5 种禁用农药，禁用农药为：三唑磷、毒死蜱、涕灭威、灭多威、克百威，茶叶为：绿茶、花茶、黑茶，茶叶中禁用农药的风险系数分析结果显示，5 种禁用农药在 3 种茶叶中的残留均处于高度风险。

2) 单种茶叶中非禁用农药残留的预警风险评价结论

以 MRL 中国国家标准为标准，计算茶叶中非禁用农药风险系数情况下，96 个样本中，21 个处于低度风险(21.88%)，75 个样本没有 MRL 中国国家标准(78.13%)。以 MRL 欧盟标准为标准，计算茶叶中非禁用农药风险系数情况下，发现有 23 个处于高度风险(23.96%)，73 个处于低度风险(76.04%)。基于两种 MRL 标准，评价的结果差异显著，可以看出 MRL 欧盟标准比中国国家标准更加严格和完善，过于宽松的 MRL 中国国家标准值能否有效保障人体的健康有待研究。

10.4.3　加强南宁市茶叶食品安全建议

我国食品安全风险评价体系仍不够健全，相关制度不够完善，多年来，由于农药用药次数多、用药量大或用药间隔时间短，产品残留量大，农药残留所造成的食品安全问题日益严峻，给人体健康带来了直接或间接的危害。据估计，美国与农药有关的癌症患者数约占全国癌症患者总数的 50%，中国更高。同样，农药对其他生物也会形成直接杀伤和慢性危害，植物中的农药可经过食物链逐级传递并不断蓄积，对人和动物构成潜在威胁，并影响生态系统。

基于本次农药残留侦测数据的风险评价结果，提出以下几点建议：

1) 加快食品安全标准制定步伐

我国食品标准中对农药每日允许最大摄入量 ADI 的数据严重缺乏，在本次评价所涉及的 71 种农药中，仅有 77.46%的农药具有 ADI 值，而 22.54%的农药中国尚未规定相应的 ADI 值，亟待完善。

我国食品中农药最大残留限量值的规定严重缺乏，对评估涉及的不同茶叶中不同农药 104 个 MRL 限值进行统计来看，我国仅制定出 24 个标准，我国标准完整率仅为23.08%，欧盟的完整率达到 100%(表 10-10)。因此，中国更应加快 MRL 的制定步伐。

表 10-10　我国国家食品标准农药的 ADI、MRL 值与欧盟标准的数量差异

分类		中国 ADI	MRL 中国国家标准	MRL 欧盟标准
标准限值(个)	有	55	24	104
	无	16	80	0
总数(个)		71	104	104
无标准限值比例(%)		22.54	76.92	0

此外，MRL 中国国家标准限值普遍高于欧盟标准限值，这些标准中共有 18 个高于欧盟。过高的 MRL 值难以保障人体健康，建议继续加强对限值基准和标准的科学研究，将农产品中的危险性减少到尽可能低的水平。

2) 加强农药的源头控制和分类监管

在南宁市某些茶叶中仍有禁用农药残留，利用 LC-Q-TOF/MS 技术侦测出 5 种禁用农药，检出频次为 31 次，残留禁用农药均存在较大的膳食暴露风险和预警风险。早已列入黑名单的禁用农药在我国并未真正退出，有些药物由于价格便宜、工艺简单，此类高毒农药一直生产和使用。建议在我国采取严格有效的控制措施，从源头控制禁用农药。

对于非禁用农药，在我国作为"田间地头"最典型单位的县级茶叶产地中，农药残留的检测几乎缺失。建议根据农药的毒性，对高毒、剧毒、中毒农药实现分类管理，减少使用高毒和剧毒高残留农药，进行分类监管。

3) 加强农药生物基准和降解技术研究

市售茶叶中残留农药的品种多、频次高、禁用农药多次检出这一现状，说明了我国的田间土壤和水体因农药长期、频繁、不合理的使用而遭到严重污染。为此，建议中国相关部门出台相关政策，鼓励高校及科研院所积极开展分子生物学、酶学等研究，加强土壤、水体中残留农药的生物修复及降解新技术研究，切实加大农药监管力度，以控制农药的面源污染问题。

综上所述，在本工作基础上，根据茶叶残留危害，可进一步针对其成因提出和采取严格管理、大力推广无公害茶叶种植与生产、健全食品安全控制技术体系、加强茶叶质量检测体系建设和积极推行茶叶质量追溯制度等相应对策。建立和完善食品安全综合评价指数与风险监测预警系统，对食品安全进行实时、全面的监控与分析，为我国的食品安全科学监管与决策提供新的技术支持，可实现各类检验数据的信息化系统管理，降低食品安全事故的发生。

第11章 GC-Q-TOF/MS 侦测南宁市 61 例市售茶叶样品农药残留报告

从南宁市所属 1 个区，随机采集了 61 例茶叶样品，使用气相色谱-四极杆飞行时间质谱(GC-Q-TOF/MS)对 684 种农药化学污染物进行示范侦测。

11.1 样品种类、数量与来源

11.1.1 样品采集与检测

为了真实反映百姓日常饮用的茶叶中农药残留污染状况，本次所有检测样品均由检验人员于 2019 年 3 月期间，从南宁市所属 3 个采样点，包括 3 个茶叶专营店，以随机购买方式采集，总计 3 批 61 例样品，从中检出农药 39 种，223 频次。采样及监测概况见表 11-1 及图 11-1，样品及采样点明细见表 11-2 及表 11-3(侦测原始数据见附表 1)。

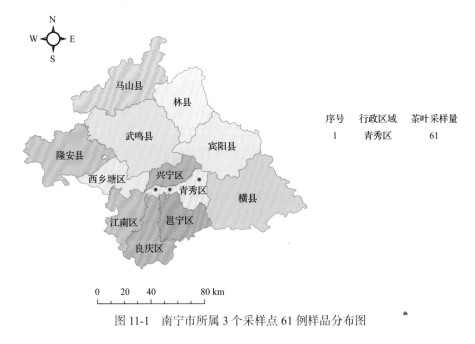

序号	行政区域	茶叶采样量
1	青秀区	61

图 11-1 南宁市所属 3 个采样点 61 例样品分布图

表 11-1 农药残留监测总体概况

采样地区	南宁市所属 1 个区
采样点(茶叶专营店)	3
样本总数	61
检出农药品种/频次	39/223
各采样点样本农药残留检出率范围	78.3% ~ 96.7%

表 11-2　样品分类及数量

样品分类	样品名称(数量)	数量小计
1. 茶叶		61
1)发酵类茶叶	黑茶(10)	10
2)未发酵类茶叶	花茶(10)，绿茶(41)	51
合计	1.茶叶 3 种	61

表 11-3　南宁市采样点信息

采样点序号	行政区域	采样点
茶叶专营店(3)		
1	青秀区	***茶庄(喜相逢店)
2	青秀区	***批发零售店
3	青秀区	***茶叶店

11.1.2　检测结果

这次使用的检测方法是庞国芳院士团队最新研发的不需使用标准品对照，而以高分辨精确质量数(0.0001 *m/z*)为基准的 GC-Q-TOF/MS 检测技术，对于 61 例样品，每个样品均侦测了 684 种农药化学污染物的残留现状。通过本次侦测，在 61 例样品中共计检出农药化学污染物 39 种，检出 223 频次。

11.1.2.1　各采样点样品检出情况

统计分析发现 3 个采样点中，被测样品的农药检出率范围为 78.3%～96.7%。其中，***茶叶店的检出率最高，为 96.7%。***批发零售店的检出率最低，为 78.3%，见图 11-2。

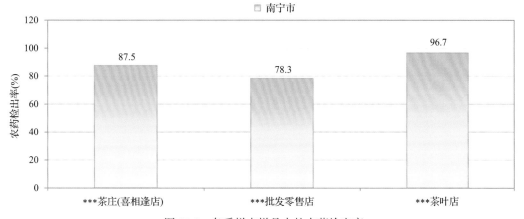

图 11-2　各采样点样品中的农药检出率

11.1.2.2 检出农药的品种总数与频次

统计分析发现，对于 61 例样品中 684 种农药化学污染物的侦测，共检出农药 223 频次，涉及农药 39 种，结果如图 11-3 所示。其中联苯菊酯检出频次最高，共检出 37 次。检出频次排名前 10 的农药如下：①联苯菊酯(37)，②炔螨特(26)，③醚菊酯(24)，④噻嗪酮(21)，⑤毒死蜱(20)，⑥氯氟氰菊酯(15)，⑦猛杀威(10)，⑧虫螨腈(7)，⑨甲氰菊酯(7)，⑩硫丹(6)。

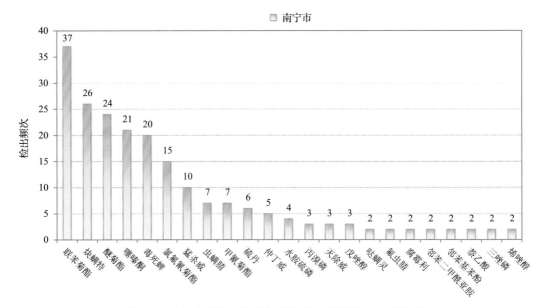

图 11-3　检出农药品种及频次(仅列出 2 频次及以上的数据)

由图 11-4 可见，花茶、绿茶和黑茶这 3 种茶叶样品中检出的农药品种数较高，均超过 4 种，其中，花茶检出农药品种最多，为 34 种。由图 11-5 可见，绿茶、花茶和黑茶这 3 种茶叶样品中的农药检出频次较高，均超过 10 次，其中，绿茶检出农药频次最高，为 143 次。

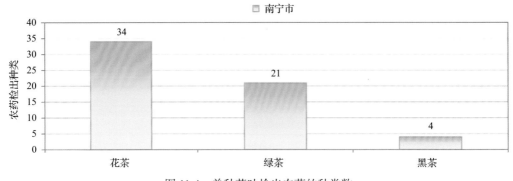

图 11-4　单种茶叶检出农药的种类数

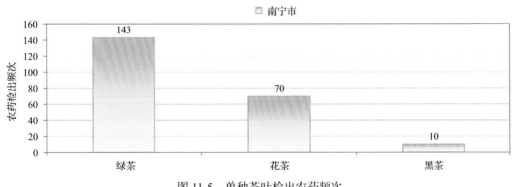

图 11-5 单种茶叶检出农药频次

11.1.2.3 单例样品农药检出种类与占比

对单例样品检出农药种类和频次进行统计发现，未检出农药的样品占总样品数的 11.5%，检出 1 种农药的样品占总样品数的 11.5%，检出 2~5 种农药的样品占总样品数的 62.3%，检出 6~10 种农药的样品占总样品数的 9.8%，检出大于 10 种农药的样品占总样品数的 4.9%。每例样品中平均检出农药为 3.7 种，数据见表 11-4 及图 11-6。

表 11-4 单例样品检出农药品种占比

检出农药品种数	样品数量/占比(%)
未检出	7/11.5
1 种	7/11.5
2~5 种	38/62.3
6~10 种	6/9.8
大于 10 种	3/4.9
单例样品平均检出农药品种	3.7 种

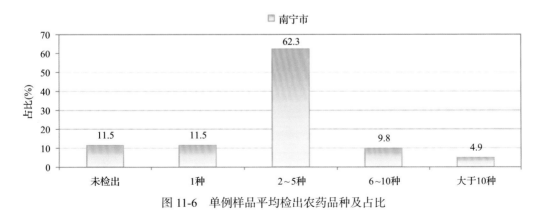

图 11-6 单例样品平均检出农药品种及占比

11.1.2.4 检出农药类别与占比

所有检出农药按功能分类，包括杀虫剂、杀菌剂、杀螨剂、除草剂、植物生长调节剂共 5 类。其中杀虫剂与杀菌剂为主要检出的农药类别，分别占总数的 46.2% 和 28.2%，见表 11-5 及图 11-7。

表 11-5　检出农药所属类别/占比

农药类别	数量/占比(%)
杀虫剂	18/46.2
杀菌剂	11/28.2
杀螨剂	5/12.8
除草剂	3/7.7
植物生长调节剂	2/5.1

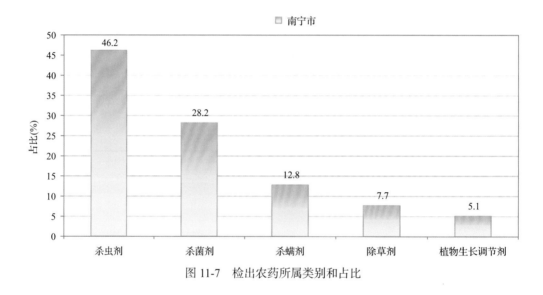

图 11-7　检出农药所属类别和占比

11.1.2.5　检出农药的残留水平

按检出农药残留水平进行统计，残留水平在 1 ~ 5 μg/kg(含)的农药占总数的 8.1%，在 5 ~ 10 μg/kg(含)的农药占总数的 16.1%，在 10 ~ 100 μg/kg(含)的农药占总数的 57.0%，在 100 ~ 1000 μg/kg(含)的农药占总数的 18.4%，在 >1000 μg/kg 的农药占总数的 0.4%。

由此可见，这次检测的 3 批 61 例茶叶样品中农药多数处于中高残留水平。结果见表 11-6 及图 11-8，数据见附表 2。

表 11-6　农药残留水平/占比

残留水平(μg/kg)	检出频次数/占比(%)
1 ~ 5(含)	18/8.1
5 ~ 10(含)	36/16.1
10 ~ 100(含)	127/57.0
100 ~ 1000(含)	41/18.4
>1000	1/0.4

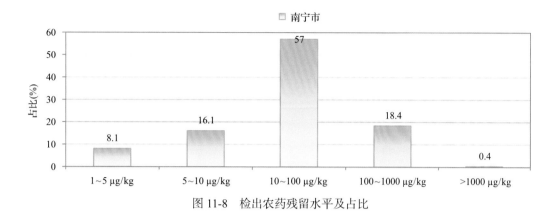

图 11-8　检出农药残留水平及占比

11.1.2.6　检出农药的毒性类别、检出频次和超标频次及占比

对这次检出的 39 种 223 频次的农药，按剧毒、高毒、中毒、低毒和微毒这五个毒性类别进行分类，从中可以看出，南宁市目前普遍使用的农药为中低微毒农药，品种占 92.3%，频次占 96.9%。结果见表 11-7 及图 11-9。

表 11-7　检出农药毒性类别/占比

毒性分类	农药品种/占比(%)	检出频次/占比(%)	超标频次/超标率(%)
剧毒农药	1/2.6	1/0.4	1/100.0
高毒农药	2/5.1	6/2.7	0/0.0
中毒农药	23/59.0	122/54.7	0/0.0
低毒农药	9/23.1	66/29.6	0/0.0
微毒农药	4/10.3	28/12.6	0/0.0

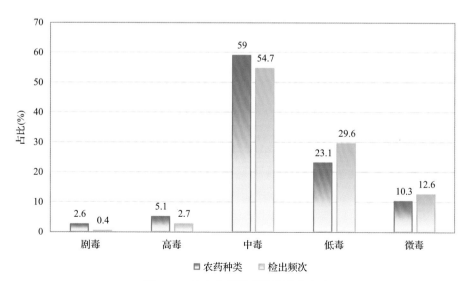

图 11-9　检出农药的毒性分类和占比

11.1.2.7　检出剧毒/高毒类农药的品种和频次

值得特别关注的是，在此次侦测的 61 例样品中有 2 种茶叶的 6 例样品检出了 3 种 7 频次的剧毒和高毒农药，占样品总量的 9.8%，详见图 11-10、表 11-8 及表 11-9。

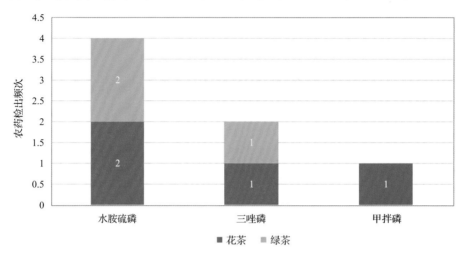

图 11-10　检出剧毒/高毒农药的样品情况

表 11-8　剧毒农药检出情况

序号	农药名称	检出频次	超标频次	超标率
	从 1 种茶叶中检出 1 种剧毒农药，共计检出 1 次			
1	甲拌磷*	1	1	100.0%
	合计	1	1	超标率：100.0%

表 11-9　高毒农药检出情况

序号	农药名称	检出频次	超标频次	超标率
	从 2 种茶叶中检出 2 种高毒农药，共计检出 6 次			
1	水胺硫磷	4	0	0.0%
2	三唑磷	2	0	0.0%
	合计	6	0	超标率：0.0%

在检出的剧毒和高毒农药中，有 3 种是我国早已禁止在茶叶上使用的，分别是：三唑磷、水胺硫磷和甲拌磷。禁用农药的检出情况见表 11-10。

此次抽检的茶叶样品中，有 1 种茶叶检出了剧毒农药，为：花茶中检出甲拌磷 1 次。

样品中检出剧毒和高毒农药残留水平超过 MRL 中国国家标准的频次为 1 次，其中：花茶检出甲拌磷超标 1 次。本次检出结果表明，高毒、剧毒农药的使用现象依旧存在。详见表 11-11。

表 11-10 禁用农药检出情况

序号	农药名称	检出频次	超标频次	超标率
从 2 种茶叶中检出 7 种禁用农药，共计检出 36 次				
1	毒死蜱	20	0	0.0%
2	硫丹	6	0	0.0%
3	水胺硫磷	4	0	0.0%
4	氟虫腈	2	0	0.0%
5	三唑磷	2	0	0.0%
6	甲拌磷*	1	1	100.0%
7	三氯杀螨醇	1	0	0.0%
合计		36	1	超标率: 2.8%

注: 表中*为剧毒农药; 超标结果参考 MRL 中国国家标准计算

表 11-11 各样本中检出剧毒/高毒农药情况

样品名称	农药名称	检出频次	超标频次	检出浓度(μg/kg)
茶叶 2 种				
花茶	甲拌磷*▲	1	1	11.1[a]
花茶	水胺硫磷▲	2	0	19.0, 14.3
花茶	三唑磷▲	1	0	15.6
绿茶	水胺硫磷▲	2	0	40.5, 24.5
绿茶	三唑磷▲	1	0	25.2
合计		7	1	超标率: 14.3%

注: 表中*为剧毒农药; ▲为禁用农药; a 为超标结果(参考 MRL 中国国家标准)

11.2 农药残留检出水平与最大残留限量标准对比分析

我国于 2016 年 12 月 18 日正式颁布并于 2017 年 6 月 18 日正式实施食品农药残留限量国家标准《食品中农药最大残留限量》(GB 2763—2016)。该标准包括 417 个农药条目，涉及最大残留限量(MRL)标准 4140 项。将 223 频次检出农药的浓度水平与 4140 项 MRL 中国国家标准进行核对，其中只有 102 频次的结果找到了对应的 MRL，占 45.7%，还有 121 频次的结果则无相关 MRL 标准供参考，占 54.3%。

将此次侦测结果与国际上现行 MRL 对比发现，在 223 频次的检出结果中有 223 频次的结果找到了对应的 MRL 欧盟标准，占 100.0%，其中，193 频次的结果有明确对应的 MRL，占 86.5%，其余 30 频次按照欧盟一律标准判定，占 13.5%；有 223 频次的结果找到了对应的 MRL 日本标准，占 100.0%，其中，183 频次的结果有明确对应的 MRL，占 82.1%，其余 40 频次按照日本一律标准判定，占 17.9%；有 125 频次的结果找到了对应的 MRL 中国香港标准，占 56.1%；有 105 频次的结果找到了对应的 MRL 美国标准，占 47.1%；有 117 频次的结果找到了对应的 MRLCAC 标准，占 52.5%(见图 11-11 和图 11-12，数据见附表 3 至附表 8)。

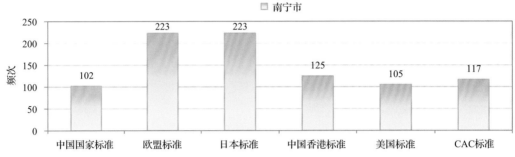

图 11-11　223 频次检出农药可用 MRL 中国国家标准、欧盟标准、日本标准、
中国香港标准、美国标准、CAC 标准判定衡量的数量

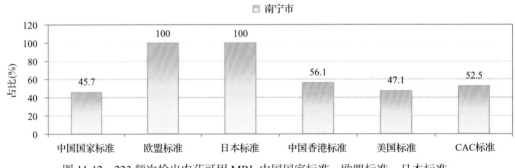

图 11-12　223 频次检出农药可用 MRL 中国国家标准、欧盟标准、日本标准、
中国香港标准、美国标准、CAC 标准衡量的占比

11.2.1　超标农药样品分析

本次侦测的 61 例样品中，7 例样品未检出任何残留农药，占样品总量的 11.5%，54 例样品检出不同水平、不同种类的残留农药，占样品总量的 88.5%。在此，我们将本次侦测的农残检出情况与 MRL 中国国家标准、欧盟标准、日本标准、中国香港标准、美国标准和 CAC 标准这 6 大国际主流标准进行对比分析，样品农残检出与超标情况见表 11-12、图 11-13 和图 11-14，详细数据见附表 9 至附表 14。

表 11-12　各 MRL 标准下样本农残检出与超标数量及占比

	中国国家标准 数量/占比(%)	欧盟标准 数量/占比(%)	日本标准 数量/占比(%)	中国香港标准 数量/占比(%)	美国标准 数量/占比(%)	CAC 标准 数量/占比(%)
未检出	7/11.5	7/11.5	7/11.5	7/11.5	7/11.5	7/11.5
检出未超标	53/86.9	25/41.0	34/55.7	54/88.5	54/88.5	54/88.5
检出超标	1/1.6	29/47.5	20/32.8	0/0.0	0/0.0	0/0.0

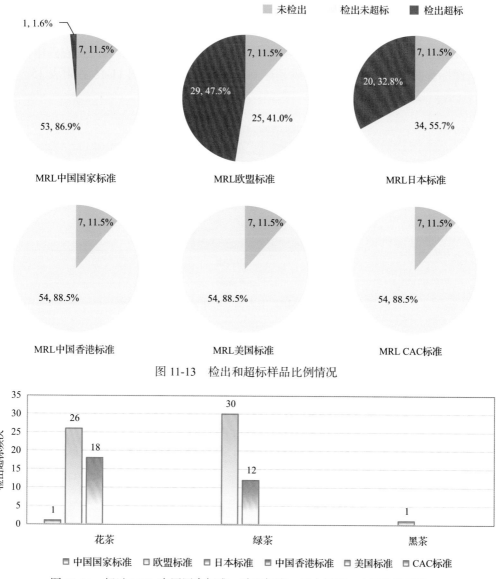

图 11-13　检出和超标样品比例情况

图 11-14　超过 MRL 中国国家标准、欧盟标准、日本标准、中国香港标准、
美国标准和 CAC 标准判定结果在茶叶中的分布

11.2.2　超标农药种类分析

按照 MRL 中国国家标准、欧盟标准、日本标准、中国香港标准、美国标准和 CAC 标准这 6 大国际主流标准衡量，本次侦测检出的农药超标品种及频次情况见表 11-13。

表 11-13　各 MRL 标准下超标农药品种及频次

	中国国家标准	欧盟标准	日本标准	中国香港标准	美国标准	CAC 标准
超标农药品种	1	20	14	0	0	0
超标农药频次	1	56	31	0	0	0

11.2.2.1 按 MRL 中国国家标准衡量

按 MRL 中国国家标准衡量，有 1 种农药超标，检出 1 频次，为剧毒农药甲拌磷。按超标程度比较，花茶中甲拌磷超标 0.1 倍。检测结果见图 11-15 和附表 15。

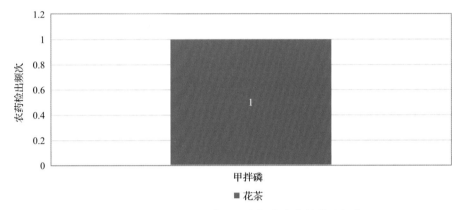

图 11-15 超过 MRL 中国国家标准农药品种及频次

11.2.2.2 按 MRL 欧盟标准衡量

按 MRL 欧盟标准衡量，共有 20 种农药超标，检出 56 频次，分别为高毒农药三唑磷和水胺硫磷，中毒农药稻瘟灵、氯菊酯、氯氟氰菊酯、腈菌唑、氟虫腈、丙溴磷、仲丁威、灭除威、戊唑醇、双苯酰草胺、哒螨灵和稻丰散，低毒农药猛杀威、邻苯基苯酚、噻嗪酮和萘乙酸，微毒农药醚菊酯和腐霉利。

按超标程度比较，花茶中氯氟氰菊酯超标 39.0 倍，绿茶中氯氟氰菊酯超标 30.2 倍，花茶中仲丁威超标 17.1 倍，花茶中稻丰散超标 15.6 倍，绿茶中猛杀威超标 13.5 倍。检测结果见图 11-16 和附表 16。

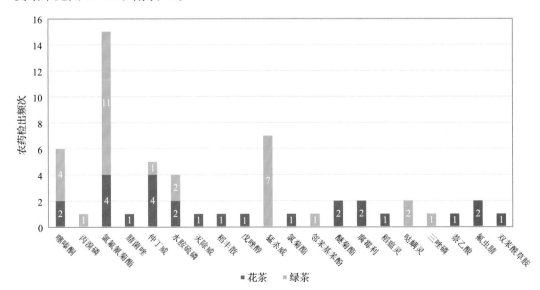

图 11-16 超过 MRL 欧盟标准农药品种及频次

11.2.2.3　按 MRL 日本标准衡量

按 MRL 日本标准衡量，共有 14 种农药超标，检出 31 频次，分别为高毒农药三唑磷和水胺硫磷，中毒农药稻瘟灵、多效唑、氟虫腈、喹禾灵、仲丁威、灭除威、双苯酰草胺和稻丰散，低毒农药猛杀威、邻苯基苯酚和萘乙酸，微毒农药腐霉利。

按超标程度比较，花茶中仲丁威超标 17.1 倍，绿茶中猛杀威超标 13.5 倍，花茶中萘乙酸超标 11.0 倍，花茶中腐霉利超标 10.6 倍，花茶中稻丰散超标 7.3 倍。检测结果见图 11-17 和附表 17。

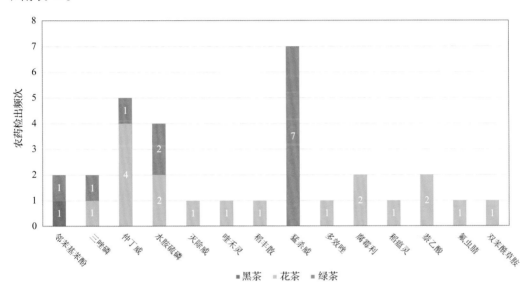

图 11-17　超过 MRL 日本标准农药品种及频次

11.2.2.4　按 MRL 中国香港标准衡量

按 MRL 中国香港标准衡量，无样品检出超标农药残留。

11.2.2.5　按 MRL 美国标准衡量

按 MRL 美国标准衡量，无样品检出超标农药残留。

11.2.2.6　按 MRL CAC 标准衡量

按 MRL CAC 标准衡量，无样品检出超标农药残留。

11.2.3　3 个采样点超标情况分析

11.2.3.1　按 MRL 中国国家标准衡量

按 MRL 中国国家标准衡量，有 1 个采样点的样品存在超标农药检出，超标率为 4.3%，如表 11-14 和图 11-18 所示。

表 11-14　超过 MRL 中国国家标准茶叶在不同采样点分布

采样点	样品总数	超标数量	超标率(%)	行政区域
1 ***批发零售店	23	1	4.3	青秀区

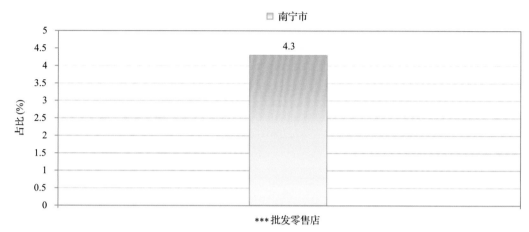

图 11-18　超过 MRL 中国国家标准茶叶在不同采样点分布

11.2.3.2　按 MRL 欧盟标准衡量

按 MRL 欧盟标准衡量，所有采样点的样品存在不同程度的超标农药检出，其中***茶叶店的超标率最高，为 50.0%，如表 11-15 和图 11-19 所示。

表 11-15　超过 MRL 欧盟标准茶叶在不同采样点分布

序号	采样点	样品总数	超标数量	超标率(%)	行政区域
1	***茶叶店	30	15	50.0	青秀区
2	***批发零售店	23	11	47.8	青秀区
3	***茶庄(喜相逢店)	8	3	37.5	青秀区

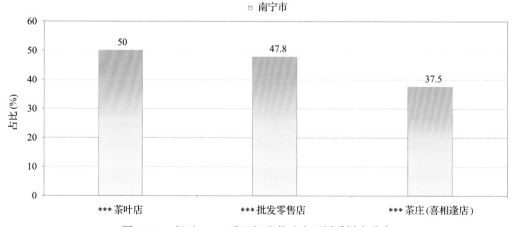

图 11-19　超过 MRL 欧盟标准茶叶在不同采样点分布

11.2.3.3　按 MRL 日本标准衡量

按 MRL 日本标准衡量，所有采样点的样品存在不同程度的超标农药检出，其中丽春茗茶批发零售店的超标率最高，为 47.8%，如表 11-16 和图 11-20 所示。

表 11-16　超过 MRL 日本标准茶叶在不同采样点分布

	采样点	样品总数	超标数量	超标率(%)	行政区域
1	***茶叶店	30	7	23.3	青秀区
2	***批发零售店	23	11	47.8	青秀区
3	***茶庄(喜相逢店)	8	2	25.0	青秀区

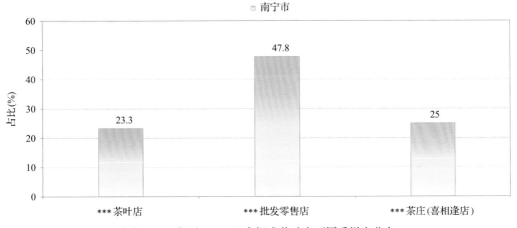

图 11-20　超过 MRL 日本标准茶叶在不同采样点分布

11.2.3.4　按 MRL 中国香港标准衡量

按 MRL 中国香港标准衡量，所有采样点的样品均未检出超标农药残留。

11.2.3.5　按 MRL 美国标准衡量

按 MRL 美国标准衡量，所有采样点的样品均未检出超标农药残留。

11.2.3.6　按 MRL CAC 标准衡量

按 MRL CAC 标准衡量，所有采样点的样品均未检出超标农药残留。

11.3　茶叶中农药残留分布

11.3.1　茶叶按检出农药品种和频次排名

本次残留侦测的茶叶共 3 种，包括黑茶、花茶和绿茶。

根据检出农药品种及频次进行排名,将茶叶样品检出情况列表说明,详见表 11-17。

表 11-17　茶叶按检出农药品种和频次排名

按检出农药品种排名(品种)	①花茶(34),②绿茶(21),③黑茶(4)
按检出农药频次排名(频次)	①绿茶(143),②花茶(70),③黑茶(10)
按检出禁用、高毒及剧毒农药品种排名(品种)	①花茶(6),②绿茶(5)
按检出禁用、高毒及剧毒农药频次排名(频次)	①绿茶(22),②花茶(14)

11.3.2　茶叶按超标农药品种和频次排名

鉴于 MRL 欧盟标准和日本标准的制定比较全面且覆盖率较高,我们参照 MRL 中国国家标准、欧盟标准和日本标准衡量茶叶样品中农残检出情况,将茶叶按超标农药品种及频次排名列表说明,详见表 11-18。

表 11-18　茶叶按超标农药品种和频次排名

按超标农药品种排名(农药品种数)	MRL 中国国家标准	①花茶(1)
	MRL 欧盟标准	①花茶(15),②绿茶(9)
	MRL 日本标准	①花茶(12),②绿茶(5),③黑茶(1)
按超标农药频次排名(农药频次数)	MRL 中国国家标准	①花茶(1)
	MRL 欧盟标准	①绿茶(30),②花茶(26)
	MRL 日本标准	①花茶(18),②绿茶(12),③黑茶(1)

通过对各品种茶叶样本总数及检出率进行综合分析发现,绿茶的残留污染最为严重,在此,我们参照 MRL 中国国家标准、欧盟标准和日本标准对这 3 种茶叶的农残检出情况进行进一步分析。

11.3.3　农药残留检出率较高的茶叶样品分析

11.3.3.1　绿茶

这次共检测 41 例绿茶样品,39 例样品中检出了农药残留,检出率为 95.1%,检出农药共计 21 种。其中联苯菊酯、炔螨特、醚菊酯、噻嗪酮和毒死蜱检出频次较高,分别检出了 26、21、19、16 和 15 次。绿茶中农药检出品种和频次见图 11-21,超标农药见图 11-22 和表 11-19。

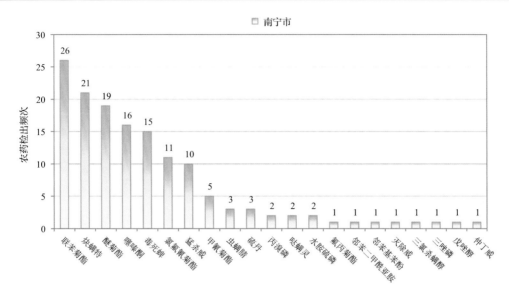

图 11-21 绿茶样品检出农药品种和频次分析

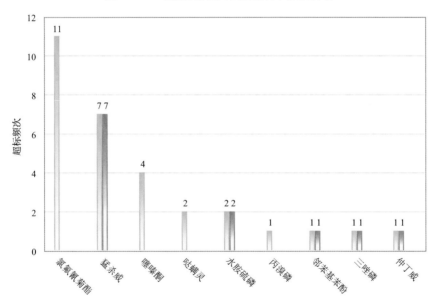

图 11-22 绿茶样品中超标农药分析

表 11-19 绿茶中农药残留超标情况明细表

样品总数		检出农药样品数	样品检出率(%)	检出农药品种总数
41		39	95.1	21
	超标农药品种	超标农药频次	按照 MRL 中国国家标准、欧盟标准和日本标准衡量超标农药名称及频次	
中国国家标准	0	0		
欧盟标准	9	30	氯氟氰菊酯(11)、猛杀威(7)、噻嗪酮(4)、哒螨灵(2)、水胺硫磷(2)、丙溴磷(1)、邻苯基苯酚(1)、三唑磷(1)、仲丁威(1)	
日本标准	5	12	猛杀威(7)、水胺硫磷(2)、邻苯基苯酚(1)、三唑磷(1)、仲丁威(1)	

11.4　初 步 结 论

11.4.1　南宁市市售茶叶按 MRL 中国国家标准和国际主要 MRL 标准衡量的合格率

本次侦测的 61 例样品中，7 例样品未检出任何残留农药，占样品总量的 11.5%，54 例样品检出不同水平、不同种类的残留农药，占样品总量的 88.5%。在这 54 例检出农药残留的样品中：

按照 MRL 中国国家标准衡量，有 53 例样品检出残留农药但含量没有超标，占样品总数的 86.9%，有 1 例样品检出了超标农药，占样品总数的 1.6%。

按照 MRL 欧盟标准衡量，有 25 例样品检出残留农药但含量没有超标，占样品总数的 41.0%，有 29 例样品检出了超标农药，占样品总数的 47.5%。

按照 MRL 日本标准衡量，有 34 例样品检出残留农药但含量没有超标，占样品总数的 55.7%，有 20 例样品检出了超标农药，占样品总数的 32.8%。

按照 MRL 中国香港标准衡量，有 54 例样品检出残留农药但含量没有超标，占样品总数的 88.5%，无检出残留农药超标的样品。

按照 MRL 美国标准衡量，有 54 例样品检出残留农药但含量没有超标，占样品总数的 88.5%，无检出残留农药超标的样品。

按照 MRL CAC 标准衡量，有 54 例样品检出残留农药但含量没有超标，占样品总数的 88.5%，无检出残留农药超标的样品。

11.4.2　南宁市市售茶叶中检出农药以中低微毒农药为主，占市场主体的 92.3%

这次侦测的 61 例茶叶样品共检出了 39 种农药，检出农药的毒性以中低微毒为主，详见表 11-20。

表 11-20　市场主体农药毒性分布

毒性	检出品种	占比	检出频次	占比
剧毒农药	1	2.6%	1	0.4%
高毒农药	2	5.1%	6	2.7%
中毒农药	23	59.0%	122	54.7%
低毒农药	9	23.1%	66	29.6%
微毒农药	4	10.3%	28	12.6%

中低微毒农药，品种占比92.3%，频次占比96.9%

11.4.3　检出剧毒、高毒和禁用农药现象应该警醒

在此次侦测的 61 例样品中有 2 种茶叶的 26 例样品检出了 7 种 36 频次的剧毒和高毒或禁用农药，占样品总量的 42.6%。其中剧毒农药甲拌磷以及高毒农药水胺硫磷和三

唑磷检出频次较高。

按 MRL 中国国家标准衡量，剧毒农药甲拌磷，检出 1 次，超标 1 次；高毒农药按超标程度比较，花茶中甲拌磷超标 0.1 倍。

剧毒、高毒或禁用农药的检出情况及按照 MRL 中国国家标准衡量的超标情况见表 11-21：

表 11-21　剧毒、高毒或禁用农药的检出及超标明细

序号	农药名称	样品名称	检出频次	超标频次	最大超标倍数	超标率
1.1	甲拌磷*▲	花茶	1	1	0.11	100.0%
2.1	三唑磷◇▲	花茶	1	0	0	0.0%
2.2	三唑磷◇▲	绿茶	1	0	0	0.0%
3.1	水胺硫磷◇▲	花茶	2	0	0	0.0%
3.2	水胺硫磷◇▲	绿茶	2	0	0	0.0%
4.1	毒死蜱▲	绿茶	15	0	0	0.0%
4.2	毒死蜱▲	花茶	5	0	0	0.0%
5.1	氟虫腈▲	花茶	2	0	0	0.0%
6.1	硫丹▲	花茶	3	0	0	0.0%
6.2	硫丹▲	绿茶	3	0	0	0.0%
7.1	三氯杀螨醇▲	绿茶	1	0	0	0.0%
合计			36	1		2.8%

注：表中*为剧毒农药；◇为高毒农药；▲为禁用农药；超标倍数参照 MRL 中国国家标准衡量

这些剧毒和高毒农药都是中国政府早有规定禁止在茶叶中使用的，为什么还屡次被检出，应该引起警惕。

11.4.4　残留限量标准与先进国家或地区差距较大

223 频次的检出结果与我国公布的《食品中农药最大残留限量》（GB 2763—2016）对比，有 102 频次能找到对应的 MRL 中国国家标准，占 45.7%；还有 121 频次的侦测数据无相关 MRL 标准供参考，占 54.3%。

与国际上现行 MRL 对比发现：

有 223 频次能找到对应的 MRL 欧盟标准，占 100.0%；

有 223 频次能找到对应的 MRL 日本标准，占 100.0%；

有 125 频次能找到对应的 MRL 中国香港标准，占 56.1%；

有 105 频次能找到对应的 MRL 美国标准，占 47.1%；

有 117 频次能找到对应的 MRL CAC 标准，占 52.5%；

由上可见，MRL 中国国家标准与国际标准还有很大差距，我们无标准，境外有标准，这就会导致我们在国际贸易中，处于受制于人的被动地位。

11.4.5 茶叶单种样品检出 4~34 种农药残留，拷问农药使用的科学性

通过此次监测发现，花茶、绿茶和黑茶是检出农药品种最多的 3 种茶叶，从中检出农药品种及频次详见表 11-22：

表 11-22 单种样品检出农药品种及频次

样品名称	样品总数	检出农药样品数	检出率	检出农药品种数	检出农药(频次)
花茶	10	9	90.0%	34	联苯菊酯(8)，毒死蜱(5)，噻嗪酮(5)，虫螨腈(4)，氯氟氰菊酯(4)，仲丁威(4)，硫丹(3)，氟虫腈(2)，腐霉利(2)，甲氰菊酯(2)，醚菊酯(2)，灭除威(2)，萘乙酸(2)，炔螨特(2)，水胺硫磷(2)，戊唑醇(2)，烯唑醇(2)，吡喃灵(1)，丙溴磷(1)，稻丰散(1)，稻瘟灵(1)，多效唑(1)，甲拌磷(1)，间羟基联苯(1)，腈菌唑(1)，喹禾灵(1)，邻苯二甲酰亚胺(1)，氯菊酯(1)，三唑醇(1)，三唑磷(1)，三唑酮(1)，双苯酰草胺(1)，威杀灵(1)，新燕灵(1)
绿茶	41	39	95.1%	21	联苯菊酯(26)，炔螨特(21)，醚菊酯(19)，噻嗪酮(16)，毒死蜱(15)，氯氟氰菊酯(11)，猛杀威(10)，甲氰菊酯(5)，虫螨腈(3)，硫丹(3)，丙溴磷(2)，哒螨灵(2)，水胺硫磷(2)，氟丙菊酯(1)，邻苯二甲酰亚胺(1)，邻苯基苯酚(1)，灭除威(1)，三氯杀螨醇(1)，三唑磷(1)，戊唑醇(1)，仲丁威(1)
黑茶	10	6	60.0%	4	联苯菊酯(3)，醚菊酯(3)，炔螨特(3)，邻苯基苯酚(1)

上述 3 种茶叶，检出农药 4~34 种，是多种农药综合防治，还是未严格实施农业良好管理规范(GAP)，抑或根本就是乱施药，值得我们思考。

第 12 章　GC-Q-TOF/MS 侦测南宁市市售茶叶农药残留膳食暴露风险与预警风险评估

12.1　农药残留风险评估方法

12.1.1　南宁市农药残留侦测数据分析与统计

庞国芳院士科研团队建立的农药残留高通量侦测技术以高分辨精确质量数(0.0001 m/z 为基准)为识别标准，采用 GC-Q-TOF/MS 技术对 684 种农药化学污染物进行侦测。

科研团队于 2019 年 3 月期间在南宁市 3 个采样点，随机采集了 61 例茶叶样品，具体位置如图 12-1 所示。

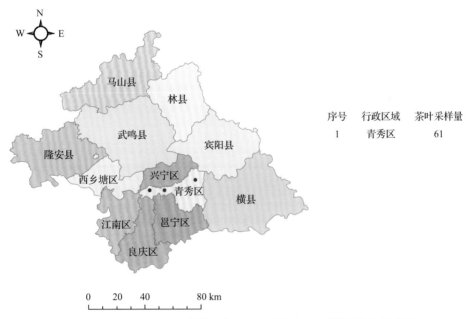

序号	行政区域	茶叶采样量
1	青秀区	61

图 12-1　GC-Q-TOF/MS 侦测南宁市 3 个采样点 61 例样品分布示意图

利用 GC-Q-TOF/MS 技术对 61 例样品中的农药进行侦测，侦测出残留农药 39 种，223 频次。侦测出农药残留水平如表 12-1 和图 12-2 所示。检出频次最高的前 10 种农药如表 12-2 所示。从检测结果中可以看出，在茶叶中农药残留普遍存在，且有些茶叶存在高浓度的农药残留，这些可能存在膳食暴露风险，对人体健康产生危害，因此，为了定量地评价茶叶中农药残留的风险程度，有必要对其进行风险评价。

表 12-1　侦测出农药的不同残留水平及其所占比例列表

残留水平（μg/kg）	检出频次	占比（%）
1～5（含）	18	8.07
5～10（含）	36	16.14
10～100（含）	127	56.95
100～1000（含）	41	18.39
>1000	1	0.45
合计	223	100

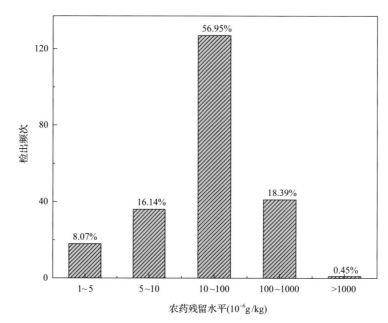

图 12-2　残留农药检出浓度频数分布图

表 12-2　检出频次最高的前 10 种农药列表

序号	农药	检出频次
1	联苯菊酯	37
2	炔螨特	26
3	醚菊酯	24
4	噻嗪酮	21
5	毒死蜱	20
6	氯氟氰菊酯	15
7	猛杀威	10
8	虫螨腈	7
9	甲氰菊酯	7
10	硫丹	6

12.1.2　农药残留风险评价模型

对南宁市茶叶中农药残留分别开展暴露风险评估和预警风险评估。膳食暴露风险评估利用食品安全指数模型对茶叶中的残留农药对人体可能产生的危害程度进行评价，该模型结合残留监测和膳食暴露评估评价化学污染物的危害；预警风险评价模型运用风险系数(risk index，R)，风险系数综合考虑了危害物的超标率、施检频率及其本身敏感性的影响，能直观而全面地反映出危害物在一段时间内的风险程度。

12.1.2.1　食品安全指数模型

为了加强食品安全管理，《中华人民共和国食品安全法》第二章第十七条规定"国家建立食品安全风险评估制度，运用科学方法，根据食品安全风险监测信息、科学数据以及有关信息，对食品、食品添加剂、食品相关产品中生物性、化学性和物理性危害因素进行风险评估"[1]，膳食暴露评估是食品危险度评估的重要组成部分，也是膳食安全性的衡量标准[2]。国际上最早研究膳食暴露风险评估的机构主要是 JMPR(FAO、WHO农药残留联合会议)，该组织自 1995 年就已制定了急性毒性物质的风险评估急性毒性农药残留摄入量的预测。1960 年美国规定食品中不得加入致癌物质进而提出零阈值理论，渐渐零阈值理论发展成在一定概率条件下可接受风险的概念[3]，后衍变为食品中每日允许最大摄入量(ADI)，而国际食品农药残留法典委员会(CCPR)认为 ADI 不是独立风险评估的唯一标准[4]，1995 年 JMPR 开始研究农药急性膳食暴露风险评估，并对食品国际短期摄入量的计算方法进行了修正，亦对膳食暴露评估准则及评估方法进行了修正[5]，2002 年，在对世界上现行的食品安全评价方法，尤其是国际公认的 CAC 评价方法、全球环境监测系统/食品污染监测和评估规划(WHO GEMS/Food)及 FAO、WHO 食品添加剂联合专家委员会(JECFA)和 JMPR 对食品安全风险评估工作研究的基础之上，检验检疫食品安全管理的研究人员提出了结合残留监控和膳食暴露评估，以食品安全指数 IFS 计算食品中各种化学污染物对消费者的健康危害程度[6]。IFS 是表示食品安全状态的新方法，可有效地评价某种农药的安全性，进而评价食品中各种农药化学污染物对消费者健康的整体危害程度[7,8]。从理论上分析，IFS_c 可指出食品中的污染物 c 对消费者健康是否存在危害及危害的程度[9]。其优点在于操作简单且结果容易被接受和理解，不需要大量的数据来对结果进行验证，使用默认的标准假设或者模型即可[10,11]。

1)IFS_c 的计算

IFS_c 计算公式如下：

$$IFS_c = \frac{EDI_c \times f}{SI_c \times bw} \tag{12-1}$$

式中，c 为所研究的农药；EDI_c 为农药 c 的实际日摄入量估算值，等于 $\sum(R_i \times F_i \times E_i \times P_i)$ (i 为食品种类；R_i 为食品 i 中农药 c 的残留水平，mg/kg；F_i 为食品 i 的估计日消费量，g/(人·天)；E_i 为食品 i 的可食用部分因子；P_i 为食品 i 的加工处理因子)；SI_c 为安全摄入量，可采用每日允许最大摄入量 ADI；bw 为人平均体重，kg；f 为校正因子，如果安全摄入量采用 ADI，则 f 取 1。

$IFS_c \ll 1$，农药 c 对食品安全没有影响；$IFS_c \leq 1$，农药 c 对食品安全的影响可以接受；$IFS_c > 1$，农药 c 对食品安全的影响不可接受。

本次评价中：

$IFS_c \leq 0.1$，农药 c 对茶叶安全没有影响；

$0.1 < IFS_c \leq 1$，农药 c 对茶叶安全的影响可以接受；

$IFS_c > 1$，农药 c 对茶叶安全的影响不可接受。

本次评价中残留水平 R_i 取值为中国检验检疫科学研究院庞国芳院士课题组利用以高分辨精确质量数(0.0001 m/z)为基准的 GC-Q-TOF/MS 侦测技术于 2019 年 3 月期间对南宁市茶叶农药残留的侦测结果，估计日消费量 F_i 取值 0.0047 kg/(人·天)，$E_i=1$，$P_i=1$，$f=1$，SI_C 采用《食品安全国家标准 食品中农药最大残留限量》(GB 2763—2016)中 ADI 值(具体数值见表 12-3)，人平均体重(bw)取值 60 kg。

表 12-3 南宁市茶叶中侦测出农药的 ADI 值

序号	农药	ADI	序号	农药	ADI	序号	农药	ADI
1	丙溴磷	0.03	14	联苯菊酯	0.01	27	水胺硫磷	0.003
2	虫螨腈	0.03	15	邻苯基苯酚	0.4	28	戊唑醇	0.03
3	哒螨灵	0.01	16	硫丹	0.006	29	烯唑醇	0.005
4	稻丰散	0.003	17	氯氟氰菊酯	0.02	30	仲丁威	0.06
5	稻瘟灵	0.016	18	氯菊酯	0.05	31	吡喃灵	—
6	毒死蜱	0.01	19	醚菊酯	0.03	32	氟丙菊酯	—
7	多效唑	0.1	20	萘乙酸	0.15	33	间羟基联苯	—
8	氟虫腈	0.0002	21	炔螨特	0.01	34	邻苯二甲酰亚胺	—
9	腐霉利	0.1	22	噻嗪酮	0.009	35	猛杀威	—
10	甲拌磷	0.0007	23	三氯杀螨醇	0.002	36	灭除威	—
11	甲氰菊酯	0.03	24	三唑醇	0.03	37	双苯酰草胺	—
12	腈菌唑	0.03	25	三唑磷	0.001	38	威杀灵	—
13	喹禾灵	0.0009	26	三唑酮	0.03	39	新燕灵	—

注："—"表示为国家标准中无 ADI 值规定；ADI 值单位为 mg/kg bw

2)计算 IFS_c 的平均值 $\overline{IFS}$，评价农药对食品安全的影响程度

以 $\overline{IFS}$ 评价各种农药对人体健康危害的总程度，评价模型见公式(12-2)。

$$\overline{IFS} = \frac{\sum_{i=1}^{n} IFS_c}{n} \tag{12-2}$$

$\overline{IFS} \ll 1$，所研究消费者人群的食品安全状态很好；$\overline{IFS} \leq 1$，所研究消费者人群的食品安全状态可以接受；$\overline{IFS} > 1$，所研究消费者人群的食品安全状态不可接受。

本次评价中：

$\overline{\mathrm{IFS}}$≤0.1，所研究消费者人群的茶叶安全状态很好；

0.1<$\overline{\mathrm{IFS}}$≤1，所研究消费者人群的茶叶安全状态可以接受；

$\overline{\mathrm{IFS}}$>1，所研究消费者人群的茶叶安全状态不可接受。

12.1.2.2　预警风险评估模型

2003 年，我国检验检疫食品安全管理的研究人员根据 WTO 的有关原则和我国的具体规定，结合危害物本身的敏感性、风险程度及其相应的施检频率，首次提出了食品中危害物风险系数 R 的概念[12]。R 是衡量一个危害物的风险程度大小最直观的参数，即在一定时期内其超标率或阳性检出率的高低，但受其施检频率的高低及其本身的敏感性（受关注程度）影响。该模型综合考察了农药在茶叶中的超标率、施检频率及其本身敏感性，能直观而全面地反映出农药在一段时间内的风险程度[13]。

1) R 计算方法

危害物的风险系数综合考虑了危害物的超标率或阳性检出率、施检频率和其本身的敏感性影响，并能直观而全面地反映出危害物在一段时间内的风险程度。风险系数 R 的计算公式如式(12-3)：

$$R = aP + \frac{b}{F} + S \tag{12-3}$$

式中，P 为该种危害物的超标率；F 为危害物的施检频率；S 为危害物的敏感因子；a, b 分别为相应的权重系数。

本次评价中 F=1；S=1；a=100；b=0.1，对参数 P 进行计算，计算时首先判断是否为禁用农药，如果为非禁用农药，P=超标的样品数（侦测出的含量高于食品最大残留限量标准值，即 MRL）除以总样品数（包括超标、不超标、未侦测出）；如果为禁用农药，则侦测出即为超标，P=能侦测出的样品数除以总样品数。判断南宁市茶叶农药残留是否超标的标准限值 MRL 分别以 MRL 中国国家标准[14]和 MRL 欧盟标准作为对照，具体值列于本报告附表一中。

2) 评价风险程度

R≤1.5，受检农药处于低度风险；

1.5<R≤2.5，受检农药处于中度风险；

R>2.5，受检农药处于高度风险。

12.1.2.3　食品膳食暴露风险和预警风险评估应用程序的开发

1) 应用程序开发的步骤

为成功开发膳食暴露风险和预警风险评估应用程序，与软件工程师多次沟通讨论，逐步提出并描述清楚计算需求，开发了初步应用程序。为明确出不同茶叶、不同农药、不同地域的风险水平，向软件工程师提出不同的计算需求，软件工程师对计算需求进行逐一分析，经过反复的细节沟通，需求分析得到明确后，开始进行解决方案的设计，在保证需求的完整性、一致性的前提下，编写出程序代码，最后设计出满足需求的风险评估专用计算软件，并通过一系列的软件测试和改进，完成专用程序的开发。软件开发基本步骤见图 12-3。

图 12-3　专用程序开发总体步骤

2) 膳食暴露风险评估专业程序开发的基本要求

首先直接利用公式(12-1)，分别计算 GC-Q-TOF/MS 和 LC-Q-TOF/MS 仪器侦测出的各茶叶样品中每种农药 IFS_c，将结果列出。为考察超标农药和禁用农药的使用安全性，分别以我国《食品安全国家标准　食品中农药最大残留限量》(GB 2763—2016)和欧盟食品中农药最大残留限量(以下简称 MRL 中国国家标准和 MRL 欧盟标准)为标准，对侦测出的禁用农药和超标的非禁用农药 IFS_c 单独进行评价；按 IFS_c 大小列表，并找出 IFS_c 值排名前 20 的样本重点关注。

对不同茶叶 i 中每一种侦测出的农药 c 的安全指数进行计算，多个样品时求平均值。按农药种类，计算整个监测时间段内每种农药的 IFS_c，不区分茶叶。

3) 预警风险评估专业程序开发的基本要求

分别以 MRL 中国国家标准和 MRL 欧盟标准，按公式(12-3)逐个计算不同茶叶、不同农药的风险系数，禁用农药和非禁用农药分别列表。

为清楚了解各种农药的预警风险，不分时间，不分茶叶，按禁用农药和非禁用农药分类，分别计算各种侦测出农药全部检测时段内风险系数。由于有 MRL 中国国家标准的农药种类太少，无法计算超标数，非禁用农药的风险系数只以 MRL 欧盟标准为标准，进行计算。

4) 风险程度评价专业应用程序的开发方法

采用 Python 计算机程序设计语言，Python 是一个高层次地结合了解释性、编译性、互动性和面向对象的脚本语言。风险评价专用程序主要功能包括：分别读入每例样品 LC-Q-TOF/MS 和 GC-Q-TOF/MS 农药残留检测数据，根据风险评价工作要求，依次对不同农药、不同食品、不同时间、不同采样点的 IFS_c 值和 R 值分别进行数据计算，筛选出禁用农药、超标农药(分别与 MRL 中国国家标准、MRL 欧盟标准限值进行对比)单独重点分析，再分别对各农药、各茶叶种类分类处理，设计出计算和排序程序，编写计算机代码，最后将生成的膳食暴露风险评估和超标风险评估定量计算结果列入设计好的各个表格中，并定性判断风险对目标的影响程度，直接用文字描述风险发生的高低，如"不可接受"、"可以接受"、"没有影响"、"高度风险"、"中度风险"、"低度风险"。

12.2　GC-Q-TOF/MS 侦测南宁市市售茶叶农药残留膳食暴露风险评估

12.2.1　每例茶叶样品中农药残留安全指数分析

基于 2019 年 3 月的农药残留侦测数据，发现在 61 例样品中侦测出农药 223 频次，计算样品中每种残留农药的安全指数 IFS$_c$，并分析农药对样品安全的影响程度，结果详见附表二，农药残留对茶叶样品安全的影响程度频次分布情况如图 12-4 所示。

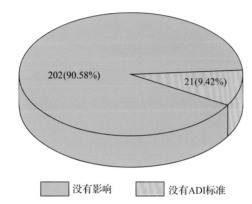

图 12-4　农药残留对茶叶样品安全的影响程度频次分布图

由图 12-4 可以看出，农药残留对样品安全的没有影响的频次为 202，占 90.58%。

部分样品侦测出禁用农药 7 种 36 频次，为了明确残留的禁用农药对样品安全的影响，分析侦测出禁用农药残留的样品安全指数，禁用农药残留对茶叶样品安全的影响程度频次分布情况如图 12-5 所示，农药残留对样品安全均没有影响。

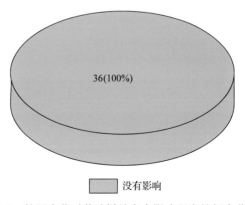

图 12-5　禁用农药对茶叶样品安全影响程度的频次分布图

此外，本次侦测发现部分样品中非禁用农药残留量超过了 MRL 欧盟标准，为了明确超标的非禁用农药对样品安全的影响，分析了非禁用农药残留超标的样品安全指数。

　　残留量超过 MRL 欧盟标准的非禁用农药对茶叶样品安全的影响程度频次分布情况如图 12-6 所示。可以看出超过 MRL 欧盟标准的非禁用农药共 49 频次，其中农药没有 ADI 的频次为 9，占 18.37%；农药残留对样品安全没有影响的频次为 40，占 81.63%。表 12-4 为茶叶样品中安全指数排名前 10 的残留超标非禁用农药列表。

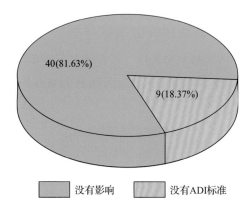

图 12-6　残留超标的非禁用农药对茶叶样品安全的影响程度频次分布图(MRL 欧盟标准)

表 12-4　茶叶样品中安全指数排名前 10 的残留超标非禁用农药列表(MRL 欧盟标准)

序号	样品编号	采样点	基质	农药	含量 (mg/kg)	欧盟 标准	IFS$_c$	影响程度
1	20190303-450100-FJCIQ-GT-03X	***茶叶店	绿茶	氯氟氰菊酯	0.2347	0.01	$4.32×10^{-3}$	没有影响
2	20190303-450100-FJCIQ-GT-03V	***茶叶店	绿茶	氯氟氰菊酯	0.1039	0.01	$2.09×10^{-3}$	没有影响
3	20190302-450100-FJCIQ-GT-01B	***批发零售店	绿茶	氯氟氰菊酯	0.0995	0.01	$1.57×10^{-3}$	没有影响
4	20190302-450100-FJCIQ-GT-01C	***批发零售店	绿茶	氯氟氰菊酯	0.0609	0.01	$1.51×10^{-3}$	没有影响
5	20190303-450100-FJCIQ-GT-03D	***茶叶店	绿茶	氯氟氰菊酯	0.0576	0.01	$1.26×10^{-3}$	没有影响
6	20190303-450100-FJCIQ-GT-03O	***茶叶店	绿茶	氯氟氰菊酯	0.0476	0.01	$1.22×10^{-3}$	没有影响
7	20190303-450100-FJCIQ-GT-03Z	***茶叶店	绿茶	氯氟氰菊酯	0.0435	0.01	$1.20×10^{-3}$	没有影响
8	20190303-450100-FJCIQ-GT-03H	***茶叶店	绿茶	氯氟氰菊酯	0.0362	0.01	$1.13×10^{-3}$	没有影响
9	20190302-450100-FJCIQ-GT-02C	***茶业茶庄(喜相逢店)	绿茶	氯氟氰菊酯	0.0361	0.01	$9.19×10^{-4}$	没有影响
10	20190303-450100-FJCIQ-GT-03A	***茶叶店	绿茶	氯氟氰菊酯	0.0206	0.01	$9.05×10^{-4}$	没有影响

12.2.2　单种茶叶中农药残留安全指数分析

　　本次 3 种茶叶侦测 39 种农药，检出频次为 223 次，其中 9 种农药没有 ADI，30 种农药存在 ADI 标准。3 种茶叶按不同种类分别计算侦测出的具有 ADI 标准的各种农药的

IFS$_c$ 值，农药残留对茶叶的安全指数分布图如图 12-7 所示。

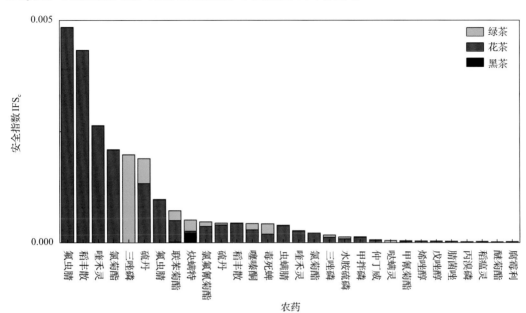

图 12-7　3 种茶叶中 30 种残留农药的安全指数分布图

本次侦测中，3 种茶叶和 39 种残留农药(包括没有 ADI)共涉及 59 个分析样本，农药对单种茶叶安全的影响程度分布情况如图 12-8 所示。可以看出，81.36%的样本中农药对茶叶安全没有影响。

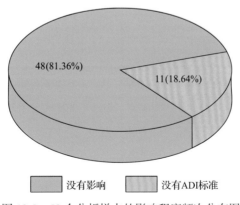

图 12-8　59 个分析样本的影响程度频次分布图

12.2.3　所有茶叶中农药残留安全指数分析

计算所有茶叶中 30 种农药的 IFS$_c$ 值，结果如图 12-9 及表 12-5 所示。

分析发现，所有农药对茶叶安全的影响程度均为没有影响，说明茶叶中残留的农药不会对茶叶的安全造成影响。

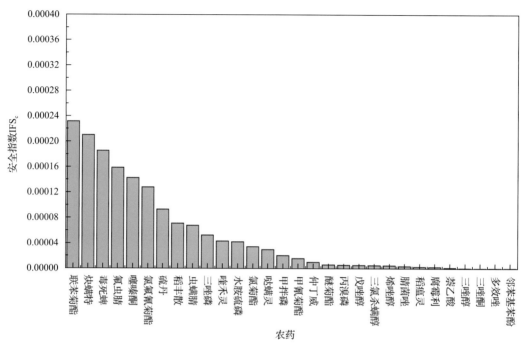

图 12-9　30 种残留农药对茶叶的安全影响程度统计图

表 12-5　茶叶中 30 种农药残留的安全指数表

序号	农药	检出频次	检出率(%)	IFSc	影响程度	序号	农药	检出频次	检出率(%)	IFSc	影响程度
1	联苯菊酯	37	60.66	$2.32×10^{-4}$	没有影响	16	甲氰菊酯	7	11.48	$1.57×10^{-5}$	没有影响
2	炔螨特	26	42.62	$2.10×10^{-4}$	没有影响	17	仲丁威	5	8.20	$9.86×10^{-6}$	没有影响
3	毒死蜱	20	32.79	$1.85×10^{-4}$	没有影响	18	醚菊酯	24	39.34	$5.88×10^{-6}$	没有影响
4	氟虫腈	2	3.28	$1.59×10^{-4}$	没有影响	19	丙溴磷	3	4.92	$5.29×10^{-6}$	没有影响
5	噻嗪酮	21	34.43	$1.42×10^{-4}$	没有影响	20	戊唑醇	3	4.92	$5.03×10^{-6}$	没有影响
6	氯氟氰菊酯	15	24.59	$1.28×10^{-4}$	没有影响	21	三氯杀螨醇	1	1.64	$5.01×10^{-6}$	没有影响
7	硫丹	6	9.84	$9.30×10^{-5}$	没有影响	22	烯唑醇	2	3.28	$4.70×10^{-6}$	没有影响
8	稻丰散	1	1.64	$7.08×10^{-5}$	没有影响	23	腈菌唑	1	1.64	$3.44×10^{-6}$	没有影响
9	虫螨腈	7	11.48	$6.76×10^{-5}$	没有影响	24	稻瘟灵	1	1.64	$2.67×10^{-6}$	没有影响
10	三唑磷	2	3.28	$5.24×10^{-5}$	没有影响	25	腐霉利	2	3.28	$2.27×10^{-6}$	没有影响
11	喹禾灵	1	1.64	$4.31×10^{-5}$	没有影响	26	萘乙酸	2	3.28	$1.25×10^{-6}$	没有影响
12	水胺硫磷	4	6.56	$4.21×10^{-5}$	没有影响	27	三唑醇	1	1.64	$5.27×10^{-7}$	没有影响
13	氯菊酯	1	1.64	$3.42×10^{-5}$	没有影响	28	三唑酮	1	1.64	$3.04×10^{-7}$	没有影响
14	哒螨灵	2	3.28	$2.97×10^{-5}$	没有影响	29	多效唑	1	1.64	$2.12×10^{-7}$	没有影响
15	甲拌磷	1	1.64	$2.04×10^{-5}$	没有影响	30	邻苯基苯酚	2	3.28	$2.12×10^{-7}$	没有影响

12.3　GC-Q-TOF/MS 侦测南宁市市售茶叶农药残留预警风险评估

基于南宁市茶叶样品中农药残留 GC-Q-TOF/MS 侦测数据,分析禁用农药的检出率,同时参照中华人民共和国国家标准 GB 2763—2016 和欧盟农药最大残留限量(MRL)标准分析非禁用农药残留的超标率,并计算农药残留风险系数。分析单种茶叶中农药残留以及所有茶叶中农药残留的风险程度。

12.3.1　单种茶叶中农药残留风险系数分析

12.3.1.1　单种茶叶中禁用农药残留风险系数分析

侦测出的 39 种残留农药中有 7 种为禁用农药,且它们分布在 2 种茶叶中,计算 2 种茶叶中禁用农药的检出率,根据检出率计算风险系数 R,进而分析茶叶中禁用农药的风险程度,结果如图 12-10 与表 12-6 所示。分析发现 7 种禁用农药在 2 种茶叶中的残留处均于高度风险。

12.3.1.2　基于 MRL 中国国家标准的单种茶叶中非禁用农药残留风险系数分析

参照中华人民共和国国家标准 GB 2763—2016 中农药残留限量计算每种茶叶中每种非禁用农药的超标率,进而计算其风险系数,根据风险系数大小判断残留农药的预警风险程度,茶叶中非禁用农药残留风险程度分布情况如图 12-11 所示。

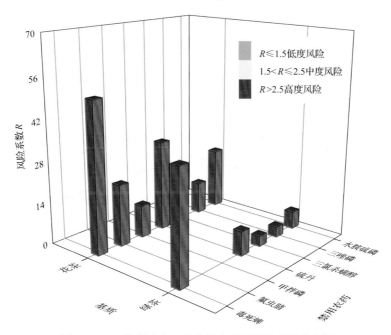

图 12-10　2 种茶叶中 7 种禁用农药的风险系数分布图

表 12-6　2 种茶叶中 7 种禁用农药的风险系数列表

序号	基质	农药	检出频次	检出率(%)	风险系数 R	风险程度
1	绿茶	三唑磷	1	2.44	3.54	高度风险
2	绿茶	三氯杀螨醇	1	2.44	3.54	高度风险
3	绿茶	毒死蜱	15	36.59	37.69	高度风险
4	绿茶	水胺硫磷	2	4.88	5.98	高度风险
5	绿茶	硫丹	3	7.32	8.42	高度风险
6	花茶	三唑磷	1	10.00	11.1	高度风险
7	花茶	毒死蜱	5	50.00	51.1	高度风险
8	花茶	氟虫腈	2	20.00	21.1	高度风险
9	花茶	水胺硫磷	2	20.00	21.1	高度风险
10	花茶	甲拌磷	1	10.00	11.1	高度风险
11	花茶	硫丹	3	30.00	31.1	高度风险

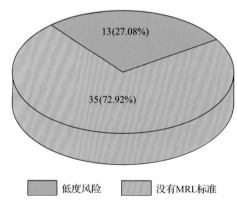

图 12-11　茶叶中非禁用农药残留的风险程度的分布图(MRL 中国国家标准)

本次分析中,发现在 3 种茶叶检出 32 种残留非禁用农药,涉及样本 48 个,在 48 个样本中,27.08%处于低度风险,此外发现有 35 个样本没有 MRL 中国国家标准值,无法判断其风险程度,有 MRL 中国国家标准值的 13 个样本涉及 3 种茶叶中的 7 种非禁用农药,其风险系数 R 值如图 12-12 所示。

12.3.1.3　基于 MRL 欧盟标准的单种茶叶中非禁用农药残留风险系数分析

参照 MRL 欧盟标准计算每种茶叶中每种非禁用农药的超标率,进而计算其风险系数,根据风险系数大小判断农药残留的预警风险程度,茶叶中非禁用农药残留风险程度分布情况如图 12-13 所示。

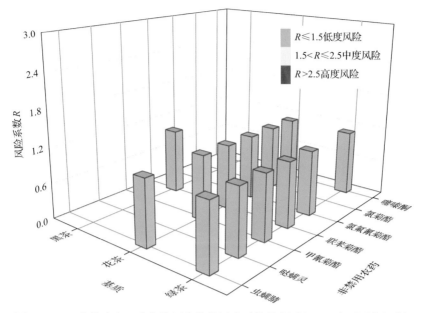

图 12-12　3 种茶叶中 7 种非禁用农药的风险系数分布图(MRL 中国国家标准)

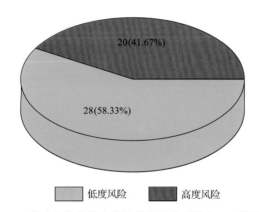

图 12-13　茶叶中非禁用农药的残留风险系数(MRL 欧盟标准)

　　本次分析中，发现在 3 种茶叶中共侦测出 32 种非禁用农药，涉及样本 48 个，其中，41.67%处于高度风险，涉及 2 种茶叶和 17 种农药；58.33%处于低度风险，涉及 3 种茶叶和 20 种农药。单种茶叶中的非禁用农药风险系数分布图如图 12-14 所示。单种茶叶中处于高度风险的非禁用农药风险系数如图 12-15 和表 12-7 所示。

12.3.2　所有茶叶中农药残留风险系数分析

12.3.2.1　所有茶叶中禁用农药残留风险系数分析

　　在侦测出的 39 种农药中有 7 种为禁用农药，计算所有茶叶中禁用农药的风险系数，结果如表 12-8 所示。7 种农药均处于高度风险。

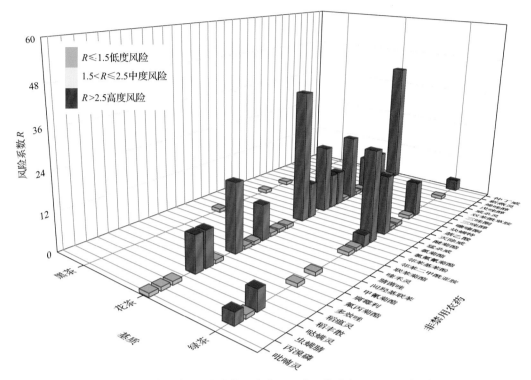

图 12-14　3 种茶叶中 32 种非禁用农药的风险系数分布图（MRL 欧盟标准）

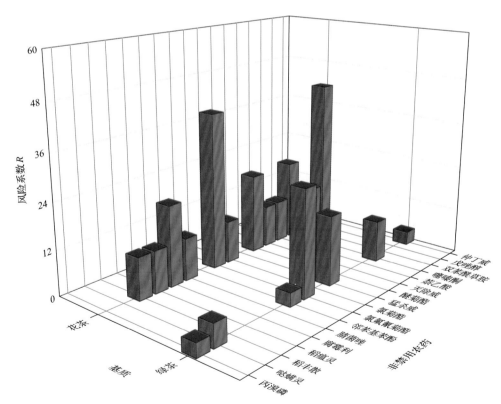

图 12-15　单种茶叶中处于高度风险的非禁用农药的风险系数分布图（MRL 欧盟标准）

表 12-7　单种茶叶中处于高度风险的非禁用农药的风险系数表（MRL 欧盟标准）

序号	基质	农药	超标频次	超标率 $P(\%)$	风险系数 R
1	花茶	仲丁威	4	40.00	41.10
2	花茶	氯氟氰菊酯	4	40.00	41.10
3	绿茶	氯氟氰菊酯	11	26.83	27.93
4	花茶	噻嗪酮	2	20.00	21.10
5	花茶	腐霉利	2	20.00	21.10
6	花茶	醚菊酯	2	20.00	21.10
7	绿茶	猛杀威	7	17.07	18.17
8	花茶	双苯酰草胺	1	10.00	11.10
9	花茶	戊唑醇	1	10.00	11.10
10	花茶	氯菊酯	1	10.00	11.10
11	花茶	灭除威	1	10.00	11.10
12	花茶	稻丰散	1	10.00	11.10
13	花茶	稻瘟灵	1	10.00	11.10
14	花茶	腈菌唑	1	10.00	11.10
15	花茶	萘乙酸	1	10.00	11.10
16	绿茶	噻嗪酮	4	9.76	10.86
17	绿茶	哒螨灵	2	4.88	5.98
18	绿茶	丙溴磷	1	2.44	3.54
19	绿茶	仲丁威	1	2.44	3.54
20	绿茶	邻苯基苯酚	1	2.44	3.54

表 12-8　茶叶中 7 种禁用农药的风险系数表

序号	农药	检出频次	检出率(%)	风险系数 R	风险程度
1	毒死蜱	20	32.79	33.89	高度风险
2	硫丹	6	9.84	10.94	高度风险
3	水胺硫磷	4	6.56	7.66	高度风险
4	三唑磷	2	3.28	4.38	高度风险
5	氟虫腈	2	3.28	4.38	高度风险
6	三氯杀螨醇	1	1.64	2.74	高度风险
7	甲拌磷	1	1.64	2.74	高度风险

12.3.2.2　所有茶叶中非禁用农药残留风险系数分析

参照 MRL 欧盟标准计算所有茶叶中每种非禁用农药残留的风险系数，如图 12-16 与表 12-9 所示。在侦测出的 32 种非禁用农药中，17 种农药(53.2%)残留处于高度风险，

15 种农药(46.8%)残留处于低度风险。

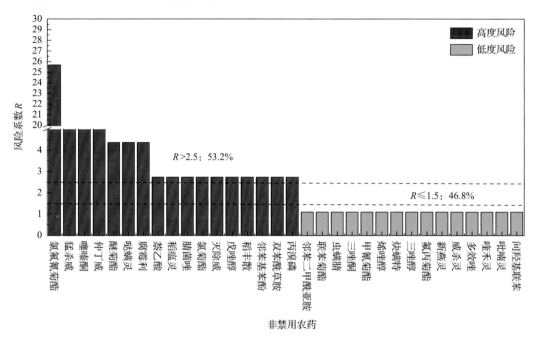

图 12-16　茶叶中 32 种非禁用农药的风险程度统计图

表 12-9　茶叶中 32 种非禁用农药的风险系数表

序号	农药	检出频次	检出率 P(%)	风险系数 R	风险程度
1	氯氟氰菊酯	15	24.59	25.69	高度风险
2	猛杀威	7	11.48	12.58	高度风险
3	噻嗪酮	6	9.84	10.94	高度风险
4	仲丁威	5	8.20	9.30	高度风险
5	醚菊酯	2	3.28	4.38	高度风险
6	哒螨灵	2	3.28	4.38	高度风险
7	腐霉利	2	3.28	4.38	高度风险
8	萘乙酸	1	1.64	2.74	高度风险
9	稻瘟灵	1	1.64	2.74	高度风险
10	腈菌唑	1	1.64	2.74	高度风险
11	氯菊酯	1	1.64	2.74	高度风险
12	灭除威	1	1.64	2.74	高度风险
13	戊唑醇	1	1.64	2.74	高度风险
14	稻丰散	1	1.64	2.742	高度风险
15	邻苯基苯酚	1	1.64	2.74	高度风险
16	双苯酰草胺	1	1.64	2.734	高度风险

序号	农药	检出频次	检出率 P(%)	风险系数 R	风险程度
17	丙溴磷	1	1.64	2.74	高度风险
18	邻苯二甲酰亚胺	0	0.00	1.1	低度风险
19	联苯菊酯	0	0.00	1.1	低度风险
20	虫螨腈	0	0.00	1.1	低度风险
21	三唑酮	0	0.00	1.1	低度风险
22	甲氰菊酯	0	0.00	1.1	低度风险
23	烯唑醇	0	0.00	1.1	低度风险
24	炔螨特	0	0.00	1.1	低度风险
25	三唑醇	0	0.00	1.1	低度风险
26	氟丙菊酯	0	0.00	1.1	低度风险
27	新燕灵	0	0.00	1.1	低度风险
28	威杀灵	0	0.00	1.1	低度风险
29	多效唑	0	0.00	1.1	低度风险
30	喹禾灵	0	0.00	1.1	低度风险
31	吡喃灵	0	0.00	1.1	低度风险
32	间羟基联苯	0	0.00	1.1	低度风险

12.4　GC-Q-TOF/MS 侦测南宁市市售茶叶农药残留风险评估结论与建议

农药残留是影响茶叶安全和质量的主要因素，也是我国食品安全领域备受关注的敏感话题和亟待解决的重大问题之一[15,16]。各种茶叶均存在不同程度的农药残留现象，本研究主要针对南宁市各类茶叶存在的农药残留问题，基于 2019 年 3 月对南宁市 61 例茶叶样品中农药残留侦测得出的 223 个侦测结果，分别采用食品安全指数模型和风险系数模型，开展茶叶中农药残留的膳食暴露风险和预警风险评估。茶叶样品取自超市，符合大众的膳食来源，风险评价时更具有代表性和可信度。

本研究力求通用简单地反映食品安全中的主要问题，且为管理部门和大众容易接受，为政府及相关管理机构建立科学的食品安全信息发布和预警体系提供科学的规律与方法，加强对农药残留的预警和食品安全重大事件的预防，控制食品风险。

12.4.1　南宁市茶叶中农药残留膳食暴露风险评价结论

1) 茶叶样品中农药残留安全状态评价结论

采用食品安全指数模型，对 2019 年 3 月期间南宁市茶叶食品农药残留膳食暴露风险进行评价，根据 IFS_c 的计算结果发现，茶叶中农药的 $\overline{IFS}$ 为 5.24×10^{-5}，说明南宁市茶叶总体处于可以接受的安全状态，但部分禁用农药、高残留农药在茶叶中仍有侦测出，导致膳食暴露风险的存在，成为不安全因素。

2）禁用农药膳食暴露风险评价

本次检测发现部分茶叶样品中有禁用农药侦测出，侦测出禁用农药 7 种，侦测出频次为 36，茶叶样品中的禁用农药 IFS_c 计算结果表明，禁用农药残留膳食暴露风险没有影响的频次为 36，占 100%。

12.4.2　南宁市茶叶中农药残留预警风险评价结论

1）单种茶叶中禁用农药残留的预警风险评价结论

本次检测过程中，在 2 种茶叶中检测出 7 种禁用农药，禁用农药为：三唑磷、三氯杀螨醇、毒死蜱、水胺硫磷、硫丹、克百威和氟虫腈，茶叶为：绿茶和花茶，茶叶中禁用农药的风险系数分析结果显示，7 种禁用农药在 2 种茶叶中的残留均处于高度风险，说明在单种茶叶中禁用农药的残留会导致较高的预警风险。

2）单种茶叶中非禁用农药残留的预警风险评价结论

以 MRL 中国国家标准为标准，计算茶叶中非禁用农药风险系数情况下，48 个样本中，13 个处于低度风险（27.08%），35 个样本没有 MRL 中国国家标准（72.92%）。以 MRL 欧盟标准为标准，计算茶叶中非禁用农药风险系数情况下，发现有 20 个处于高度风险（41.67%），28 个处于低度风险（58.33%）。基于两种 MRL 标准，评价的结果差异显著，可以看出 MRL 欧盟标准比中国国家标准更加严格和完善，过于宽松的 MRL 中国国家标准值能否有效保障人体的健康有待研究。

12.4.3　加强南宁市茶叶食品安全建议

我国食品安全风险评价体系仍不够健全，相关制度不够完善，多年来，由于农药用药次数多、用药量大或用药间隔时间短，产品残留量大，农药残留所造成的食品安全问题日益严峻，给人体健康带来了直接或间接的危害。据估计，美国与农药有关的癌症患者数约占全国癌症患者总数的 50%，中国更高。同样，农药对其他生物也会形成直接杀伤和慢性危害，植物中的农药可经过食物链逐级传递并不断蓄积，对人和动物构成潜在威胁，并影响生态系统。

基于本次农药残留侦测数据的风险评价结果，提出以下几点建议：

1）加快食品安全标准制定步伐

我国食品标准中对农药每日允许最大摄入量 ADI 的数据严重缺乏，在本次评价所涉及的 39 种农药中，仅有 76.92% 的农药具有 ADI 值，而 23.08% 的农药中国尚未规定相应的 ADI 值，亟待完善。

我国食品中农药最大残留限量值的规定严重缺乏，对评估涉及的不同茶叶中不同农药 59 个 MRL 限值进行统计来看，我国仅制定出 19 个标准，我国标准完整率仅为 32.20%，欧盟的完整率达到 100%（表 12-10）。因此，中国更应加快 MRL 的制定步伐。

表 12-10　我国国家食品标准农药的 ADI、MRL 值与欧盟标准的数量差异

分类		中国 ADI	MRL 中国国家标准	MRL 欧盟标准
标准限值(个)	有	30	19	59
	无	9	40	0
总数(个)		39	59	59
无标准限值比例(%)		23.08	67.80	0

此外，MRL 中国国家标准限值普遍高于欧盟标准限值，这些标准中共有 10 个高于欧盟。过高的 MRL 值难以保障人体健康，建议继续加强对限值基准和标准的科学研究，将农产品中的危险性减少到尽可能低的水平。

2）加强农药的源头控制和分类监管

在南宁市某些茶叶中仍有禁用农药残留，利用 GC-Q-TOF/MS 技术侦测出 7 种禁用农药，检出频次为 36 次，残留禁用农药均存在较大的膳食暴露风险和预警风险。早已列入黑名单的禁用农药在我国并未真正退出，有些药物由于价格便宜、工艺简单，此类高毒农药一直生产和使用。建议在我国采取严格有效的控制措施，从源头控制禁用农药。

对于非禁用农药，在我国作为"田间地头"最典型单位的县级茶叶产地中，农药残留的检测几乎缺失。建议根据农药的毒性，对高毒、剧毒、中毒农药实现分类管理，减少使用高毒和剧毒高残留农药，进行分类监管。

3）加强农药生物基准和降解技术研究

市售茶叶中残留农药的品种多、频次高、禁用农药多次检出这一现状，说明了我国的田间土壤和水体因农药长期、频繁、不合理的使用而遭到严重污染。为此，建议中国相关部门出台相关政策，鼓励高校及科研院所积极开展分子生物学、酶学等研究，加强土壤、水体中残留农药的生物修复及降解新技术研究，切实加大农药监管力度，以控制农药的面源污染问题。

综上所述，在本工作基础上，根据茶叶残留危害，可进一步针对其成因提出和采取严格管理、大力推广无公害茶叶种植与生产、健全食品安全控制技术体系、加强茶叶质量检测体系建设和积极推行茶叶质量追溯制度等相应对策。建立和完善食品安全综合评价指数与风险监测预警系统，对食品安全进行实时、全面的监控与分析，为我国的食品安全科学监管与决策提供新的技术支持，可实现各类检验数据的信息化系统管理，降低食品安全事故的发生。

参 考 文 献

[1] 全国人民代表大会常务委员会. 中华人民共和国食品安全法[Z]. 2015-04-24.

[2] 钱永忠, 李耘. 农产品质量安全风险评估: 原理、方法和应用[M]. 北京: 中国标准出版社, 2007.

[3] 高仁君, 陈隆智, 郑明奇, 等. 农药对人体健康影响的风险评估[J]. 农药学学报, 2004, 6(3): 8-14.

[4] 高仁君, 王蔚, 陈隆智, 等. JMPR 农药残留急性膳食摄入量计算方法[J]. 中国农学通报, 2006, 22(4): 101-104.

[5] FAO/WHO Recommendation for the revision of the guidelines for predicting dietary intake of pesticide residues, Report of a FAO/WHO Consultation, 2-6 May 1995, York, United Kingdom.

[6] 李聪, 张艺兵, 李朝伟, 等. 暴露评估在食品安全状态评价中的应用[J]. 检验检疫学刊, 2002, 12(1): 11-12.

[7] Liu Y, Li S, Ni Z, et al. Pesticides in persimmons, jujubes and soil from China: Residue levels, risk assessment and relationship between fruits and soils[J]. Science of the Total Environment, 2016, 542(Pt A): 620-628.

[8] Claeys W L, Schmit J F O, Bragard C, et al. Exposure of several Belgian consumer groups to pesticide residues through fresh fruit and vegetable consumption[J]. Food Control, 2011, 22(3): 508-516.

[9] Quijano L, Yusà V, Font G, et al. Chronic cumulative risk assessment of the exposure to organophosphorus, carbamate and pyrethroid and pyrethrin pesticides through fruit and vegetables consumption in the region of Valencia (Spain)[J]. Food & Chemical Toxicology, 2016, 89: 39-46.

[10] Fang L, Zhang S, Chen Z, et al. Risk assessment of pesticide residues in dietary intake of celery in China[J]. Regulatory Toxicology & Pharmacology, 2015, 73(2): 578-586.

[11] Nuapia Y, Chimuka L, Cukrowska E. Assessment of organochlorine pesticide residues in raw food samples from open markets in two African cities[J]. Chemosphere, 2016, 164: 480-487.

[12] 秦燕, 李辉, 李聪. 危害物的风险系数及其在食品检测中的应用[J]. 检验检疫学刊, 2003, 13(5): 13-14.

[13] 金征宇. 食品安全导论[M]. 北京: 化学工业出版社, 2005.

[14] 中华人民共和国国家卫生和计划生育委员会, 中华人民共和国农业部, 中华人民共和国国家食品药品监督管理总局. GB 2763—2016 食品安全国家标准 食品中农药最大残留限量[S]. 2016.

[15] Chen C, Qian Y Z, Chen Q, et al. Evaluation of pesticide residues in fruits and vegetables from Xiamen, China[J]. Food Control, 2011, 22: 1114-1120.

[16] Lehmann E, Turrero N, Kolia M, et al. Dietary risk assessment of pesticides from vegetables and drinking water in gardening areas in Burkina Faso[J]. Science of the Total Environment, 2017, 601-602: 1208-1216.